AF550529

Robert W. Cole

Hunde im Expertenblick

Bewertungshilfen für Zuchtrichter und Aussteller

KYNOS VERLAG

Titel der amerikanischen Originalausgabe: *An Eye for a Dog: Illustrated Guide to Judging Purebred Dogs*
Dogwise Publishing, A Division of Direct Book Service Inc., PO Box 2778, 701B Poplar, Wenatchee, WA 98807
www.dogwisepublishing.com

Illustrationen: Robert W. Cole

KYNOS VERLAG Dr. Dieter Fleig GmbH, Konrad-Zuse-Straße 3, D-54552 Nerdlen/Daun
www.kynos-verlag.de

Aus dem Englischen übersetzt von Alice von Canstein
Fachliche Beratung und Anpassung an FCI-Standards: Jochen H. Eberhardt,
Allgemeinrichter des VDH für alle Hunderassen und Spezialzuchtrichter für 29 Rassen

ISBN 978-3-938071-65-6

Gedruckt in Lettland

Für Louise Adele,

die seit fast fünfzig Jahren meine Gehilfin, »Sekretärin« und Ehefrau ist. Nichs von dem, was ich in der Hundewelt erreicht habe, hätte ich ohne sie schaffen können.

Inhaltsverzeichnis

Sie sind der Richter

Haben Sie den Expertenblick für Hunde? Langgediente Hundeleute sagen, dass jemand, der diesen Blick hat, in einem Ausstellungsring mit einer großen Hundegruppe, die er vorher niemals gesehen hat, nicht nur die besten vier Hunde in der Reihenfolge ihrer Übereinstimmung mit dem Rassestandard platzieren, sondern auch eingehend erklären kann, wie jeder der anderen Hunde von der grundlegenden Ausgewogenheit in der Anatomie des Hundes abweicht. Ihr Expertenblick für Hunde wird verbessert, je länger Sie sich damit beschäftigen. Dieses Buch kann Ihnen umfangreiche Erfahrung bei der Beurteilung unterschiedlicher Rassen vermitteln, wobei die unterschiedlichsten Aspekte des Körperbaus von Hunden bedacht werden.

Die betrachtende Bewertung von Hunden wird durch Zeichnungen und illustrierte Bewertungsszenarien, die durch Texte erläutert werden, vermittelt. In Ansehung der Bewertungskriterien wie beispielsweise Ausgewogenheit, Proportionen, Typ, Körperbau und Bewegung, die ein Richter berücksichtigen muss, wird jede Lektion mit Informationen über die ursprüngliche Funktion der Hunderasse, den Rassestandard sowie die Entwicklung der Rasse im Laufe der Zeit begleitet. Bei jedem Beispiel sollen Sie, nachdem der Text Ihnen Wissen über das jeweilige Thema vermittelt hat, mehrere Hunde unterschiedlicher Rassen in der Reihenfolge ihrer Vorzüge bewerten. Mit jeder Zeichnung werden sich Ihre Kenntnisse dessen, worauf es bei der Bewertung von Hunden ankommt, verbessern. Ich werde als Autor zwar meine Meinung zu der Reihenfolge der Vorzüge jeder Hundegruppe äußern, doch letzten Endes ist die endgültige Entscheidung dem Leser überlassen. Nur zu! Seien Sie anderer Meinung als ich – aber vor allem, haben Sie Freude daran!

Über dieses Buch

Für *Hunde im Expertenblick* habe ich Kolumnen, die ich über zwanzig Jahre lang für Hundezeitschriften unter dem Titel »You Be the Judge« geschrieben habe, zusammengetragen. Im Laufe der Jahre baten mich sehr viele Liebhaber, Aussteller, Vorführer und Richter meine nicht auf eine Rasse beschränkten Illustrationen und Studien in Buchform zu veröffentlichen. Dieses Buch soll Sie nicht nur unterhalten, sondern auch Ihre Fähigkeit, die Vorzüge eines Hundes im Stand und der Bewegung zu erkennen, verbessern - egal, ob Sie am Ringrand oder im Ausstellungsring stehen. Mit anderen Worten: Dieses Buch soll Ihren Expertenblick für Hunde schulen. Die folgenden Artikel erschienen teilweise bereits in *Dog News* und *Dogs in Canada* sowie in Kolumnen namens *You Be the Judge*.

Vorbemerkung des deutschen Verlages für die Überarbeitung im FCI-Bereich

Robert W. Cole lebte und wirkte vorwiegend in Kanada; die Standardversion des American Kennel Club (AKC) und des Canadian Kennel Club (CKC) waren daher seine ständige Arbeitsunterlage. Gleichwohl liegen die Ursprungsländer der meisten Rassen nicht in der Neuen Welt, sondern in Europa und Asien. Auch schon deshalb ist, wo erforderlich, der Bezug zu den Rassestandards der Féderation Cynologique Internationale (FCI) eingearbeitet, die weltweit am weitesten verbreitete und befolgte Version der Rassebeschreibungen. Europa und Asien, aber auch Südamerika, deren Züchter, Aussteller und Zuchtrichter unterliegen ausschließlich der Jurisdiktion der FCI. Rassestandards der FCI sind dort allein maßgeblich.

Der Körperbau des Hundes und wichtige Terminologie

In diesem Buch beziehe ich mich auf einige Skelett- und Körperteile der Hunde. In diesen Umrisszeichnungen eines Staffordshire Bullterriers sind die einzelnen Körperpunkte eingezeichnet und benannt. Beim Staffordshire Bullterrier handelt es sich um eine zielgerichtet gezüchtete Kreuzung aus Bulldogge und verschiedenen Terrierrassen. Er wurde Ende des 18. Jahrhunderts gezüchtet, weil man einen kleineren, schnelleren Kampfhund kreieren wollte. Durch sein kurzes, glattes und eng anliegendes Fell und seinen muskulösen Körper kann man alle wichtigen Details leicht erkennen.

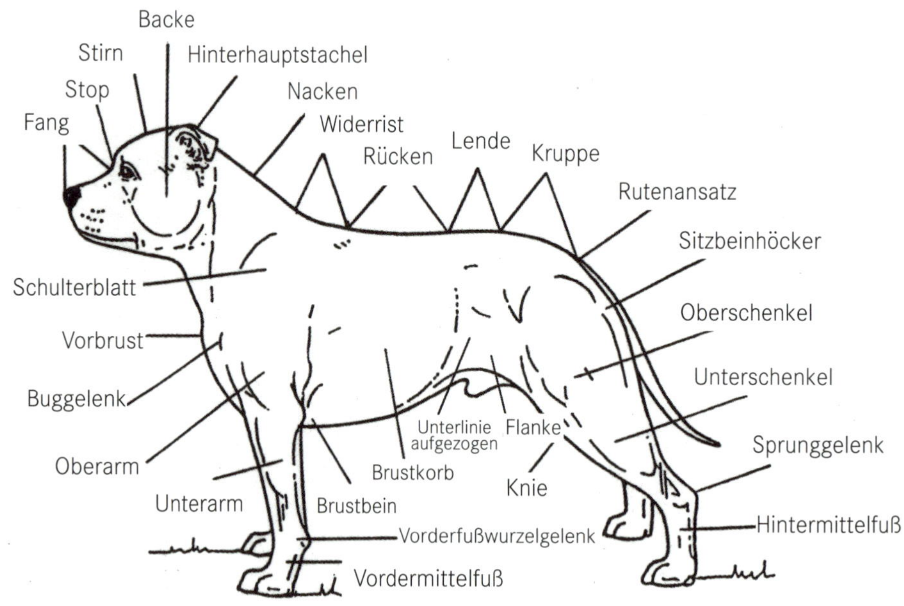

Terminologie für den Körperbau

Alle Rassen haben die gleiche Anzahl Knochen. Die Ausnahme stellt die Rute dar, die dazu noch im manchen Ländern bei manchen Rassen kupiert ist. Größe, Länge sowie Stellung der Knochen unterscheiden sich von Rasse zu Rasse. Äußere Form und Bewegungstyp hängen stark von der Anatomie des Tieres ab. Diese Zeichnung soll Ihnen einen Überblick über die Terminologie des Skeletts und der Körperteile bieten.

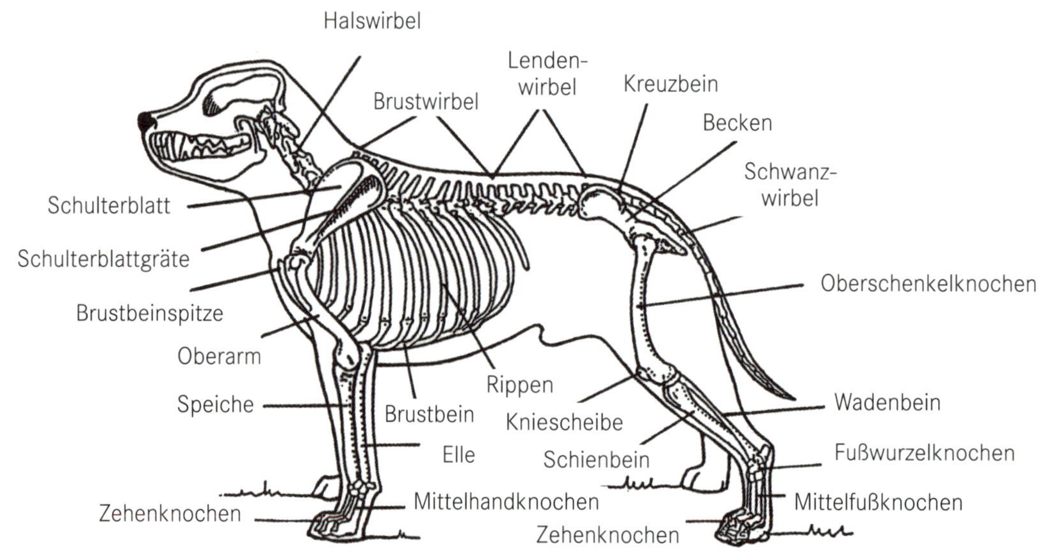

Terminologie für das Skelett

Teil I

Typ, Ausgewogenheit und Proportionen

Kapitel I

Haben Sie den Expertenblick für Hunde?

Der Test

Haben Sie den »Expertenblick für Hunde«? Früher sagte man, dass jemand, der diesen Blick hat, in der Lage sei, in einem Ausstellungsring mit Dalmatinern ohne Tupfen nicht nur erkennen zu können, welcher Hund der Beste ist, sondern auch zu sagen, inwiefern die anderen von der für Dalmatiner typischen Zielvorstellung abweichen. Dieser Blick hat nichts mit magischen Kräften zu tun. Künstler jedoch verfügen über diese Gabe. Aber auch Millionen andere Menschen, die nicht zeichnen können, jedoch ein natürliches Talent für das Erfassen körperlicher Modellierung, Abstände, Linien, Ausgewogenheit und Symmetrie haben, besitzen diese Gabe. Für die Beurteilung von Hunden ist es wichtig, dass man sich ein Bild davon macht, was »typisch« ist. Sie sollten also den Rassestandard vor Ihrem inneren Auge sehen. Außerdem müssen Sie den eigentlichen Zweck einer Rasse, zu dem diese urspünglich gezüchtet wurde, kennen. Nun dürfen Sie Ihren Blick für einen Dalmatiner testen.

Der Dalmatiner

Für den Fall, dass Sie keine Vorstellung von einem typischen Dalmatiner haben, habe ich einen solchen gezeichnet. Ich habe sowohl einen Dalmatiner mit als auch ohne Tupfen gezeichnet. Konzentrieren Sie Ihren Blick auf körperliche Modellierung, Abstände, Linien, Ausgewogenheit und Symmetrie. Zum Anfang wollen wir von der Qualität des Kopfes noch absehen. Mein typischer Hund ist 58 cm hoch. Der Kopf des Dalmatiners wird als »ziemlich lang« beschrieben, der Rumpf ist ein wenig länger als hoch (meine Auffassung von »fast quadratisch«). Der Rumpf ist genauso tief wie der Vorderlauf lang ist. Der Ellbogen liegt auf einer Höhe mit dem Brustbein. Dieser Hund ist für verschiedene Zwecke geeignet, unter anderem als Jagd- und auch als Begleithund. Der Dalmatiner eignet sich hervorragend als »normaler Vertreter« eines Leistungshundes, denn als sogenannter »Kutschenhund« verfügt er über körperliche Ausdauer bei gleichbleibendem Trab. Fröhlich läuft er kraftvoll und mit Leichtigkeit Kilometer um Kilometer.

Typischer Dalmatiner mit und ohne Tupfen

Die nächste Zeichnung zeigt einen Dalmatiner mit gutem Gangwerk. Er ist ein guter Läufer, weil er sehr ausgewogen ist. Eine Abweichung vom Standard würde den Trab beeinflussen. Hat man dieses Bild eines trabenden Dalmatiners vor Augen, akzeptiert man kurze Läufe oder einen langen Rumpf eher nicht.

Ein guter Läufer

Zu kurzer Hals

Die Zeichnung auf der linken Seite soll Ihnen eine Vorstellung davon geben, wie wenig es erfordert, um die physische Ausgewogenheit zu verändern, und wie überraschend diese Veränderungen auf das Auge wirken. Halten Sie sich einen typischen Dalmatiner vor Augen. Inwiefern ist dieser tupfenlose Dalmatiner nicht ausgewogen? Die Antwort lautet: Sein Hals ist 2,5 cm kürzer als er idealerweise sein sollte. Wie viel sind in diesem Fall 2,5 cm? Es ist ein Dreiundzwanzigstel seiner Höhe beziehungsweise die Entfernung zwischen seinem Oberkopf und der darüber gezeichneten parallelen Linie. Das ist nicht viel, reicht aber dennoch aus, um nicht mehr von »ausgewogen« sprechen zu können.

Bei den nächsten beiden Beispielen weichen die Hunde auf gleiche Art und Weise vom typischen Dalmatiner ab. Um welche Abweichung handelt es sich? Um diese Abweichung auszugleichen und eine gewisse Ausgewogenheit wiederherzustellen (jedoch nicht die des Dalmatiners), wurden die Hunde A und B zeichnerisch abgeändert. Was wurde geändert?

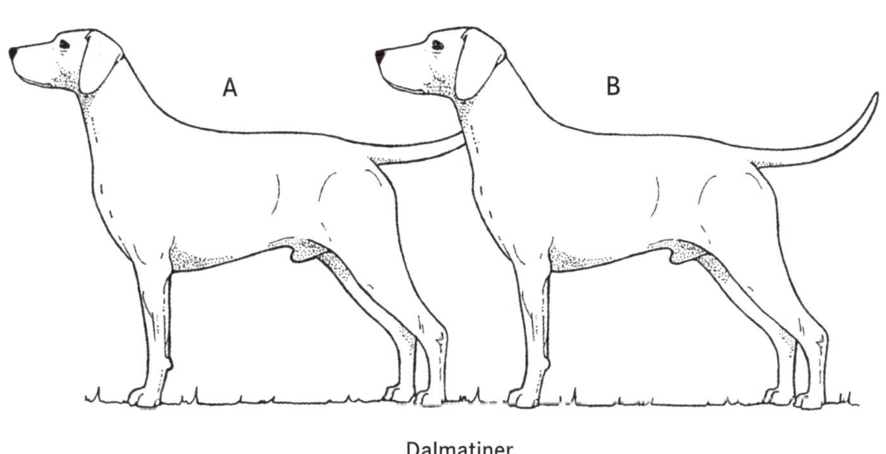

Dalmatiner

Den beiden Hunden ist gemein, dass ihr Rumpf 2,5 cm tiefer ist als normal. Um das Maß an Ausgewogenheit wiederherzustellen, habe ich den Kopf vergrößert und den ziemlich langen Hals von Hund B dicker gezeichnet. Die Ausgewogenheit ist wiederhergestellt, aber dieser Hund ist für einen ausdauernden Traber nun zu schwer.

Wir bleiben beim tieferen Rumpf. Wahrscheinlich haben Sie bei der Beschreibung von kräftig gebauten Rassen, wie beispielsweise dem Bullterrier, die Worte »stabil, alle vier Läufe senkrecht zum Boden, harmonisch« gelesen. Die beiden hier gezeigten Hunde sind sich sehr ähnlich, aber Hund C steht stabiler auf seinen Pfoten. Wie habe ich das gemacht? Ich habe weder die Tiefe noch die Länge des Rumpfes noch die Länge der Läufe geändert, aber die Hinterläufe sind kräftiger. Bei kräftiger gebauten Rassen liegt das Brustbein leicht unterhalb des Ellbogens – nicht so weit, dass sich der Unterarm um den Brustkorb wölbt, aber ausreichend, damit der Rumpf stabiler zwischen den Vorderläufen ruht.

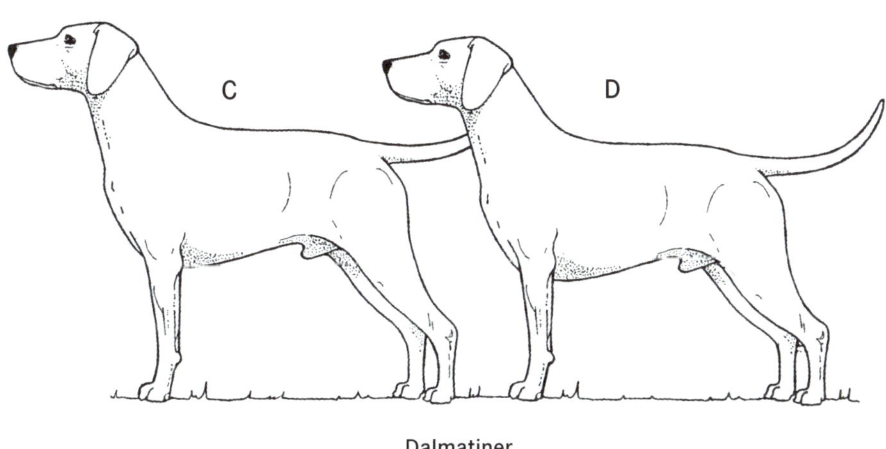

Dalmatiner

Manche Rassestandards erwähnen diese Tatsache, andere nicht. Was die proportionale Ausgewogenheit betrifft, führt dieses Hinausreichen des Rippenkorbs über den Ellbogen hinaus in Verbindung mit einer geringeren Länge des Unterarms, dazu, dass der Hund ausgewogen ist, indem er ein wenig länger als hoch ist.

Bei dem schlecht gebauten Beispiel auf der rechten Seite besteht eine Ausgewogenheit zwischen Vorder- und Hinterhand, da beide Enden gleichermaßen fehlerhaft sind. Die Mängel des einen Endes machen zwar die des anderen Endes nicht wett, aber zumindest verstärken sie sich nicht gegenseitig. Um wirklich ausgewogen zu sein, muss ein Hund »in sich zu ruhen« scheinen. Dieser Hund sieht merkwürdig aus. Können Sie seine vielen Fehler erkennen? Es sind die folgenden: 1) Durch das steile Schulterblatt und den steilen Oberarm endet die Rumpfunterkante oberhalb des Ellbogens, 2) der Widerrist ist nicht hoch genug, 3) die steile Vorderhand ist zu weit vorne angeordnet, wodurch sich die Vorbrust verringert und der Vordermittelfuß senkrecht gestellt ist, 4) die Rute ist tief angesetzt und die steilen Hinterläufe sind sowohl im Knie- als auch im Sprunggelenk nicht ausreichend gewinkelt.

Schlecht gebaut

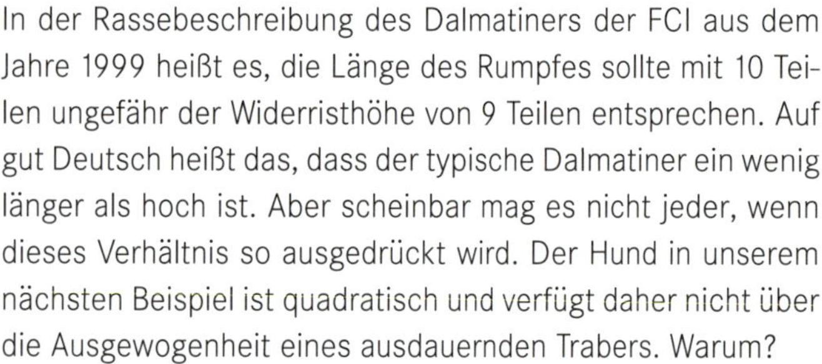

In der Rassebeschreibung des Dalmatiners der FCI aus dem Jahre 1999 heißt es, die Länge des Rumpfes sollte mit 10 Teilen ungefähr der Widerristhöhe von 9 Teilen entsprechen. Auf gut Deutsch heißt das, dass der typische Dalmatiner ein wenig länger als hoch ist. Aber scheinbar mag es nicht jeder, wenn dieses Verhältnis so ausgedrückt wird. Der Hund in unserem nächsten Beispiel ist quadratisch und verfügt daher nicht über die Ausgewogenheit eines ausdauernden Trabers. Warum?

Quadratisch, aber dennoch nicht ausgewogen

Der Körper dieses Dalmatiners ist genauso lang wie der des typischen Beispiels, mit dem wir angefangen haben. Aber er ist 2,5 cm höher. Er ist höher, weil seine Läufe 2,5 cm länger sind, wodurch er quadratisch ist. Die Läufe sind eher lang als mittellang. Dadurch, dass er quadratisch ist, kann es im Ausstellungsring beim Trab passieren, dass sich Vorder- und Hinterpfoten ins Gehege kommen.

Manche hochläufigen Windhunde sind praktisch quadratisch. Doch ihre Front ist so gebaut, dass das Risiko eines Zusammenstoßes der Pfoten von Vorder- und Hinterhand minimiert wird. Vergleichen Sie die beiden nächsten Beispiele miteinander. Ist Ihr »Expertenblick« in der Lage, die besondere Form des Körpers zu erkennen, die dazu führt, dass das Risiko eines Zusammenstoßes der Pfoten minimiert wird?

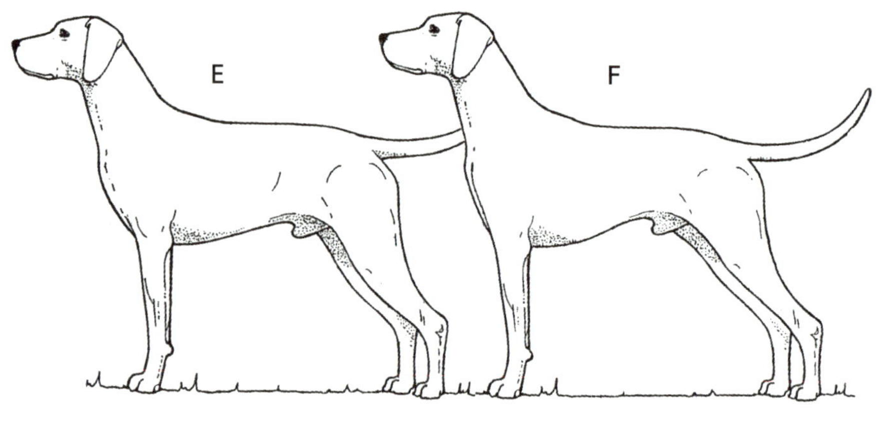

Dalmatiner

Sie sollten wissen, dass bei Hund E die Vorderläufe ein wenig zu lang sind. Auch bei Hund F sind die Vorderläufe zu lang, doch er wurde auf vier Arten abgewandelt, damit er mehr einem Windhund ähnelt als einem weißen, hochläufigen Dalmatiner. Welche sind diese vier, für einen Windhund typischen Veränderungen, und durch welche besonderen Veränderungen an der Front wird das Zusammenstoßen der Pfoten beim Trab minimiert? 1) Der Hals ist nun lang statt ziemlich lang, 2) dadurch, dass die Unterlinie aufgezogen ist, kann sich der Körper im schnellen Galopp mehr beugen, 3) der Unterschenkel wurde ein bisschen verlängert und 4) der Winkel zwischen Schulterblatt und Oberarm ist nun offener, wodurch der Ellbogen weiter vorne sitzt. Dadurch wird wiederum der Abstand zwischen Vorder- und Hinterläufen vergrößert und das Risiko, dass die Pfoten zusammenstoßen, verringert.

Kommen wir nun zu zwei weiteren Beispielen. Beide Hunde sind - korrekterweise - etwas länger als der Widerrist hoch ist, doch nur einer verfügt über die richtige Ausgewogenheit eines typischen ausdauernden, trabenden Dalmatiners. Welcher ist es? Ihr Blick sollte Ihnen verraten, dass Hund H korrekt und der hochläufige Hund G 2,5 cm zu lang ist. Er ist ein bisschen länger als hoch, doch hinsichtlich der Ausgewogenheit weicht er offensichtlich vom Standard ab.

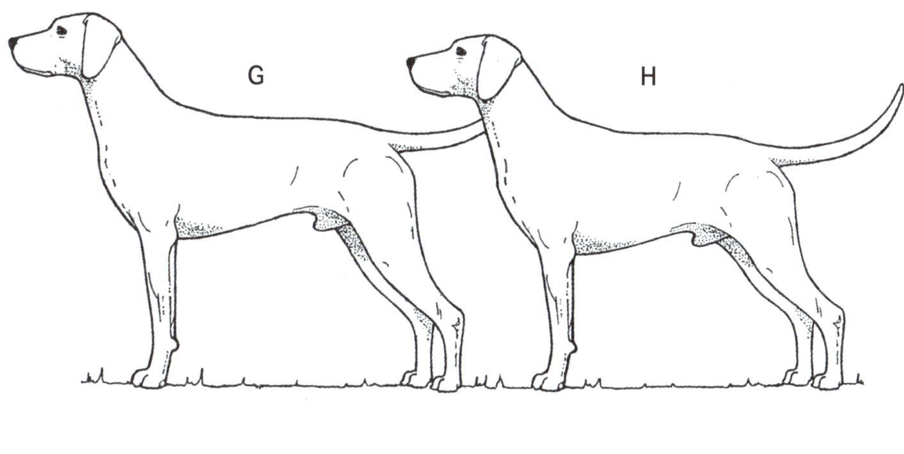

Dalmatiner

Nun da Ihr Bild von der Norm wieder aufgefrischt wurde, dürften Sie keinerlei Schwierigkeiten haben, zu erkennen, inwiefern der nächste Hund von dieser abweicht. Der Unterschied beträgt nur 2,5 cm, aber Ihr geschultes Auge sollte Ihnen verraten, dass der Körper etwas zu lang ist.

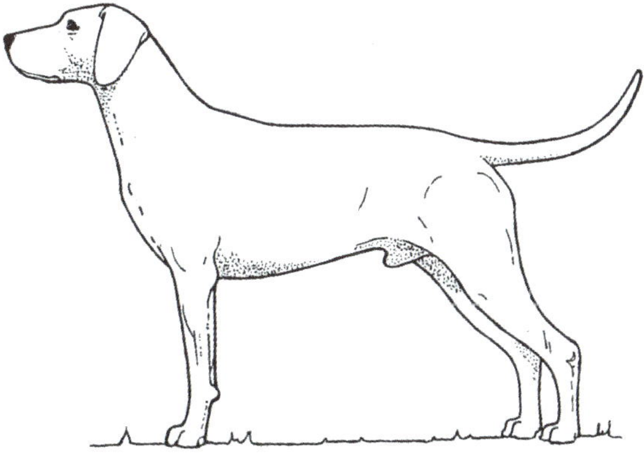

Können Sie erkennen, warum er nicht typisch ist?

Wenn wir uns den nächsten Hund anschauen, stellen wir fest, dass er eher die Proportionen eines quadratischen Boxers oder Dobermanns hat. Er ist quadratisch, aber nicht auf dieselbe Art wie die Hunde in den vorigen Beispielen. Warum? Da die Läufe korrekterweise mittellang sind, ist er quadratisch, weil sein Rumpf 2,5 cm kürzer ist.

Quadratisch, aber auf die falsche Art und Weise

Bei unserem letzten Hund unten findet sich eine letzte, störende Abweichung, die für jemanden mit einem geschulten Auge wohl am leichtesten zu erkennen ist. Aber für die, die keinen Expertenblick für Hunde haben, dürfte diese Abweichung am schwierigsten zu erkennen sein. Trotz dieser Abweichung bewegt sich der Hund im Profil gut. Seine Läufe sind 2,5 cm kürzer als normal. Würde er sich mit der gleichen Geschwindigkeit wie ein trabender Dalmatiner mit gutem Körperbau bewegen, würde sich unterhalb des Rumpfes ein Raum in Form eines gestreckten Rechtecks ergeben, so als ob der Körper zu lang wäre. Läuft der Hund jedoch im zu übereilten Trab (die Geschwindigkeit, bei welcher der Hund, wenn er sich selbst überlassen wäre, in den Galopp fiele), füllt sich dieser offene bzw. leere Raum.

Testen Sie Ihren Blick!

Kapitel 2

Typ

Was versteht man unter Typ?

Bei der Beurteilung von Hunden wird der Typ als wesentlich angesehen. Die Frage lautet also: »Was versteht man unter Typ«? Fragen Sie zehn Zuchtrichter und Sie werden wahrscheinlich zehn verschiedene Antworten bekommen – die alle richtig sein können. Die Antworten unterscheiden sich deshalb, weil »Typ« in Bezug auf Hunde eine ganz spezielle und weitgefasste Bedeutung hat. Dazu gehört, dass eine Reihe von im Rassestandard beschriebenen Merkmalen vorhanden sind und im richtigen Größenverhältnis vorliegen. Zwei Antworten mag ich am liebsten. Die eine stammt von Tom Horner und lautet: »Typ ist die Summe der Punkte, die dazu führen, dass ein Hund wie seine eigene Rasse und nicht wie eine andere aussieht.« Die andere Definition stammt von Edd Bivin. Er sagt unter anderem: «Typ ist das Wesentliche einer Rasse und kann als das Bild einer Rasse definiert werden, das sich aus den Merkmalen ergibt, durch die sich eine Rasse von allen anderen unterscheidet. Diese Typmerkmale werden bei der Bewertung von Hunden häufig übersehen, doch man darf nicht vergessen, dass ohne den Typ die Identität der Rasse verloren geht.«

Also ist es entscheidend, wie die eigene Rasse auszusehen – und nicht wie eine andere Rasse. Bei der Bewertung muss ein Richter zahlreiche Merkmale in Bezug auf den Typ berücksichtigen. Ich habe mehrere Beispiele ausgewählt und werde jedes zu erläutern versuchen. Ich beginne mit drei American Staffordshire Terriern.

American Staffordshire Terrier

Untypisch oder mangelhafter Typ?

Welcher dieser drei American Staffordshire Terrier stellt einen typischen Vertreter seiner Rasse dar und entspricht dem Rassestandard? Welcher ist untypisch und welchem mangelt es bloß an Typ? Der Unterschied kann manchmal ganz subtil sein, doch nicht bei diesen drei Beispielen. Ein American Staffordshire Terrier, wie zum Beispiel Hund B, mit zu leichtem Körperbau ist untypisch und verfügt nicht über genug Knochenstärke und Substanz. Es heißt, dass es einem gut gebauten Hund, der aber einen plumpen Kopf hat, an Typ mangelt. Das ist bei Hund C der Fall. Es muss nicht so sein, dass der Kopf plump ist, damit es einem Hund an Typ mangelt. Auch andere Abweichungen vom idealen Typ können dazu führen. Das trifft vor allem auf Rassen zu, die sich untereinander stark ähneln. Das abgebildete Trio ist ein gutes Beispiel.

Der Staffordshire Bullterrier ist ein Vorläufer des American Staffordshire Terrier und ähnelt diesem hinsichtlich allgemeinem Typ, Ausgewogenheit, Charakter und Körperbau. Während sie sich hinsichtlich Größe eindeutig unterscheiden, verfügt jede Rasse über ausgeprägte Merkmale, die sie zu einer eigenständigen Rasse machen. Das betrifft vor allem den Kopf. Beim American Staffordshire Terrier erinnern manche Merkmale des Kopfes an seinen Urahnen und abgesehen von den Ohren ähneln sich ihre Rassestandards. Es ist leichter, die subtilen Unterschiede hinsichtlich des Kopfes dieser beiden Rassen bildlich darzustellen als zu beschreiben. Um Ihnen zu zeigen, was ich meine, habe ich einen guten Kopf eines Staffordshire Bullterriers (Hund E) genommen und auf den Körper eines American Staffordshire Terriers gesetzt, ihm aber die typischen Ohren (wie sie in den USA noch kupiert werden dürfen) eines American Staffordshire Terriers gelassen. Die daraus resultieren Unterschiede hinsichtlich des Typs zwischen American Staffordshire Terrier links und dem auf der rechten Seite sind zwar subtil, aber dennoch eindeutig. Wäre in einem solchen Fall der American Staffordshire Terrier auf der rechten Seite untypisch oder würde es ihm lediglich an Typ mangeln? Wie bei Hund C in unserem vorigen Beispiel würde ich sagen, dass es ihm lediglich an Typ mangelt.

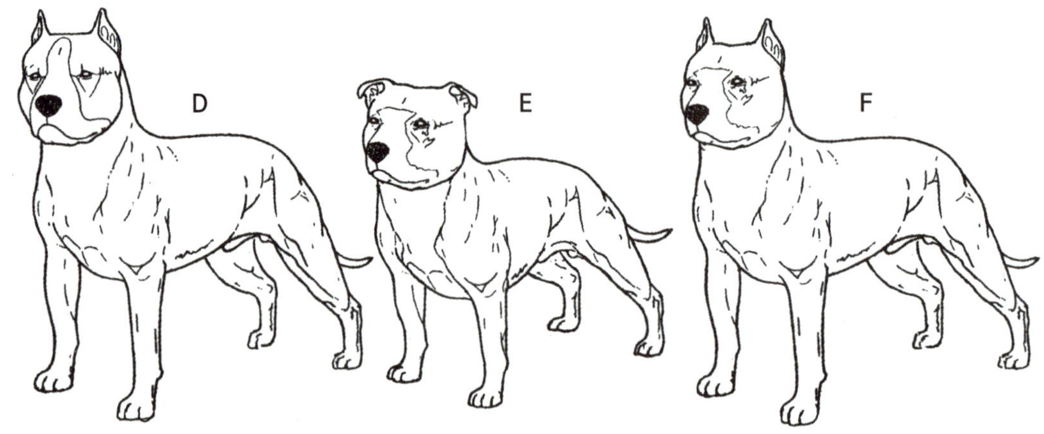

Mischung aus American Staffordshire Terrier- und Staffordshire Bullterrier-Typ

Der Typ kann die Bewegung beeinflussen

Nun schauen wir uns zwei Kurzhaarteckel an, sowohl in Ausstellungshaltung als auch wie sie auf einen zukommen. Das typische Beispiel ist Hund A, der eine Front hat, bei der die Vorderläufe sich um die Vorbrust »wickeln« und die Vorderfußwurzelgelenke näher beieinander stehen als die Ellbogen. In der Bewegung nähern die Läufe sich unter dem Rumpf an. Hund B hat gerade Vorderläufe und kurze, steile Oberarme. Die Vorderläufe »wickeln« sich nicht um den Körper und sind nicht leicht nach innen geneigt. Stattdessen werden sie gerade nach vorne gebracht, wobei der Abstand zwischen den Pfoten derselbe ist wie zwischen den Ellbogen. Im Profil ist ihre Reichweite aufgrund der kurzen Oberarme eingeschränkt. Leider übt diese häufig auftretende Gangart einen Reiz auf diejenigen aus, die nicht wissen, dass diese Front eigentlich unüblich ist.

Teckel

Die Größe kann variieren – wie hier bei diesen zwei Salukis

Vielseitigkeit und Typ

Größe, Jagdwild und Gelände, für die die Rasse gezüchtet wurde, können den Typ bestimmen. Das gilt ganz besonders für den Saluki, einen nordafrikanischen Windhund. Der Standard dieser Rasse drückt sich nur sehr vage aus. Die Widerristhöhe darf 58 cm bis 71 cm betragen, wobei die Hündinnen allgemein um einiges kleiner als die Rüden sein sollen. Züchter meinen, eine genauere Ausdrucksweise würde zu einem exemplarischen Saluki führen, dessen Vielseitigkeit und Fähigkeit, Gazellen oder andere Beute in tiefem Sand oder felsigem Gebirge zu jagen, eingeschränkt würde. Bei dieser Rasse ist *größer* nicht unbedingt gleichbedeutend mit *besser*.

Ein weiterer Typ-Faktor, der unsere Wahl zwischen diesen beiden Salukis bestimmt, bezieht sich auf ihr Gangwerk im Trab. Einer der beiden Salukis zeichnet sich im Ausstellungsring im Trab durch enormen Vortritt und Schub aus, die Gangart des anderen ist weniger beeindruckend und kann am ehesten als »leichte, federnde, schwebende, mühelose, kraftsparende Bewegung« beschrieben werden. Viele Saluki-Züchter machen darauf aufmerksam, dass der Saluki weite Entfernungen bei der Jagd im Trab und nicht im Galopp zurücklegt. Daher sollte die Gangart im Trab mühelos erscheinen und die Kraft für den letzten schnellen Galopp aufgespart werden. Enormer Vortritt und Schub im Trab ist keine Anforderung an den Saluki, jedoch, dass die windhundtypische Schwebephase gezeigt wird.

Andererseits sind viele Richter der Meinung, der am besten gewinkelte Saluki (also derjenige, der mit enormem Vortritt und Schub durch den Ausstellungsring läuft) sei am ehesten zu einem guten, schnellen Galopp fähig. Beide dieser Salukis haben Spezialzuchtschauen gewonnen. Die Wahl zwischen diesen beiden Hunden ist Ihnen überlassen. Ich würde mich für den kleineren, kraftsparenderen Saluki auf der linken Seite entscheiden.

Farbe und Typ

Innerhalb einer Rasse gibt es hinsichtlich der Farbe unterschiedliche Typen. Der English Cocker Spaniel ist ein Beispiel dafür. In *Dog World* schreibt Tom Horner, die »einfarbigen English Cocker, die Schwarzen, Roten und Goldenen, sind ein anderer Typ als die Blauschimmel, Orange-Weißen und Schwarz-Weißen. Sie unterscheiden sich in Kopf, Fell, häufig auch im Charakter und Körperbau. Die Einfarbigen sind kurz und kompakt, die Andersfarbigen sind oftmals hochbeiniger und haben einen sanftmütigeren Gesichtsausdruck.«

Eine Rasse mit mehr als nur einem Typ – der Bullterrier

Manche Menschen behaupten, es gäbe innerhalb einer Rasse nur einen einzigen Typ und dieser Typ würde vom Rassestandard gefördert. Doch das entspricht nicht der Wahrheit. Wenn zehn Leute einen Rassestandard lesen, können sie zehn unterschiedliche Vorstellungen des im Standard beschriebenen Hundes haben. Das ist zu erwarten. Aufgrund der Art und Weise, wie Rassestandards geschrieben sind, können Sie davon ausgehen, dass es bei jeder Rasse mehr als nur einen zulässigen Typ gibt.

Da es sich beim Bullterrier um eine Kreuzungsrasse handelt, ist er ein gutes Beispiel für unterschiedliche Typen innerhalb einer Rasse. Die Ausgewogenheit eines Typs zwischen Bulldogge und Terrier tendiert manchmal zum einen oder anderen Vorfahren und nicht zum angestrebten Mitteltyp. Häufig ist diese Tendenz beabsichtigt, denn manche Züchter bevorzugen den Bulldoggen-Typ und andere den Terrier-Typ. Jeder Typ trägt so dazu bei, dass das Verhältnis zwischen Bulldogge und Terrier innerhalb der Rasse ausgewogen ist. Daher werden unterschiedliche Typen gleichermaßen akzeptiert. Die Subtypen des Bullterriers sind der Bulldog-, Terrier-, Dalmatinertyp sowie die Mischung aus all diesen drei Typen. Bei der Zucht ist es wichtig, darauf zu achten, dass die Rasse nicht zu sehr zu einem Typ hin tendiert.

Diese Abbildung zeigt den Mischtyp, eine wünschenswerte Ausgewogenheit zwischen Bulldogge und Terrier, bei der Substanz und Gewandtheit miteinander kombiniert sind. Nicht alle Mischtypen sind so ausgewogen wie in unserem Beispiel. Einer der anderen drei Subtypen könnte überwiegen. Wenn Ihr Urteil zugunsten eines bestimmten Typs und nicht zugunsten des besten Bullterriers ausfallen würde, würden Sie der Rasse einen schlechten Dienst erweisen. Bei dieser Rasse gibt es vier zulässige Typen und jeder könnte an einem bestimmten Tag besser als die anderen drei Typen sein.

Bullterrier: Mischtyp

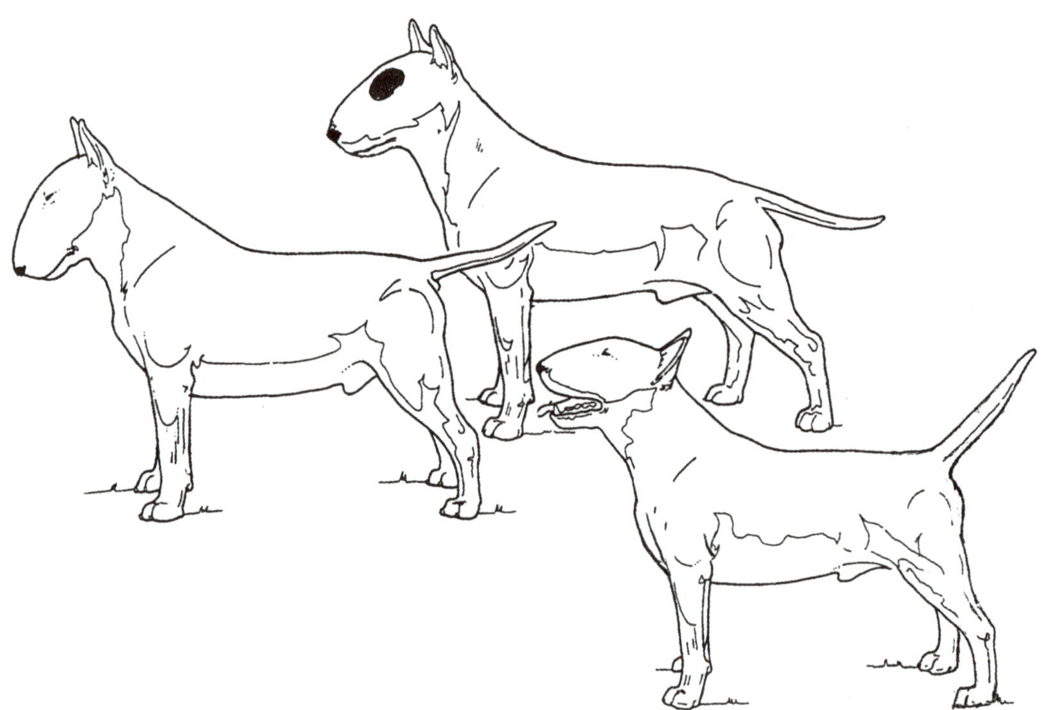

Bullterrier: Unterscheiden Sie die drei Typen des Bullterriers

Die drei Bullterrier auf der vorherigen Seite vertreten die drei anderen zulässigen Typen. Sie sollten keine Probleme haben, zu entscheiden, bei welchem es sich um den Terrier-Typ handelt, welcher der Bulldog-Typ ist und welcher von der Optik her Spuren des Körperbaus des Dalmatiners aufweist. Der Terrier-Typ hat ein gerades Kreuzbein, wie beim Foxterrier, er trägt die Rute zu hoch, ist aber ansonsten gut gebaut. Der Bulldog-Typ verfügt über Substanz und Kraft. Der Dalmatiner-Typ ist elegant und hätte wahrscheinlich die beste Gangart. Von links nach rechts sehen Sie den Bulldog-Typ, den Dalmatiner-Typ und den Terrier-Typ.

Häufige Fehler beim Bullterrier

Wenn wir uns häufige Fehler jedes Typs anschauen, so weist der Bulldog-Typ auf der linken Seite eine häufige Abweichung auf - und zwar kurze Läufe. Als zweites ist seine steile Front zu nennen und als drittes seine steile Hinterhand. Beachten Sie die mangelnde Vorbrust und den ungenügenden Sitzbeinhöcker unterhalb der Rute. Die vierte Abweichung, welche die Ausgewogenheit beeinträchtigt, ist, dass der Kopf für den schweren Körper zu klein ist. Der Dalmatiner-Typ in der Mitte weicht hinsichtlich seiner langen Läufe und seines langen Rumpfes ab. Beachten Sie auch, dass seine Ohren tief angesetzt sind. Dennoch ist sowohl seine Vorder- als auch seine Hinderhand gut gewinkelt. Der Terrier-Typ rechts hat einen kurzen, steilen Oberarm kombiniert mit steilen Schultern. Beachten Sie, dass auch der Vordermittelfuß etwas zu wenig geneigt ist. Die Oberlinie ist gut, aber die Rute ist tief angesetzt und wird hoch getragen. Der mangelnde Sitzbeinhöcker passt zu der ungenügenden Vorbrust und Knie und Sprunggelenk sind nicht ausreichend gewinkelt.

Ein weiteres Beispiel - der Border Collie

Gibt es beim Border Collie mehr als nur einen Typ? Ich denke, es gibt mehrere. Doch ich werde mich nur auf zwei Typen konzentrieren, die noch mit ihrem eigentlichem Zweck, dem Schafe hüten, zu tun haben. Einer der beiden Border Collies ist ein exemplarischer Ausstellungshund, der andere besitzt noch mehr die Züge eines Hütehundes und, wie Sie sehen werden, bewegt sich auch im Ausstellungsring wie ein solcher. Sie sehen die Hunde aufgebaut und im Profil - können Sie sagen, bei welchem es sich um den exemplarischen Typ handelt und welcher der Arbeitshund ist? Welchen bevorzugen Sie?

Hund A ist das Beispiel für den Hütehund. Hund B, der exemplarische Ausstellungshund, unterscheidet sich nur in einem Merkmal von Hund A: dem Nacken, der stark dazu beiträgt, dass die Ausgewogenheit dieser Rasse verändert wird. Viele Border-Collie-Liebhaber sehen diese Veränderung als eine große Verbesserung an. Andere sind jedoch besorgt, dass dadurch der geduckt schleichende Bewegungstyp verloren gehen könne.

Border Collie als Hütehund vs. Border Collie als Ausstellungshund

Richter sollten wissen, dass sich viele Border Collies auf ungewöhnliche Art und Weise bewegen, die mit der schleichenden, geduckten Bewegung zu tun hat, die der Hund, wie hier gezeigt, beim Schafehüten an den Tag legt. Wenn der Richter diese ungewöhnliche Fortbewegungsart nicht kennt, kann diese charakteristische geduckte Bewegung ein Nachteil sein, besonders im Wettkampf mit einem sonst typischen Border Collie, der sich jedoch auf normalere Art bewegt.

»Geduckte« Gangart

Um zu verdeutlichen, was ich meine, habe ich zwei Border Collies im Profil gezeichnet, die sich mit der gleichen Geschwindigkeit bewegen. Einer bewegt sich wie die meisten Rassen, die ausdauernde Traber sind. Alle vier Läufe holen weit aus, die Oberlinie bleibt eben und der Kopf wird hoch getragen. Im Ausstellungsring erscheint diese Gangart normaler als die korrekte, aber dennoch schleichende Gangart des Hütehundes auf der rechten Seite.

Autorin und Richterin Anne Hier schreibt in einem Informationsblatt: »Richter sollten wissen, dass sich viele Border Collies auf eine Art fortbewegen, die man als geduckt beschreiben würde. Das ist für die Rasse typisch und darf nicht mit gedrücktem Verhalten verwechselt werden, welches auf fehlerhaftes Wesen hinweist.«

Mit »geduckt« meint die Autorin Anne Hier meiner Meinung nach, dass der Hund in sich zusammensinkt. Ich habe versucht, diese Gangart im Vergleich zur Norm darzustellen.

Zwei unterschiedliche Formen der Fortbewegung

Typ und funktional richtiger Körperbau – der Dobermann

Hier sehen Sie eine Gruppe von drei Dobermännern. Bei dieser Gruppe müssen Sie sowohl auf den Körperbau als auch auf die Proportionen achten. Sie müssen wissen, dass es sich beim Dobermann um eine quadratische Rasse handelt, bei der die Rumpflänge der Widerristhöhe entspricht. Darum wird es Ihnen nicht schwer fallen, zu entscheiden, welcher Hund den ersten Platz einnimmt. Doch die Entscheidung über den zweiten Platz wird schwierig sein.

Dobermänner

Dobermann C ist hat einen guten Körperbau, doch sein Rumpf ist lang. Dobermann B ist quadratisch, aber es mangelt ihm an Vorbrust, der Hals ist nicht gewölbt genug und Schulter sowie Knie- und Sprunggelenk sind nicht ausreichend gewinkelt. Welchem Hund würden Sie den zweiten Platz geben? Würden Sie sagen, dass Dobermann B trotz Fehler im Körperbau typischer ist? Wie wichtig ist es, dass der Hund quadratisch ist? Welcher der beiden erfüllt seine Funktion am besten? Ich habe Dobermann C den zweiten Platz zugewiesen.

Nationale Typen - der Deutsche Schäferhund

In manchen Ländern werden die Rassen so neugezüchtet, dass sie dem Bild entsprechen, das dort zu dem Zeitpunkt als korrekt angesehen wird. Das kann zu einem neuen, unverwechselbaren zweiten Typ innerhalb der Rasse führen. Der Deutsche Schäferhund ist ein gutes Beispiel eines internationalen Programms mit genau diesem Ziel. Der Deutsche Schäferhund auf der linken Seite ist als deutscher Typ bekannt, während der Hund auf der rechten Seite dem Typ entspricht, wie man ihn oft in englischsprachigen Ländern antrifft. Es gibt zwar einige Unterschiede, aber am stärksten fallen die unterschiedlichen Oberlinien auf. In ihrem Ursprungsland hat die Rasse in letzter Zeit große physische Veränderungen erlebt. Diejenigen, bei denen das Ergebnis keinen Anklang findet, vor allem in Teilen der Welt, in denen es viele Befürworter des angloamerikanischen Typs gibt, sagen, der deutsche Typ habe einen sogenannten »Bananenrücken«. Der Unterschied zwischen diesen beiden Typen ist so gravierend, dass es äußerst unwahrscheinlich ist, dass ein Richter in Spezialzuchtschauen beide Typen als gleichwertig betrachten wird.

Zwei verschiedene Typen des Deutschen Schäferhunds

Kapitel 3

Die vier Faktoren, die den Typ ausmachen

Es gibt vier Faktoren bzw. Merkmale, die bei der Bewertung von Rassetypen beachtet werden müssen. Es handelt sich um:

1. die äußere Linie oder Silhouette,
2. den Kopf,
3. die Bewegung im Trab und
4. das Haarkleid.

Äußere Linie oder Silhouette

Der erste dieser vier Typ-Faktoren ist die Silhouette des Hundes im Profil gesehen. Hier sehen Sie zwei Beispiele. Kennen Sie die Rasse? Es handelt sich um Pharaonenhunde, aber welcher entspricht am ehesten der Norm? Denken Sie daran, was Edd Bivin meinte: »Typmerkmale werden bei der Bewertung von Hunden häufig übersehen.« Tja, hier sind zwei Hunde, die als Pharaonenhunde erkennbar sind. Bei einem handelt es sich um meinen ersten Versuch, das Typische darzustellen. Der Versuch basiert auf einem Champion, der meiner Ansicht nach nicht verbessert werden muss. Der andere Pharaonenhund basiert auf von Rita Laventhall Sacks vorgeschlagenen Verbesserungen. Welcher ist welcher? Welche vier Rasseeigenschaften habe ich übersehen?

Pharaonenhunde

Hund A ist mein eigentliches Beispiel für einen Pharaonenhund. Um den Typ auf Grundlage eines Expertenrats zu verbessern, habe ich a) den Körper leichter gemacht, b) den Rumpf leicht angehoben, sodass er über dem Ellbogen sitzt, c) den Rumpf verlängert und d) die Rute zwischen den Hinterläufen hervorgeholt, denn eine eingeklemmte Rute ist bei dieser Rasse ein unerwünschtes Zeichen von Angst. Dieser verbesserte Hund B ist, was Bivin meiner Meinung nach meint, wenn er sagt, dass »das Wesentliche des Typs als das Bild einer Rasse, das von den Eigenschaften herrührt, die eine Rasse von anderen unterscheiden, definiert wird«. Diese vier Typverbesserungen tragen zu diesem Bild bei und machen den Unterschied zwischen einem guten Pharaonenhund - einem, der bei einer durchschnittlichen Zuchtschau gewinnen könnte - und einem, der in hartem Wettbewerb als Sieger hervorgehen könnte, aus.

Der Kopf

Typ ist das Endergebnis, das man erhält, wenn ein Hund alle im Rassestandard beschriebenen Vorzüge erfüllt. Und der Kopf ist für gewöhnlich ein wichtiger Teil des Typs. Bei manchen Rassen sind die Köpfe wichtiger als bei anderen, und es gehört mehr dazu als nur die Form. Man muss auf die Augen, den Fang und die Nase achten, und diese drei müssen so miteinander kombiniert sein, dass sich der typische Ausdruck dieser einen Rasse ergibt.

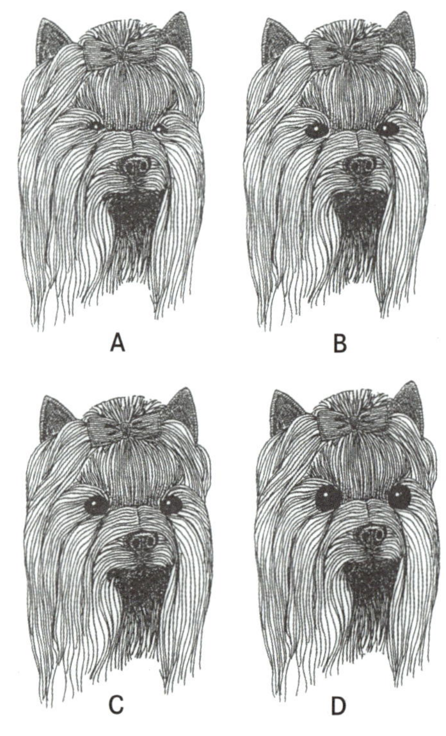

Köpfe von Yorkshire Terriern

Als Erstes nehmen wir die Augen genauer unter die Lupe. Die Augen dieser vier Yorkshire Terrier unterscheiden sich hinsichtlich Form und Größe. Welches Augenpaar ist typisch für diese Zwergrasse? Es hilft nicht viel, sich den FCI-Standard anzuschauen. Dort heißt es nur: »Mittelgroß, dunkel, glänzend, mit wachsamem, intelligenten Ausdruck und so platziert, dass sie geradeaus blicken. Nicht hervorstehend. Augenlider dunkel.« Die Augen von Hund A sind kleiner als »mittelgroß«, also bleiben nur noch drei Hunde übrig. Die Augen von Hund D sind groß und hervorstehend, sodass nur noch zwei übrig sind. Hund B hat mandelförmige Augen und die von Hund C sind oval. Da der Standard darüber schweigt, muss man in diesem Fall auf eine andere Informationsquelle zurückgreifen. Die beste Informationsquelle sind hier einschlägige Rassemonographien. Die beschreiben mandelförmige Augen als korrekt und ovale als zu bevorzugen. Ich habe mich also für Hund B entschieden.

Bei der Suche nach dem Typ ist die Form der Augen wichtig, aber nicht nur die Augen tragen zu dem typischen Ausdruck bei, besonders wenn es um die Köpfe von Kreuzungsrassen geht. Der Bullmastiff ist ein klassisches Beispiel.

Bei dieser Kreuzungsrasse (60 Prozent Mastiff und 40 Prozent Bulldogge) gibt es sehr unterschiedliche Kopfarten. Es gibt scheinbar endlos viele unterschiedliche Gesichter und keins sieht genau wie das andere aus. Bei jedem dieser vier Köpfe kann man erkennen, dass er zu einem Bullmastiff gehört, doch da hört die Ähnlichkeit auch schon auf. Sie sind alle sehr unterschiedlich und einer ist besser als die anderen drei. Sie sollen ihnen nun die Plätze eins bis vier zuteilen. Wenn Sie möchten, können Sie sich aber vorher noch die Hinweise von Züchtern, wie sie die jeweiligen Köpfe verbessern würden, durchlesen.

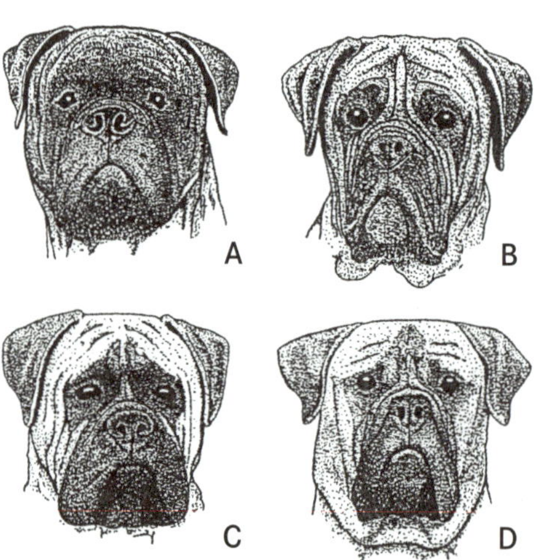

Köpfe von Bullmastiffs

Hund A hat einen runden Schädel, der quadratischer geschnitten sein sollte. Die Ohren müssten weiter vorne angesetzt sein und die Innenkante müsste dicht an der Wange anliegen. Der breite Fang ist beeindruckend, genau wie auch der starke Unterkiefer. Die Wangen müssten besser ausgebildet und der schlaffe Hals straffer sein. Die schlaffen Augenlider müssten ebenfalls straffer und mandelförmig sein. Die Augen von Hund B stehen weit genug auseinander, doch sie sind rund. Die Augen sollten mandelförmig sind, um einen intelligenten Gesichtsausdruck zu erzeugen. Die

Ohren müssten kleiner sein. Der schmale, eingefallene Fang, die kleine Nase und der schmale Unterkiefer müssten breiter sein. Die Lefzen hängen zu sehr und die Rollen am Hals müssten entfernt werden. Bei Hund C sind die Ohren zu groß und oben auf dem Schädel zu dicht beieinander angesetzt. Die Augen müssten weiter auseinander stehen und die Augenlider straffer sein. Die schlaffen Wangenfalten müssten entfernt und die Wangen ausgefüllt werden. Der Fang müsste oben ein bisschen breiter sein. Stellen Sie sich bei Hund D vor, Sie könnten seinen Kopf wie einen Ballon in jede Richtung aufblasen. Sie würden dann, abgesehen von den runden Augen, den großen Ohren und davon, dass der Unterkiefer zu weit aufwärts gebogen ist, einen anständigen Kopf erhalten. Beachten Sie, dass die Augen symmetrisch auf beiden Seiten des Fangs angeordnet sind - das ist gut, mit Ausnahme der Tatsache, dass der Fang zu schmal ist. Ach ja, die dicke Kehlhaut am Hals müsste auch noch entfernt werden.

Ich habe Hund C den ersten Platz gegeben, gefolgt von Hund A. Hund D habe ich auf den dritten Platz gesetzt und Hund B auf den vierten. Dieser Schnellkurs über die unterschiedlichen Bullmastiff-Köpfe vermittelt Ihnen eine Vorstellung darüber, wie viele unterschiedliche Typen man bei manchen Rassen findet.

Köpfe von Bullterriern

Ein weiterer komplexer Kopf ist der des Bullterriers, doch in diesem Beispiel wurde er vereinfacht dargestellt und ich habe mich nur auf ein einziges wichtiges Typ-Merkmal konzentriert. Welcher Kopf ist typisch und warum? Der typische Kopf im Profil und von vorne gesehen ist der des Bullterriers auf der linken Seite. Er ist typisch, weil der Abstand von der Nasenspitze bis zu den kleinen, dunklen Augen merklich größer als von den Augen bis zum Hinterhauptbein ist. Die Position der Augen hat einen direkten Einfluss auf den typischen Gesichtsausdruck.

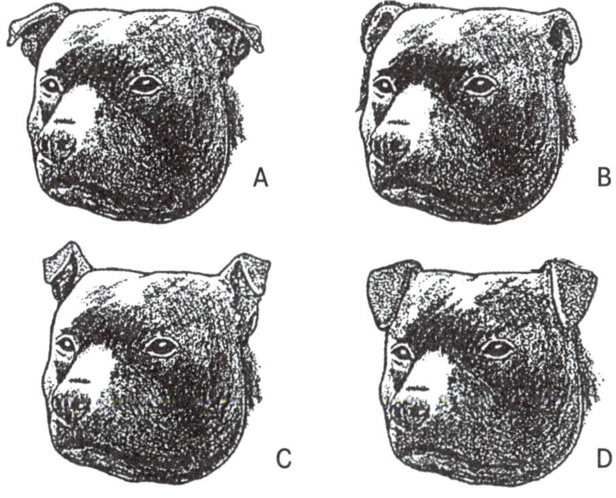

Köpfe von Staffordshire Bullterriern

Wir bleiben noch etwas bei den Bulldograssen, gehen aber zu den Ohren über. Die recht einzigartigen Ohren des Staffordshire Bullterriers werden als Rosen- oder Kippohren beschrieben. Ich habe vier Ohrenarten gezeichnet, die man bei dieser Rasse findet. Hund B hat ein Rosenohr und man würde annehmen, bei Hund C würde es sich um ein Kippohr handeln, doch das ist nicht immer der Fall. Viele Züchter sehen das herabhängende Rosenohr von Hund C als ein Knopfohr an. Andere meinen, Hund C hätte ein Kippohr und geben sich damit zufrieden, dass Hund A ein Rosenohr hat, die Ohrenart, welche die meisten Staffordshire Bullterrier haben. Ich finde, das typische Ohr ist das rosenförmige von Hund B, das klein, dünn und nach hinten gefaltet ist, sodass die Ohrmuschel zu sehen ist. Sehr dicker Knorpel an der Stelle, an der das Ohr am Schädel angesetzt ist, ist für das halbstehende Ohr von Hund C verantwortlich. Die vollständig hängenden Ohren von Hund D sind ein schwerer Fehler.

Bei diesen Papillons soll der Schmetterling im Hintergrund Sie an die elegante, schmetterlingsähnliche Form der Ohren dieser Zwergrasse erinnern. Die Ohren sind eines der Hauptmerkmale der Rasse. Sie sind groß, mit abgerundeten Spitzen und seitlich am hinteren Teil des Kopfes angesetzt. Dies ist die eine Art, aber es gibt zwei Arten von Ohren. Die eine Art sind die vorgenannten, stehenden Papillon-Ohren, die schräg getragen und wie die ausgebreiteten Flügel eines Schmetterlings bewegt werden. Wie heißen die Hängeohren? Die Hängeohren werden wie die danach benannte Varietät Phalène oder Nachtfalter genannt und ähneln den stehenden Ohren, werden aber schlaff und vollständig herabhängend getragen. Interessanterweise schätzen die Züchter zusätzlich zu ihrer Position die Tatsache, dass die Ohren vorne und hinten mit Fransen besetzt sind, und weisen darauf hin, dass die roten und weißen Papillons weniger Fransen haben als andersfarbige. Die starke Fransenbildung erreicht normalerweise im Alter von zwölf Monaten ihre gewünschte Länge, eine frühere Fransenbildung ist nicht der Normalfall. Beide Arten sind typisch. Bevorzugen Sie eine von beiden? Das sollten Sie nicht. Sowohl stehende als auch hängende Ohren werden gleichermaßen gewertet, es sind zwei Varitäten, die im Ausstellungsring wie zwei getrennte Rassen behandelt werden.

Köpfe von Papillonen

Bewegung im Trab

Es gibt einige Rassen, die sich auf andere Art und Weise bewegen als im ausdauernden Trab - der Gangart, die von Hunden im Ausstellungsring gezeigt werden soll. Wird der Gang im Trab als munter, flott, federnd, tänzelnd oder gestelzt beschrieben, so handelt es sich um einen ungewöhnlichen Gang. Zu den Rassen, die im Trab auf so unge-

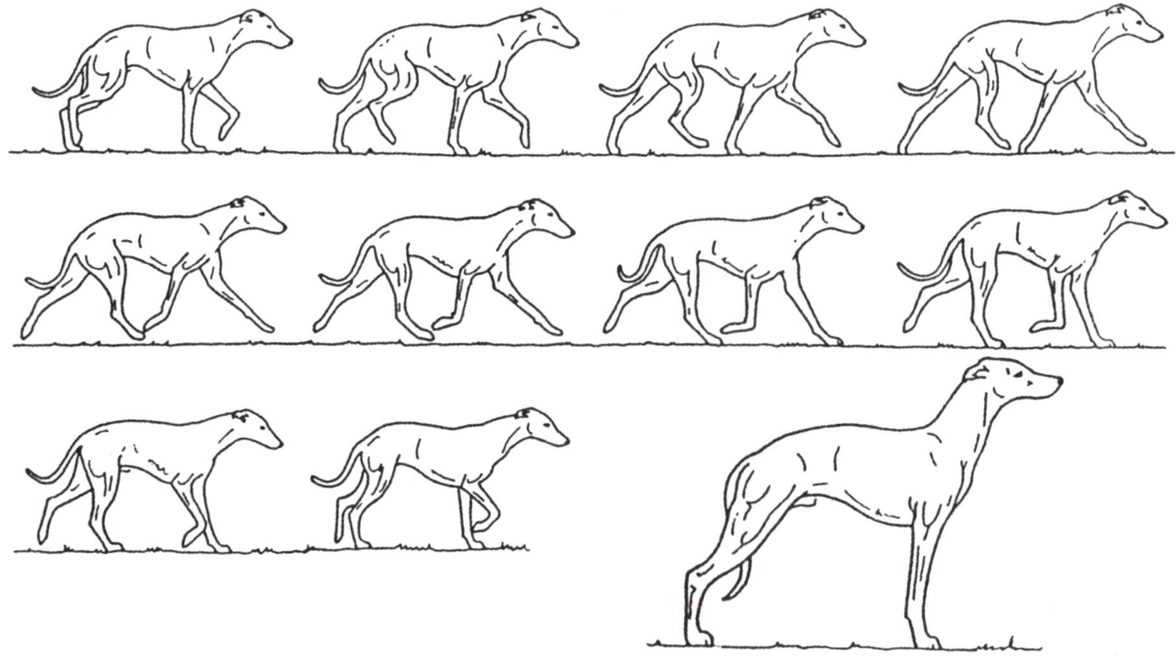

Guter Bewegungsablauf eines Whippets

Der Bewegungszyklus eines Italienischen Windspiels

wöhnliche Art und Weise laufen, gehören unter anderem: Bulldogge, Französische Bulldogge, Deutscher Schäferhund, Pekingese, Chow Chow und Italienisches Windspiel. Jede dieser Rassen hat im Trab ihren eigenen, typischen Gang.

Obwohl der fehlerfreie, gut gewinkelte Whippet so gebaut ist, dass er im schnellen Galopp hervorragend ist, läuft er im Ausstellungsring so, dass die Pfoten auf anmutige Weise parallel zum und nah am Boden nach vorne gebracht werden. Von diesem korrekt laufenden Italienischen Windspiel, dessen tänzelnder Gang typisch für diese Zwergrasse ist, kann man das nicht sagen. Das Italienische Windspiel bewegt sich auf eine für ihre Rasse typische Art und Weise. Ein Whippet, der den Kopf so hoch trägt wie das Italienische Windspiel und einen tänzelnden Gang zeigt, wäre nicht typisch. Dasselbe gilt auch umgekehrt. Doch eine Züchterin Italienischer Windspiele meint, dass der Gang des Whippets einen gewissen Reiz auf manche Richter Italienischer Windspiele ausübe. Sie sagt, sie könne Italienische Windspiele, die sich wie Whippets bewegen, dreimal so schnell bewerten wie solche, die einen tänzelnden Gang haben.

Es gibt keinen einheitlichen Trab. Eine quadratische Rasse läuft nicht genauso wie eine rechteckig gebaute Rasse. Ein Deutscher Schäferhund trabt nicht wie ein Malinois und der Border Collie bewegt sich nicht genauso wie der Collie Langhaar. Der Gang hängt von der Höhe, Rumpflänge, Länge der Läufe, Winkelung, dem eigentlichen Rassezweck, der Größe, dem Gangwerk und dem Verhalten ab. Die Bewegung im Trab hängt zum großen Teil vom Typ ab.

Das Haarkleid

Das Haarkleid, zu dem Farbe, Beschaffenheit und Zeichnung gehören, ist bei manchen Rassen wichtiger als bei anderen. Das für eine Rasse typische Haarkleid wird meistens sehr genau beschrieben. Aber natürlich kann ein mangelhaftes Haarkleid durch eine geschickte Präsentation verbessert werden, ein sachkundiger Richter jedoch sollte in der Lage sein, diese Täuschung zu durchschauen oder zumindest die Exemplare mit typischem Haarkleid auszumachen. Aber wie sieht ein typisches Haarkleid aus? Dass Sie zum Beispiel selten einen Dandie Dinmont Terrier mit dem erwünschten Haarkleid aus weicher, dichter Unterwolle und härterem Deckhaar sehen, liegt daran, wie heutzutage das Fell gepflegt wird. Das Fell wird shampooniert und die harten und weichen Haare durch Kämmen und Bürsten voneinander getrennt. Macht diese Trennung der Haare nun die typische Fellbeschaffenheit des Dandie Dinmont Terriers aus?

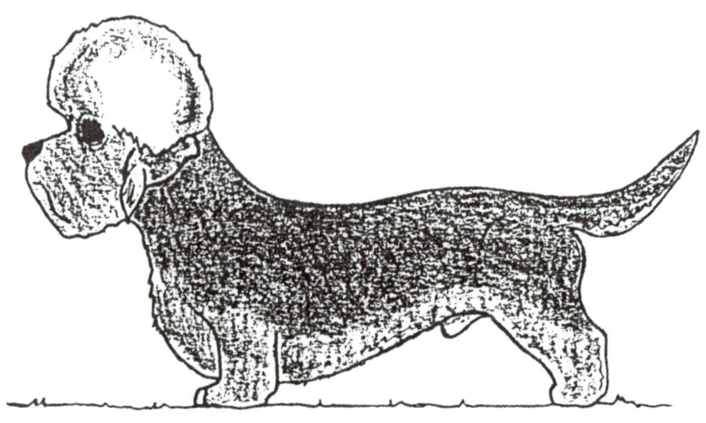

Der Dandie Dinmont Terrier

Der West Highland White Terrier sollte weiß sein, doch oftmals ist das typische harte Fell von weizenfarbenen Strähnen durchzogen. Was soll man also tun, wenn der Rücken des besten Hundes seiner Klasse mehr gelb als weiß ist? Und dann gibt es auch noch das Trimmen. Sind bei diesem Westie Länge der Läufe, Proportionen und Trimmweise typisch? Ich glaube schon.

Der West Highland White Terrier

Der amerikanische West Highland White Terrier Club meint Folgendes: »Hinsichtlich der Fellbeschaffenheit müssen wir das doppelte Haarkleid und die Wörter harsch, glatt sowie weiß hervorheben. Wir möchten alle unfehlbar weißes, harsches Fell sehen, aber ein sehr hartes Fell kann weizenfarbene Einschläge aufweisen. Jeder von uns muss manchmal Kompromisse eingehen. Da der Standard ein harsches, cremefarbenes Fell einem weißen, flauschigen Fell vorzieht, müssen wir dementsprechend züchten und richten.«

Passen Sie auf, dass Sie nicht auf cleveres Trimmen hereinfallen. Zu niederläufige Westies können so getrimmt werden, dass sie hochläufiger erscheinen. Wenn man weiß, was man trimmen und was man nicht trimmen soll, kann man zaubern, sodass ein langer Rumpf kürzer oder eine Oberlinie eben erscheint und schlecht gewinkelte Läufe gut gewinkelt wirken. Man muss davon ausgehen, dass Tricks angewandt werden. Erkennt man diese nicht, wird der Eindruck vermittelt, es sei einfacher, einen Hund wie einen Gewinner aussehen zu lassen, als einen solchen zu züchten.

Kapitel 4

Internationale Rassenvielfalt

Gibt es zum Beispiel eine Rasse wie den Amerikanischen Epagneul Breton? Einen Amerikanischen Beagle? Einen Amerikanischen Afghanen? Wie sieht es mit einem Amerikanischen English Springer Spaniel aus? Es gibt definitiv bei manchen Rassen nationale Unterschiede. Jeder, der im Ausland als Richter tätig war, wird Ihnen das bestätigen können. Doch man kann darüber diskutieren, ob sich Züchter in Ländern, wie beispielsweise den USA, nicht so sehr von dem Typ des Ursprungslandes entfernt haben, dass man ihre Hunde als eine eigene Rasse oder Varietät ansehen sollte. Der amerikanische Epagneul Breton ist ein gutes Beispiel dafür.

Der Epagneul Breton oder Bretonische Spaniel

Bei welchem dieser zwei aufgebauten und laufenden Epagneul Breton handelt es sich um den amerikanischen Epagneul Breton? Hund A ist ein Vertreter des europäischen Epagneul Breton, während Hund B den amerikanischen Epagneul Breton darstellt. Amerikanische Epagneul Breton-Züchter haben für Ausstellungen einen Jagdhund geschaffen, der als Jagd-, Vorsteh- und Apportierhund geeignet ist und sich so sehr von dem Hund des Ursprungslandes unterscheidet, dass er eigentlich korrekterweise als amerikanischer Epagneul Breton bezeichnet werden müsste. Nicht nur sieht die amerikanische Version anders aus als die französische, die beiden unterscheiden sich auch hinsichtlich der Feldarbeit und ihres Temperaments.

Von 1931 bis zum Beginn des Zweiten Weltkriegs importierten die Amerikaner Epagneul Breton aus Frankreich. Alle waren orange-weiß oder leber-weiß. Seit 1908 galt schwarz-weiß als Disqualifizierungsmerkmal. Im Zweiten Weltkrieg mussten die Franzosen sechs Jahre lang Entbehrung erleiden und die Zucht und Welpenaufzucht hatte nur geringe Priorität. Am Ende des Krieges gab es in Frankreich nur wenige Epagneul Breton, was zu einem begrenzten Genpool

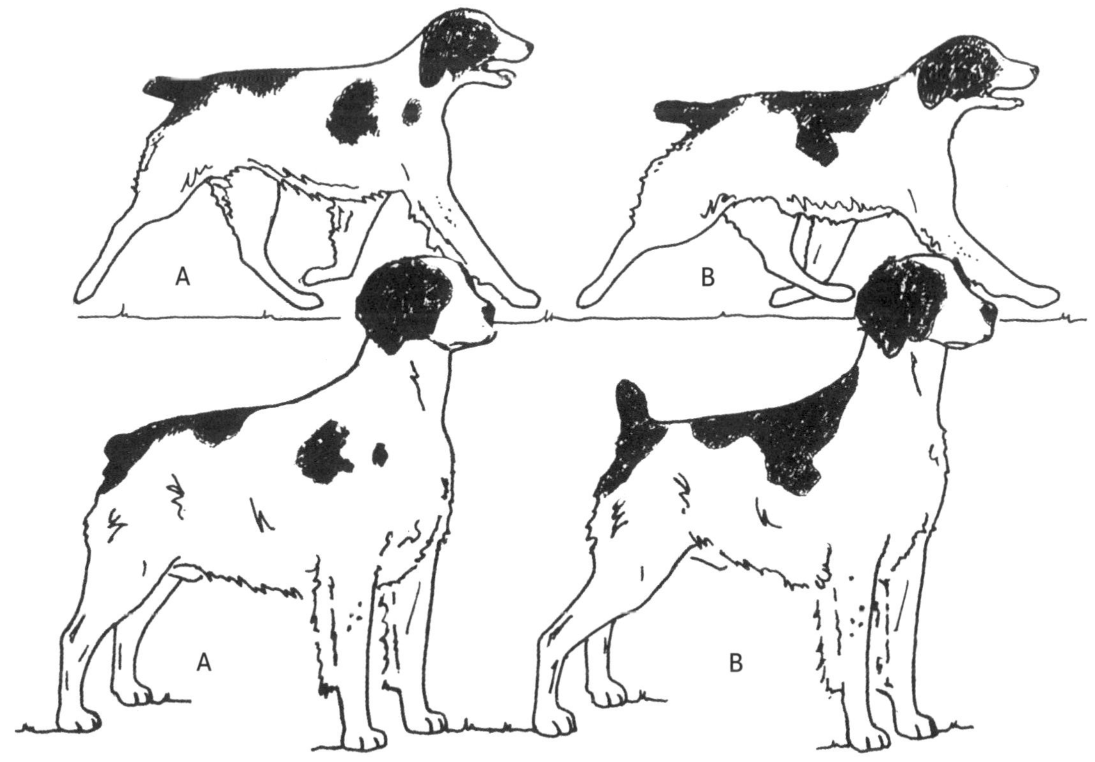

Bretonische Spaniels

und zu einem Anstieg der Zahl der Hunde mit unerwünschtem schwarzen Haarkleid führte. Britische und französische Züchter bemühten sich fünfzehn Jahre lang, diesen schwarzen Einschlag zu eliminieren, doch 1960 mussten sie notgedrungen schwarz-weiß als zulässige Farbe anerkennen. Beim amerikanischen Epagneul Breton ist schwarz immer ein Disqualifizierungsmerkmal.

Dann gibt es auch noch das Problem des, von der Seite betrachtet, Übergreifens der Vorder- und Hinterhand beim Trab. Die amerikanische Varietät greift über, die europäische nicht. Dass die amerikanische Varietät übergreift, liegt daran, dass sie längere Läufe und einen kürzeren Rumpf hat, wodurch Winkelung und Geschwindigkeit beeinträchtigt werden. Manche Züchter und Richter weisen darauf hin, dass dieses Übergreifen beim Epagneul Breton korrekt ist, solange der Hund nicht im Krebsgang läuft. Andere meinen, Epagneul Breton sollten im Ausstellungsring beim Trab nicht übergreifen. Ich überlasse es den Experten, dies zu klären.

Der Beagle

Welcher dieser zwei in Ausstellungspose stehenden und laufenden Beagle vertritt den amerikanischen »Typ« und welcher den britischen »Typ«? Beide haben eine Widerristhöhe von 37,5 cm. Das ist die maximale Widerristhöhe für den amerikanischen Beagle. Die maximale Widerristhöhe des britischen Beagles beträgt 40 cm, aber da die Widerristhöhe nicht einer der beiden Hauptunterschiede zwischen diesen beiden »Typen« ist, habe ich sie beide gleich hoch gezeichnet. Die zwei Hauptunterschiede beziehen sich auf den Körperbau und die damit verbundene Bewegung im Trab, sowohl beim Herankommen als auch im Profil.

Die beiden Beagle sehen sich absichtlich ähnlich, aber es gibt zwei Unterschiede hinsichtlich des Körperbaus.

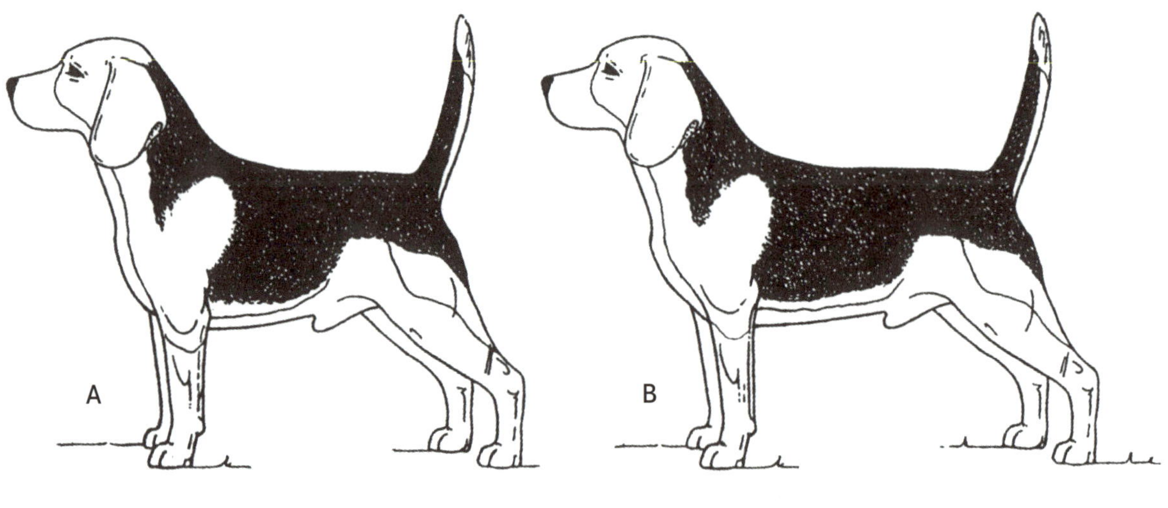

Beagle

Haben Sie schon gesehen, um welche es sich handelt? Der amerikanische Beagle, Hund A, hat einen viel kürzeren Rumpf, der AKC-Standard verlangt einen »kurzen Rücken«. Der britische Standard verlangt eine »kurze Lendenpartie«, keinen kurzen Rumpf. Der britische Beagle, Hund B, ist ein wenig länger als hoch, während der amerikanische Beagle fast quadratisch gebaut ist. Der britische Beagle hat längere Läufe, einen längeren Oberarm und die Ellbogen sind weiter hinten am Körper angesetzt. Viele quadratisch gebaute amerikanische Beagle haben einen kurzen, steilen Oberarm, wodurch der Vortritt und die gesamte Schrittlänge reduziert werden. Diese Unterschiede im Körperbau haben einen direkten Einfluss darauf, wie der jeweilige Hund läuft.

Beagle im Trab von vorne gesehen

Auf der nächsten Zeichnung sieht man zwei Beagle, die auf den Betrachter zutraben. Ihre Pfoten sind weder einwärts noch auswärts gedreht. Bei welchem handelt es sich um den amerikanischen und bei welchem um den britischen Beagle? Aufgrund des kurzen, steilen Oberarms ist die Entfernung der Läufe des amerikanischen Beagles an den Pfoten und den Ellbogen gleich groß. Die Vorderläufe des britischen Beagles nähern sich leicht aneinander an. Über ihren Köpfen habe ich den größten Unterschied bei der Bewegung im Profil gezeichnet. Der Unterschied ist der Winkel, mit dem der Vordermittelfuß nach hinten geführt wird. Der Vordermittelfuß des amerikanischen Beagles wird nur in geringem Maß nach hinten geführt. Wenn Sie sich den Vordermittelfuß als Minutenzeiger einer Uhr vorstellen, zeigt der des amerikanischen Beagles auf fünf Uhr. Der des britischen Beagles zeigt auf vier Uhr (die von ausdauernden Trabern zeigen auf drei Uhr bzw. werden um 90 Grad nach hinten geführt).

Viele amerikanische Beagle haben einen etwas kürzeren Körper, kombiniert mit mäßiger Winkelung. Ihr Aussehen und ihre Bewegung im Trab, im Kommen und im Gehen ist auch im Profil harmonisch anzusehen. Diese Beagles sind weder quadratisch noch zu lang gebaut.

Der Afghane

Man kann annehmen (und wahrscheinlich stimmt es auch), dass viele der derzeitigen Unterschiede zwischen amerikanischen und britischen Afghanen darauf zurückzuführen sind, dass sie nach unterschiedlichen Standards gezüchtet wurden. Einst gab es in Großbritannien zwei unterschiedliche Standards für Afghanen, den »Bell Murray« und den »Ghazni«. In Großbritannien setzte sich der Ghazni-Standard durch, doch als die Amerikaner im Jahre 1926 einen Standard verabschiedeten, basierte dieser auf dem Bell-Murray-Standard.

Es gibt mehrere kleinere Unterschiede und einen großen Unterschied. Der FCI-Afghanen-Standard verlangt einen »mäßig langen Körper«. Unter »mäßig lang« verstehe ich, dass er ein wenig länger als hoch ist, so wie bei dem Hund auf der linken Seite. Der amerikanische Standard beschreibt den Körper wie folgt: »Die Schulterhöhe entspricht dem Abstand von der Brustbeinspitze zum Sitzbeinhöcker.« Unter dieser Beschreibung verstehe ich, dass er quadratisch gebaut und der Körper genauso lang wie hoch ist.

Afghanen: Europäische und amerikanische Varietät

Der Labrador Retriever

Wenn man vom AKC-Standard für den Labrador Retriever aus dem Jahre 1994 ausgeht, kann es sich nur bei einem dieser beiden Beispiele um einen amerikanischen Labrador Retriever handeln. Bei welchem? Die Antwort findet man in der überarbeiteten Version des AKC-Standards aus dem Jahre 1994, dem zwei wichtige Sätze hinzugefügt wurden: »Der Abstand vom Ellbogen zum Boden soll halb so groß sein wie die Widerristhöhe« und »das Brustbein soll bis zum Ellbogen reichen, aber nicht merklich tiefer.«

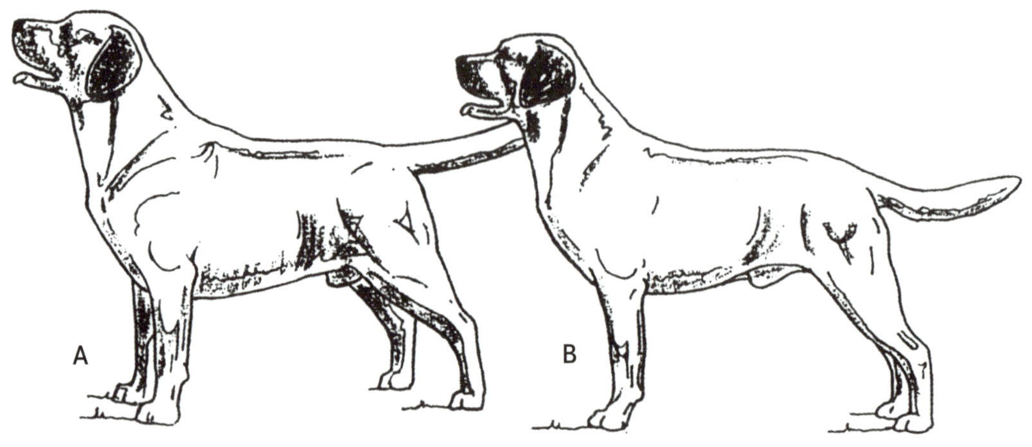

Labrador Retriever

Beachten Sie, dass bei dem britischen Champion, Hund A, die Brust bis unterhalb des Ellbogens reicht. Die daraus resultierende Haltung ist sowohl stabil als auch charakteristisch, entspricht aber nicht dem, was in den USA gewollt ist. Bei dem amerikanischen Labrador ist der Ellbogen mit dem Brustbein auf einer Höhe, wodurch eine etwas andere Ausgewogenheit entsteht. Finden Sie, dass dieser Unterscheid ausreicht, um von zwei unterschiedlichen Varietäten des Labrador Retriever sprechen zu können?

Der English Springer Spaniel

Bei welchem dieser beiden English Springer Spaniels handelt es sich um die amerikanische Varietät? Unterscheidet er sich so sehr vom britischen Hund, dass Sie die beiden als gesonderte Rassen klassifizieren würden?

In England beschlossen die auf der Hauptversammlung im Februar 1993 anwesenden Mitglieder des English Springer Clubs einstimmig, dass die Mehrheit der in Amerika ausgestellten Springer Spaniels nicht mehr als English Springer

English Springer Spaniel

Spaniel klassifiziert werden sollen, da sie nicht mit dem im Ursprungsland festgesetzten Rassestandard übereinstimmen. Die Vorsitzende, Janet Wood, schrieb an den AKC, den KC und die FCI und schlug vor, die Rasse ähnlich wie beim Cocker Spaniel in English und American Springer Spaniel zu unterteilen. In ihrem Brief an nationale Zuchtvereine schrieb Wood, »wir sehen mit steigender Besorgnis, dass diese auffallenden, untypischen Hunde in hoher Zahl in europäische und skandinavische Länder exportiert werden und dort den wahren Rassetyp ruinieren.«

Viele Nordamerikaner sind anderer Meinung. Sie sind der Ansicht, diese »auffälligen« amerikanischen Exporte nach Europa stellen keine Abweichung vom »wahren Rassetyp« dar. Ihrer Meinung nach haben sich einfach Stil und Präsentation des Ausstellungshundes geändert. Sie argumentieren, die amerikanischen Springer Spaniels würden dem vom Ursprungsland festgelegten Rassestandard entsprechen. Auf meinen Zeichnungen mache ich darauf aufmerksam, dass der sogenannte »übermäßig gepflegte« amerikanische Springer Spaniel, Hund B, nicht dem englischen Nimm-mich-so-wie-ich-bin-Präsentationsstil entspricht. Die beiden Hunde unterscheiden sich nicht hinsichtlich des Körperbaus, sondern schlicht und einfach in der Art der Präsentation.

Der Siberian Husky

Der nächste Vergleich zwischen britischer und amerikanischer Rasse unterscheidet sich von oben stehendem Beispiel, denn es waren die Briten, die eine neue Varietät geschaffen haben. Bei der Rasse handelt es sich um den Siberian Husky. Ich bin mir sicher, dass Sie keinerlei Probleme haben, zu erkennen, dass es sich bei Hund B um die neue Varietät handelt. Bei dem von mir ausgewählten britischen Beispiel handelt es sich um einen schnellen Kurzstreckenläufer, der zwei Reserve CCs gewonnen hat. Er erfüllt nicht die eigentliche Anforderung, über lange Strecken einen Schlitten über schneebedecktes Gelände ziehen zu können. In Großbritannien stellen sowohl Schnee als auch lange Strecken ein Problem dar, darum wurden die Schlitten mit Rädern ausgestattet und die Entfernungen sind nur kurz.

Die derzeitige Tendenz, schnell laufende Hunde zu züchten, die verhältnismäßig kurze Strecken zurücklegen sollen, ist ein lobenswerter Bestandteil der erfolgreichen Bemühungen, die Arbeitsfähigkeit, die Lust zu rennen, den Teamgeist und das korrekte Temperament einer Rasse zu bewahren. Gleichzeitig muss man sich darüber im Klaren sein, dass durch Kurzstreckenrennen manche der ursprünglichen Eigenschaften des Hundes, für die er eigentlich gezüchtet wurde, nicht gefördert werden. Wie dem auch sei, die Briten haben nicht nur einige der weltweit besten Siberian Huskys, sondern auch eine weitere »Sprint«-Varietät hervorgebracht, die auch bei wenig oder sogar gar keinem Schnee Rennvergnügen bietet.

Zwei verschiedene Typen des Siberian Husky

Kapitel 5

Verbesserung von Zeichnungen

Manchmal ist eine meiner Zeichnungen, die eine bestimmte Hunderasse darstellt, nicht zufriedenstellend. In solchen Fällen bitte ich häufig Zuchtexperten um Rat. Mit ihrer Hilfe kann ich die jeweiligen Zeichnungen für gewöhnlich verbessern. Die Verbesserungen sind oftmals sehr subtil, aber dennoch wichtig. Durch diesen Verbesserungsprozess habe ich auf visueller Ebene viel gelernt. Und ich hoffe, Ihnen gelingt das auch.

Ich habe »Vorher- und Nachher-Zeichnungen« verschiedener Rassen ausgewählt, die verbessert werden müssen. Bei manchen müssen mehrere Veränderungen vorgenommen werden. Sie dürfen nun entscheiden, welche Eigenschaften verbessert werden müssen, und anschließend das Endergebnis betrachten.

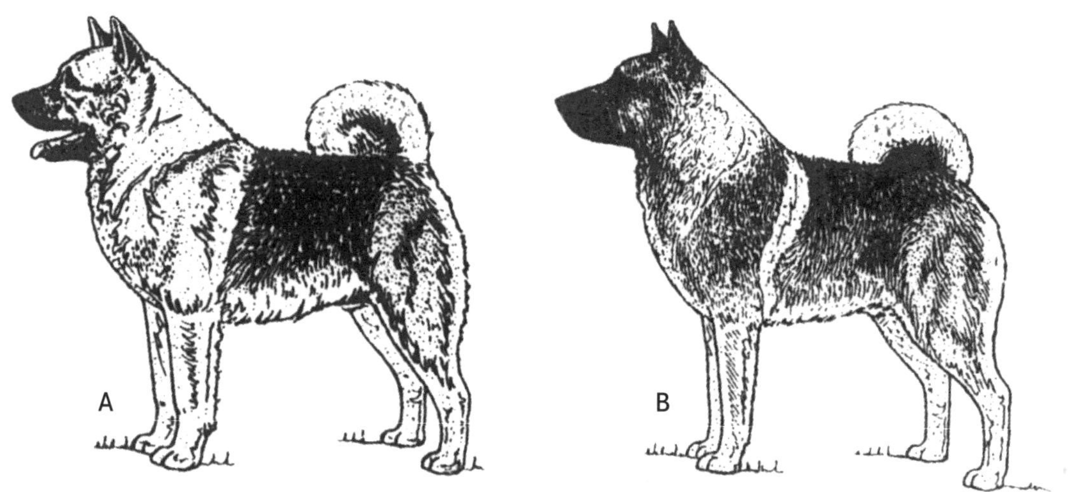

Der Norwegische Elchhund – vorher und nachher

Der Norwegische Elchhund

Die Qualität der Zeichnungen hängt in hohem Maße von den veröffentlichten technischen Informationen ab, die häufig umfangreicher als der eigentliche Wortlaut eines Rassestandards sind, aber auch von den Angaben sachkundiger Züchter. Manche Züchter, wie beispielsweise die bekannte Züchterin Norwegischer Elchhunde, Karen B. Elvin, bringen Verbesserungen graphisch mit einem roten Stift an, im Gegensatz zu anderen, die eine wohlgemeinte, aber dennoch vage Ausdrucksweise verwenden. Das Endergebnis ist häufig sehr zufriedenstellend, wie beispielsweise im Fall des Norwegischen Elchhundes. Durch diese glückliche Verbindung zwischen Züchter und Zeichner können manche Details aufgezeichnet werden, die bei der Schilderung des Typs wichtig sind.

Meine ursprüngliche Zeichnung von Hund A ähnelt stark einem aus dem wahren Leben gegriffenen Elchhund-Champion. Elvin war der Ansicht, dieser Hund könne auf verschiedene Arten verbessert werden. Um den Elchhund-Champion A zu verbessern, wurden bei Hund B die folgenden Veränderungen vorgenommen: 1) Der Fang ist nun genauso lang wie der Schädel, 2) die Augen wurden leicht vergrößert und höher auf dem Schädel angesetzt, der Stop wird teilweise von den Augenbrauen umrandet, 3) er hat straffe Lippen (Elchhunde haben keine losen Lefzen), 4) der graue Körper ist nun auf dem Sattel am dunkelsten und die Rutenspitze ist schwarz und ragt zu einer Seite hinaus (der Knochen der Rute knickt eigentlich am Ende ab und kann nicht aufgerollt werden), 5) der Winkel der Kruppe folgt nun der Beckenneigung (das Kreuzbein war fälschlicherweise horizontal dargestellt) und 6) der charakteristische helle Schulterstreifen (ein Streifen längeren Deckhaars von Schulter bis Ellbogen) ist nun ein bisschen weiter zurückgesetzt.

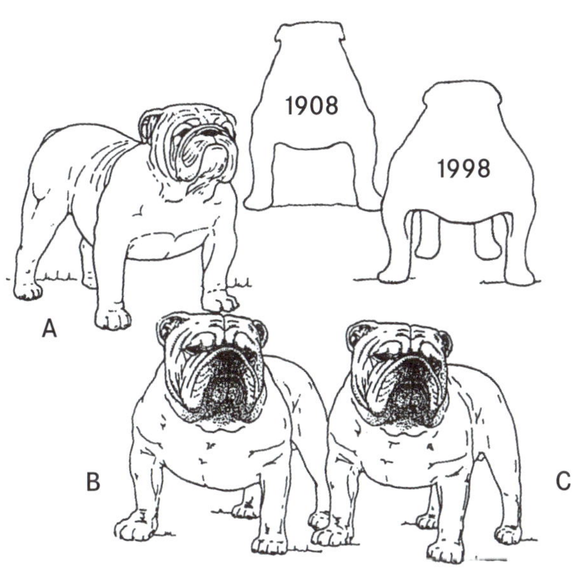

Bulldoggen Front: Hund A, Hund B, Hund C

Die Englische Bulldogge

Manchmal kommt es zu Meinungsverschiedenheiten. Dann muss ein einziges Merkmal auf zwei unterschiedlichen Zeichnungen dargestellt werden, die dann jeweils das Typische repräsentieren. Die bodenweite Stellung der Vorderläufe der Bulldogge ist dafür ein gutes Beispiel. Experten sind in diesem Punkt unterschiedlicher Auffassung. Bulldogge A kam in einem Artikel vor, der vor Jahren als Merkblatt des Bulldog Club of America dienen sollte. Einer der Nebeneffekte, der nicht in dem Artikel erwähnt wurde, aber später als Frage aufkam, betraf die Form des Raums zwischen den Vorderläufen der Bulldogge. Sollte dieser Raum rechteckig (Hund B) oder quadratisch (Hund C) dargestellt werden? Acht Jahre später steht diese Frage noch immer im Raum. Welche Zeichnung ist Ihrer Meinung nach eher richtig?

Meiner Meinung nach hat Hund C, dessen Vorderläufe ein Quadrat bilden, die für eine Bulldogge korrektere Front. Die umrisshaft dargestellte Front aus dem Jahre 1908 stammt aus dem Buch *The Perfect Bulldog* von J. Hay Hutchinson. Als dieses Buch vor rund hundert Jahren zu Beginn des 20. Jahrhunderts veröffentlicht wurde, wurde die rechteckige Front gefördert. Dadurch ist der Umriss zwar alt, aber nicht unbedingt richtig. Im Gegensatz dazu basiert die Front von Hund C auf der quadratischen Front, die im *The Bulldog Club of America 1996, Illustrated Guide* verlangt wird. Wie sieht, abgesehen von Nordamerika, der Rest der Welt die Front der Bulldogge? Quadratisch oder rechteckig? Scheinbar wird mancherorts die rechteckige Front bevorzugt. Wurde die eindeutig rechteckige Bulldoggen-Front (aus dem Jahre 1998), die vom Cover der Zuchtbeilage der New Zealand Kennel Gazette (1. September 1998) stammt, vom Verein gebilligt? Ich glaube nicht. Aber dies erinnert uns daran, dass die rechteckige Form noch immer Anklang findet.

Der Staffordshire Bullterrier

Ich habe Ihnen bereits den Staffordshire Bullterrier vorgestellt und es wurden vier Merkmale behandelt. Ihre Aufgabe besteht nun darin, das Erlernte anzuwenden und Vorschläge zu machen, wie eine Zeichnung eines Staffordshire Bullterriers verbessert werden könnte. Den fehlerfreien Staffordshire Bullterrier A könnte man als Vertreter der Norm ansehen. Sowohl Allgemeinrichter als auch Spezialzuchtrichter haben ihn gut beurteilt, aber dennoch gibt es fünf Dinge, die laut Steve Eltinge, einem renommierten Staffordshire Bullterrier-Züchter, verbessert werden können. Um welche fünf Verbesserungsvorschläge handelt es sich? Wenn man meine verbesserte Zeichnung B mit meiner ersten Zeichnung eines Staffordshire Bullterriers vergleicht, erkennt man, dass bei letzterer einige Verbesserungen nötig waren: 1) Der Schädel musste eine neue Form erhalten, 2) der Hals musste vorne verbessert werden, 3) der Nacken wurde so gezeichnet, dass er nahtlos in den Widerrist und dann in den Rücken über geht, 4) die Lendenpartie musste verkürzt werden und 5) die Bauchpartie musste weiter aufgezogen sein.

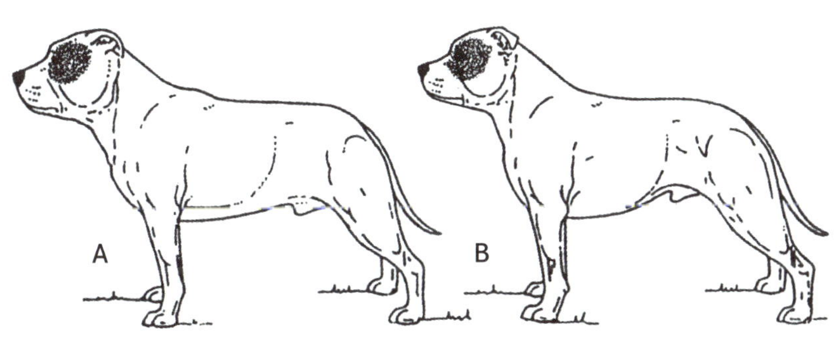

Staffordshire Bullterrier – vorher und nachher

Kapitel 6

Was ist ein »TRAD«?

Einer meiner Artikel in *Dog News* erregte die Besorgnis von Saluki-Züchtern. Sie waren deshalb besorgt, weil ich durch die Darstellung eines bestimmten Saluki-Gewinners am Ende einen sogenannten TRAD gefördert hatte. Wissen Sie, was ein TRAD ist?

Ein TRAD ist ein Saluki mit enormem Vortritt und Schub (Abkürzung für englisch »Tremendous Reach and Drive« – deutsch: enormer Vortritt und Schwung), so ähnlich wie bei dieser Profilzeichnung eines aufgebauten und im Trab laufenden Hundes. Vielleicht fragen Sie sich: »Hmm. Was ist daran falsch?« Laut den besorgten Saluki-Züchtern soll der Saluki beim Trab keinen enormen Vortritt und Schub zeigen. Der Saluki muss lange Entfernungen über unwegsames Gelände im Trab zurücklegen. Dies muss auf kräftesparende Art und Weise geschehen und er muss jederzeit darauf vorbereitet sein, in einen schnellen Galopp zu fallen. Manche sind der Meinung, ein enormer Vortritt und Schub beim Trab hätte im Ausstellungsring nur den Reiz des Spektakulären.

Richter, die einen TRAD zum Gruppensieger oder Ausstellungsbesten wählen, sind da anderer Ansicht. Viele glauben, der bestgewinkelte Saluki (also derjenige, der sich im Trab mit enormem Vortritt und Schub bewegt) würde sich am ehesten im schnellen Galopp auszeichnen. Sie meinen, dies träfe sowohl auf den Saluki als auch auf einige andere Rassen, die nicht zu den Windhunden gehören, zu. Für diese Richter sind TRADs, die schneller, gewinkelter und kräftiger sind, die Kandidaten für den Platz des Rassebesten.

Ein TRAD im Stand und in der Bewegung

Ein Vergleich

Der amerikanische Champion, Hund A, den Sie auf der nächsten Zeichnung sehen, ist ein solcher Kandidat. Als ein TRAD ist er beeindruckend, aber dennoch fehlen ihm bestimmte Eigenschaften, die von manchen Saluki-Besitzern gewünscht werden. Körperlich weicht er in vier Punkten vom korrekten Typ ab. Finden Sie heraus, um welche vier Abweichungen vom Typ es sich handelt.

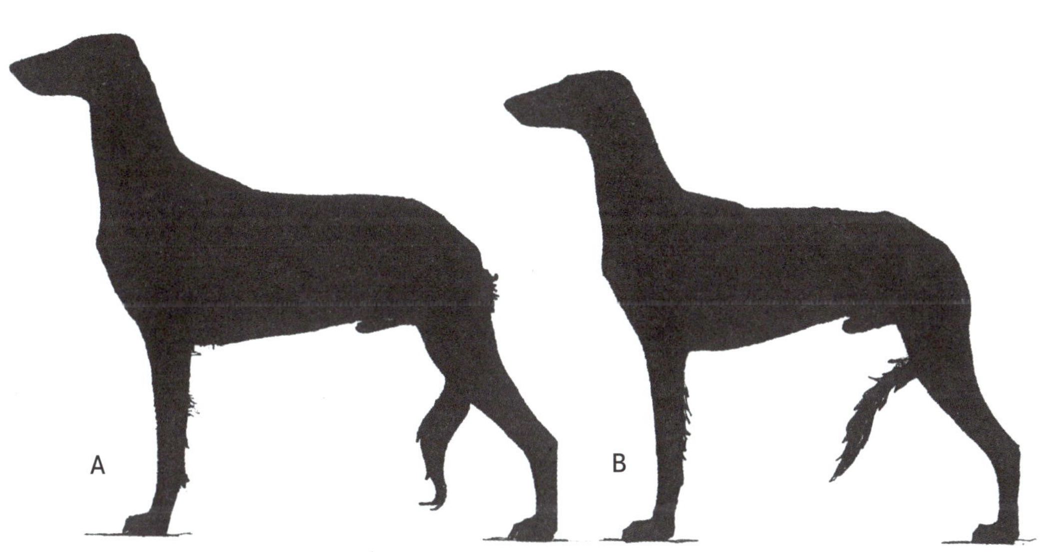

TRAD vs. typischer Saluki

Der gezeigte TRAD ist insgesamt zu schwer, er hat die falsche Oberlinie, die falsche untere Linie und einen zu langen Unterschenkel. Der Typ wird beeinträchtigt. Sieht dieser Hund wirklich wie ein Saluki aus? Die Feuerprobe ist, ob er, wenn man seine Silhouette betrachtet, sofort als ein guter Saluki zu erkennen ist. Als er vielen Saluki-Züchtern gezeigt wurde, fiel er bei diesem Test durch.

Um das Typische darzustellen, habe ich wiederum den Gewinner einer Saluki-Spezialzuchtschau, Hund B, ausgewählt. Er ist sowohl leichter als auch eleganter und schien die Anforderungen des Standards zu erfüllen, die wie folgt lauten: »Eindruck von Anmut und Ebenmaß, großer Schnelligkeit und Ausdauer, verbunden mit Kraft und der Fähigkeit, Gazellen oder andere Beute in tiefem Sand oder steinigem Gebirge zu jagen.« Doch wiederum waren manche Saluki-Züchter von diesem Beispiel nicht beeindruckt.

Verbesserungen

Um ein besseres Beispiel zu finden, bat ich Sue Rooney-Flynn vom Judges' Education Chair um ein Informationspaket für Zuchtrichter. Das mir von ihr zugesandte Informationspaket enthielt viele Fotos sowie Kommentare von Rooney-Flynn, damit ich über die eindrucksvollen, aber exemplarischen Formen des TRADs hinaussehen konnte. Allmählich begann ich ein Gefühl für einen Saluki-Typ zu entwickeln, für den am ehesten das Wort »Mäßigung« zutrifft. Ich konnte aus Dutzenden von Exemplaren auswählen, von denen jedes in verschiedenem Maße gemäßigt war. Die meisten standen in entspannter Haltung. Doch um Vergleiche ziehen zu können, war es erforderlich, das Typische so formell und in so einem Winkel aufgebaut darzustellen, wie ein Richter seine Beurteilung abgeben würde: zuerst als Silhouette, anschließend als Strichzeichnung. Dazu musste die Realität verbessert werden, weshalb ich zuerst das Typische in einer entspannten Haltung darstellte. Dieser Saluki wurde für gut befunden und es wurden ein paar interessante Beobachtungen gemacht. Man konnte feststellen, dass, wenn der Hals niedriger gezeichnet wird, die Muskeln am Widerrist stärker hervortreten. Wenn eine Pfote ein Stück weiter nach vorne gesetzt und der andere Hinterlauf nach hinten gestreckt ist, erscheinen die nicht ganz senkrecht stehenden Hintermittelfußknochen ein bisschen lang.

Dies kann wiederum dazu führen, dass der Hinterlauf gewinkelter erscheint. Doch der Schein kann trügen. Und vor allem deshalb wollte ich eine formale Stellung.

Ein ausstellungsbester Saluki als Silhouette

Glücklich darüber, dass ich eine zufriedenstellende »entspannte« Pose gezeichnet hatte, zeichnete ich dann diese Silhouette und die unten stehende Strichzeichnung. Beide wurden glücklicherweise vom Rassespezialisten, der mich beriet, für gut befunden. Sie stellen das Typische dar, aber nicht das Ideale. Um das Ideal darzustellen, müsste ein offizielles Komitee viele Fragen klären, beispielsweise das Problem der Ohren. Manche Ohren sind auf Augenhöhe, manche höher angesetzt (ich bevorzuge es, wenn sie höher angesetzt sind). Ich bevorzuge es auch, wenn die Kopflinien fast parallel sind, der Schädel flach ist, der Fang so lang wie der Schädel oder ein wenig länger ist, die Lippen straff sind, sodass man den Unterkiefer sieht, die Augen schräg sitzen, sodass ein orientalischer Ausdruck entsteht, und - Fußballspieler, die schon gegen die Sonne gespielt haben, wissen, wovon ich rede - dass die Lidränder vollständig pigmentiert sind, damit die Augen eines Wüstentieres vor der Sonne geschützt werden.

Sie haben auch Ihre Vorlieben. Diese sieben inoffiziellen Merkmale werden nicht im Rassestandard beschrieben. Der Saluki-Standard gilt als recht vage Richtlinie und viele Züchter möchten auch, dass es so bleibt, anstatt die Pforten für Veränderungen und die Förderung eines »Muster-Salukis« zu öffnen.

Akzeptanz

Diese Abweichungen vom Typischen werden wohl nicht jedermanns Zustimmung finden. Viele Faktoren wurden so kombiniert, dass die Vielfältigkeit dieser Rasse gezeigt wird. Bei dieser Rasse gibt es zwei unterschiedliche Fellarten und hinsichtlich der Größe einen Spielraum von bis zu 11 Zentimetern, sie besitzt die Fähigkeit, Gazellen oder andere Beutetiere in tiefem Sand oder steinigem Gebirge zu jagen, und außerdem gibt es geographische Unterschiede sowie anerkannte Zuchtlinien. Viele Saluki-Züchter möchten diese Vielfalt aufrechterhalten und fördern daher die Mittelmäßigkeit und das, was als »leichte, federnde, schwebende, mühelose, kraftsparende Bewegung« beschrieben wird, die heute nur selten bei Salukis zu sehen ist.

Zeichnung eines ausstellungsbesten Salukis

Saluki-Züchter sind nicht die einzigen, die enormen Vortritt vermeiden wollen, jedoch erkennen müssen, dass das nicht möglich ist. Das klassische Beispiel für einen Hund, der nicht auf die für seine Rasse richtige Art und Weise trabt, ist der Chow Chow. Manche Chow Chows bewegen sich frei und mit mehr Vortritt und Schub als viele Samojeden. Im Saluki-Standard kommt das Wort »mäßig« mehrmals vor, jedoch nicht im Zusammenhang mit der Gangart. Aus diesem und auch anderen Gründen hat der Saluki Club of America unter anderem eine Broschüre mit dem Titel *Judged Salukis* herausgebracht. In dieser Broschüre lässt der Club verlauten, dass Salukis »eine stolze Haltung haben und geschmeidig, schnell, anmutig und elegant sowie harmonisch proportioniert und gemäßigt sein sollten. Die Bewegung im Trab soll auf natürliche Weise ausgewogen, gewandt und frei sein. Der Saluki soll sich kraftvoll und voller Anmut und Stil bewegen.«

Illustrierte Bildfolgen eins und zwei

Man darf nicht vergessen, dass der Saluki bei der Jagd große Strecken im Trab und nicht im Galopp zurücklegt. Daher müssen die Bewegungen im Trab mühelos erscheinen und die Kraft muss für den letzten schnellen Galopp gespart werden. Nicht erwünscht ist ein Saluki mit enormem Vortritt und Schub, wie in Bildfolge eins dargestellt. Erwünscht ist ein Saluki mit mäßigem Vortritt und Raumgriff. Ein solcher Saluki ist auf der nächsten Seite in Bildfolge zwei sowohl aufgebaut als auch in Bewegung dargestellt. Man kann die Hunde pro Bild, Phase für Phase, miteinander vergleichen, denn jeder halbe Bewegungszyklus beginnt bei Phase 1 mit dem rechten Vorderlauf in Senkrechtstellung. Von diesem ersten Bild ausgehend können die weiteren drei Stellungen der Läufe in Abhängigkeit vom jeweiligen Körperbau des

Illustrierte Bildfolge eins: Bewegung eines TRADs (Salukis)

Hundes variieren. Der auffälligste allgemeine Unterschied ist der größere Vortritt und Raumgriff des TRADs. Beachten Sie, dass das rechte Vorderfußwurzelgelenk des TRADs in Phase 6 horizontal gebeugt ist. Im Gegensatz dazu ist das Vorderfußwurzelgelenk des korrekten Saluki in Phase 6 der Bildfolge zwei weiter geöffnet, was einen weiter geöffneten Oberarm eines Windhundes kennzeichnet, und er läuft mit langsamerer Geschwindigkeit. Der TRAD wurde dahingehend trainiert, nicht in den Galopp zu verfallen, sondern weiterhin mit mäßiger Geschwindigkeit zu traben. Eine solch schnelle und spektakuläre Gangart kann eine hohe Anziehungskraft ausüben. Die Bewegungen des »typischen« Läufers sind weniger spektakulär, aber dafür ausgewogener, müheloser und kraftsparender.

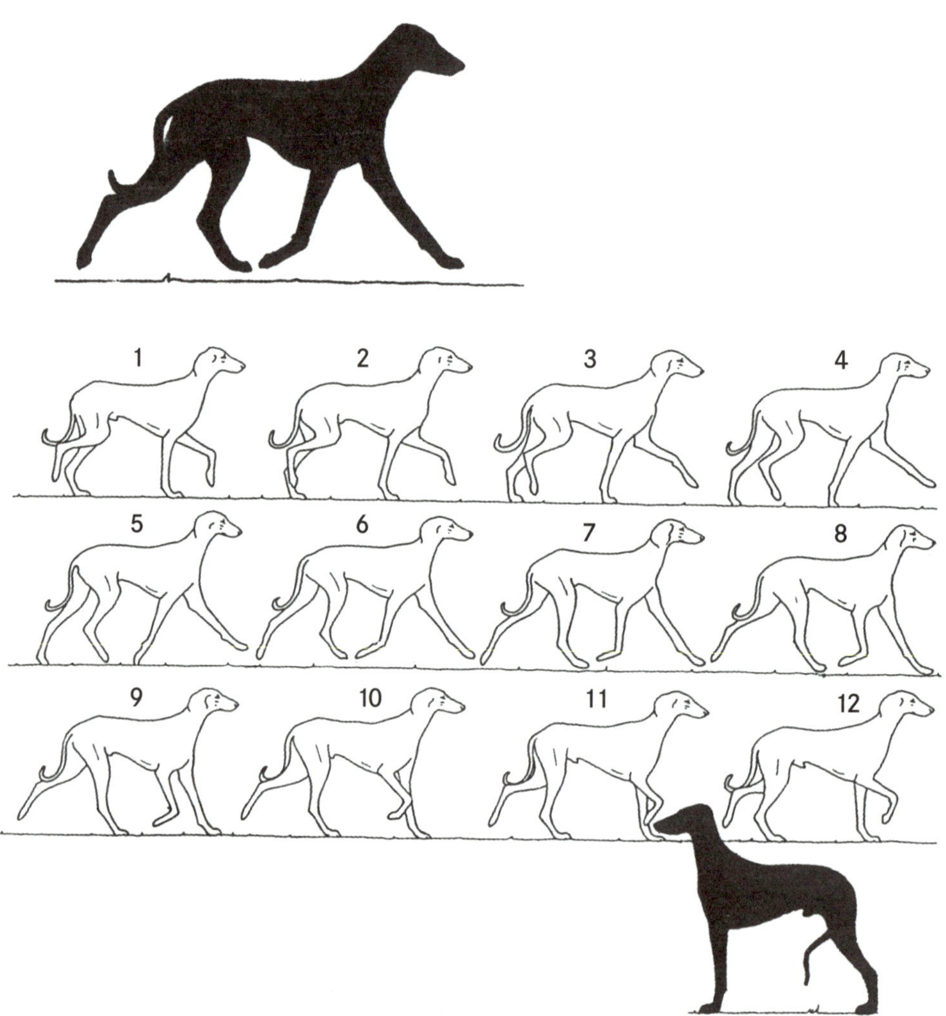

Illustrierte Bildfolge zwei: Korrekter Bewegungsablauf eines Salukis

Kapitel 7

Proportionen

Silhouetten von zwei Terriern

Korrekte Proportionen führen zu rassetypisch eigenen Profilen. Diese beiden Terrier scheinen sich sehr ähnlich zu sein, doch durch leichte Unterschiede bei den Proportionen unterscheiden sie sich voneinander. Um welche zwei Terrierrassen handelt es sich? Richtig, einer ist ein Lakeland Terrier und einer ist ein Welsh Terrier. Aber welcher ist welcher? Bei dem Welsh Terrier B handelt es sich um eine schwerere Rasse als bei dem Lakeland Terrier A. Die Proportionen unterscheiden sich nur geringfügig, aber dennoch so sehr, dass sie als unterschiedliche Rassen erkennbar sind, wie auf den beiden ersten Zeichnungen zu sehen ist.

Auch innerhalb ihrer jeweiligen Rassen unterscheiden sich Hunde hinsichtlich der Proportionen, so bei den nächsten acht Beispielen, bei denen Brusttiefe und Körperlänge unterschiedlich sind. In diesem Kapitel werden Sie acht Rassen und jeweils zwei Beispiele pro Rasse kennenlernen. Jeweils ein Beispiel ist korrekt proportioniert, das andere nicht. Alle 16 Beispiele haben einen fehlerfreien Körperbau. Sie sollen nun jedes Paar bewerten und bestimmen, welcher Hund die richtigen Proportionen für seine Rasse besitzt.

Die Abweichungen von den korrekten Proportionen können vielseitig sein, doch bei dieser Aufgabe beschränken sie sich auf die Länge der Läufe sowie die Brusttiefe. Bei der Auswahl der jeweiligen Rassen wurden diese beiden Abweichungen berücksichtigt und jede Rasse wurde aus einem anderen Grund ausgewählt. Manchmal hat der Grund mit der eigentlichen Bestimmung der Rasse zu tun.

Die korrekte Länge der Läufe und rassetypische Brusttiefe der jeweiligen Rassen erkennen zu können, ist für die Bewertung von Hunden äußerst wichtig. Um die richtigen Proportionen erkennen zu können, muss man den Rassetyp, die Ausgewogenheit, den Zweck sowie die Bewegung im Trab und Galopp berücksichtigen.

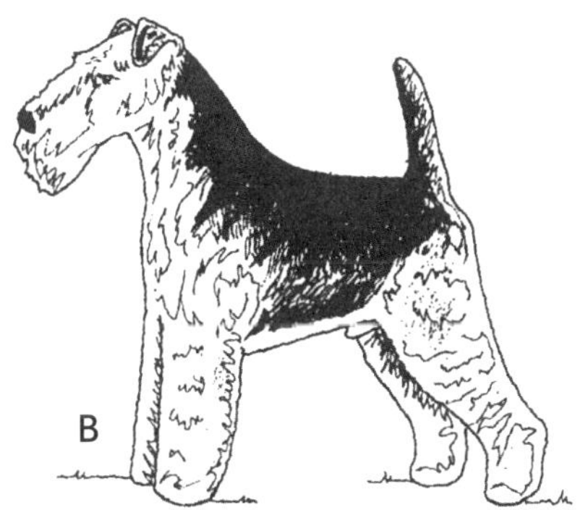

Lakeland Terrier und Welsh Terrier

Der Dalmatiner

Der Dalmatiner ist ein ausdauernder Traber und die Maßverhältnisse nur eines dieser beiden Hunde spiegeln diese Fähigkeit wider. Die Körper der beiden sind gleich lang und tief. Bei einem ist die Länge der Vorderläufe korrekt, bei dem anderen nicht. Welches dieser Beispiele ist der beste Vertreter seiner Rasse? Um sich im ausdauernden Trab bewähren zu können, muss die Rumpflänge ein wenig größer als die Widerristhöhe sein. Die Länge der Vorderläufe sollte mäßig sein, d.h. der Abstand vom Ellbogen zum Boden sollte der Hälfte der Widerristhöhe entsprechen. Dalmatiner B verfügt über diese mäßige Vorderlauflänge und erfüllt diese Anforderungen. Bei Dalmatiner A ist der Vorderlauf im Verhältnis zur Brusttiefe zu lang. Es gibt sechs unterschiedliche Vorderlauflängen: lang, mäßig lang, mittellang, mäßig kurz und kurz.

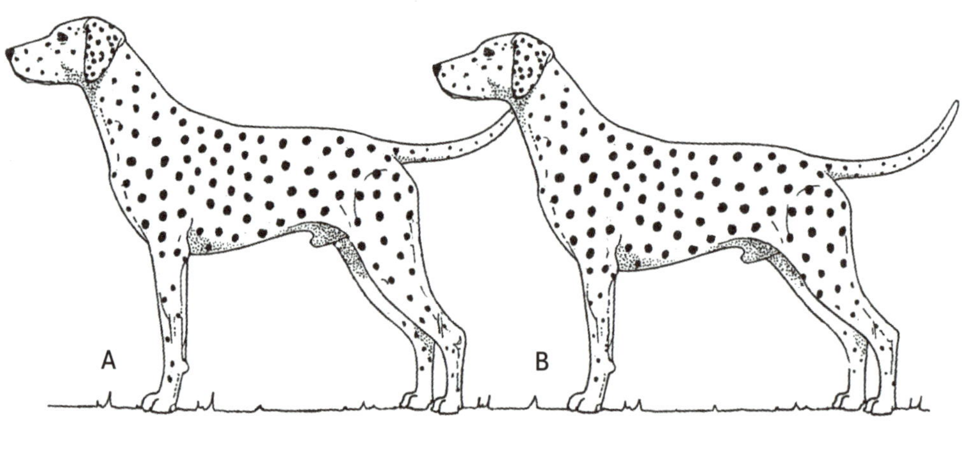

Dalmatiner

Die Deutsche Dogge

Bei der Deutschen Dogge handelt es sich um eine Rasse, die eine quadratische äußere Linie aufweisen sollte. Als Umriss gezeichnet, sind diese beiden quadratisch gebauten Deutschen Doggen gleich hoch. Sie unterscheiden sich hinsichtlich Länge der Läufe und Brusttiefe. Die Deutsche Dogge ist nicht für den ausdauernden Trab geeignet. Aufgrund ihrer Größe und ihres Gewichts wird sie eher zu Sicherheitszwecken eingesetzt.

Deutsche Doggen

Der AKC-Standard für die Deutsche Dogge aus dem Jahre 1976 enthielt detailliertere Anweisungen als die meisten Zuchtrichtlinien, schwieg aber in Bezug auf die Länge der Vorderläufe. Darum hätte jedes der beiden gezeigten Beispiele die korrekte Länge der Läufe darstellen können. 1990 wurde der AKC-Standard überarbeitet und die Länge der Vorderläufe der Deutschen Dogge mit aufgenommen. Im selben Jahr wurde beschlossen, dass bei einem korrekt proportionierten Hund die Länge der Vorderläufe der Brusttiefe entsprechen muss. Dies wird wie folgt ausgedrückt: »Der Abstand vom Ellbogen zum Boden sollte der Hälfte der Widerristhöhe entsprechen.« Das ist zwar nur ein einziger Satz, aber einer, der keinen Zweifel darüber lässt, dass die Dogge A korrekt proportioniert ist.

Der Beagle

Diese beiden Beagle sind gleich hoch, ihre Körper sind gleich lang und gleich tief - bis auf die Länge der Läufe und die Position des Ellbogens sind sie identisch. Sie sind gleich hoch, obwohl einer lange Läufe hat, denn der Ellbogen des Beagles mit längeren Läufen sitzt 2,5 cm oberhalb des Brustbeins.

Die Norm lautet, dass das Brustbein mit dem Ellbogen auf eine Höhe liegen soll. Der AKC-Standard beschreibt den Vorderlauf des Beagles als »gerade«. Der britische Standard fügt zu »gerade« noch hinzu, dass »die Brust bis unterhalb des Ellbogens reicht« und »die Höhe bis zum Ellbogen ungefähr der Hälfte der Widerristhöhe entspricht«. Beagle B besitzt diesen vorgeschriebenen längeren Vorderlauf. Da der AKC-Standard nichts über die Länge der Vorderläufe sagt, können Sie sowohl A oder B als korrekt bewerten. Ich würde mich für B entscheiden.

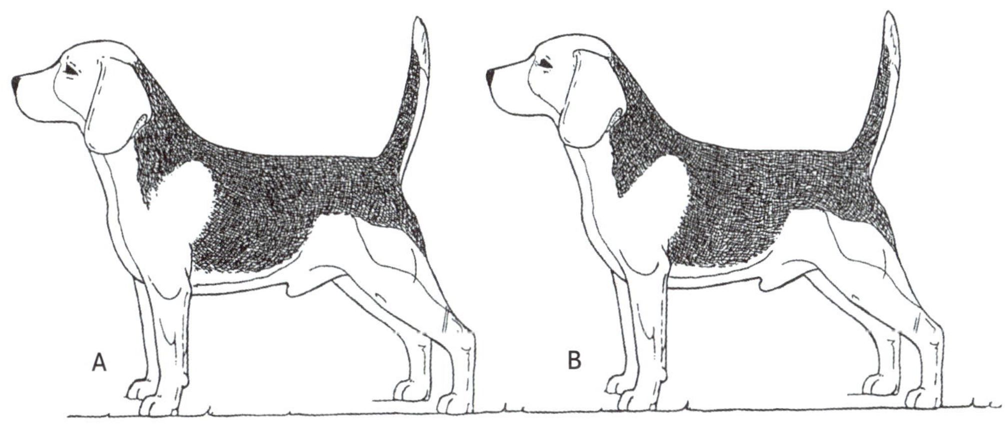

Beagle

Der Chihuahua

Für jede Zwerghundrasse gibt es zwar korrekte Proportionen der Läufe und der Brusttiefe, aber die Beschreibung des Vorderlaufs ist meistens auf das Wort »gerade« beschränkt, wie beispielsweise beim Chihuahua-Standard. Alle Chihuahua-Standards beschreiben die Rasse als etwas länger als hoch, doch im Wortlaut des AKC-Standards aus dem Jahre 1972 ist diese Beschreibung auf eine merkwürdige Art erweitert, die Ihre Entscheidung beeinflussen könnte. Der AKC fügt noch hinzu: »Bei den Rüden kürzerer Rücken erwünscht.« Ich weiß, dass dies nicht auf Kosten einer längeren Lendenpartie geschehen soll und dass mit »Rücken« wahrscheinlich die gesamte Oberlinie gemeint ist. Aber wie dem auch sei, dieser Zusatz deutet an, dass der Umriss von Rüden eher quadratisch sein soll.

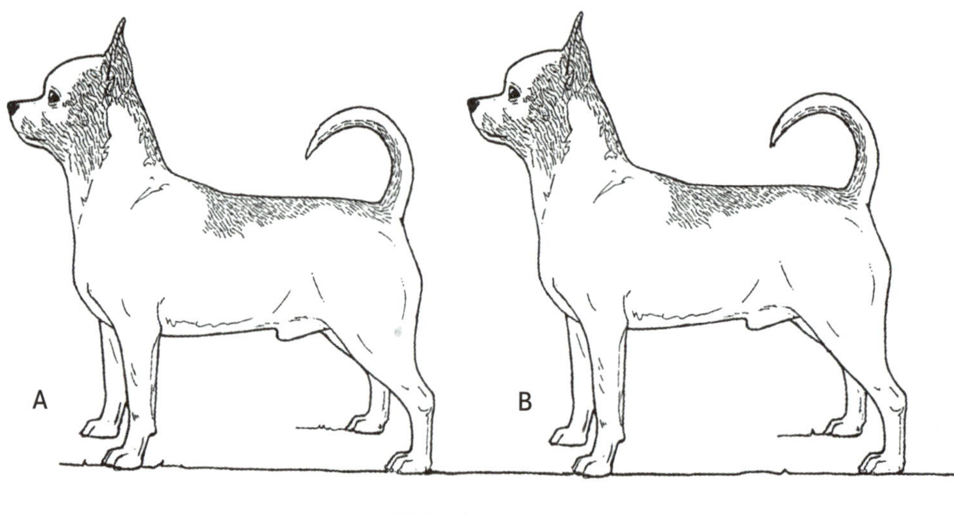

Chihuahua

Bei Chihuahua A ist der Vorderlauf mäßig kurz, sein Rumpf ist kürzer als die Brust tief ist und er ist rechteckig gebaut. Chihuahua B hat mäßig lange Vorderläufe und er ist quadratisch gebaut.

Chihuahua B ist eher quadratisch. Im Verhältnis zur Höhe ist sein Körper sichtlich kürzer, denn aufgrund seiner längeren Läufe ist er höher. Beide Hunde wiegen weniger als sechs Pfund, und da im Wortlaut des AKC die Höhe nicht festgelegt wird, können beide Hunde als korrekt angesehen werden. Meiner Meinung nach hat nur einer die korrekten Proportionen. Und das ist Chihuahua A.

Der Barsoi

Diese beiden Barsois unterscheiden sich nur in einer Hinsicht – bei einem Barsoi sind die zwischen Ellbogen und Vorderfußwurzelgelenk gelegenen Unterarme länger als beim anderen Hund. Der AKC-Standard aus dem Jahre 1972 sagt nichts zur Länge des Unterarms bzw. des Vorderlaufs. Allerdings heißt es, dass der Barsoi »ursprünglich für die Hetzjagd auf Wild gezüchtet wurde, wobei er sich mehr auf das Sehvermögen als auf den Geruchssinn verlässt.« In anderen Worten: Er ist ein sogenannter Sichthund.

Sicht- bzw. Windhunde benötigen ihre lange Vorderläufe für den schnellen Renngalopp. Bei mäßig langem Vorderläufen wären sie dazu nur bedingt in der Lage. In ihren neuesten Überarbeitungen fördern der kanadische und der britische Standard mit den folgenden Worten einen langen Vorderlauf: »Die Länge des Unterarms entspricht fast der Hälfte der Widerristhöhe« sowie »leicht geneigte Vordermittelfüße«. Diese beiden Körperteile, Unterarm und Vordermittelfuß, ergeben einen langen Vorderlauf. Meiner Meinung nach ist Barsoi B korrekt.

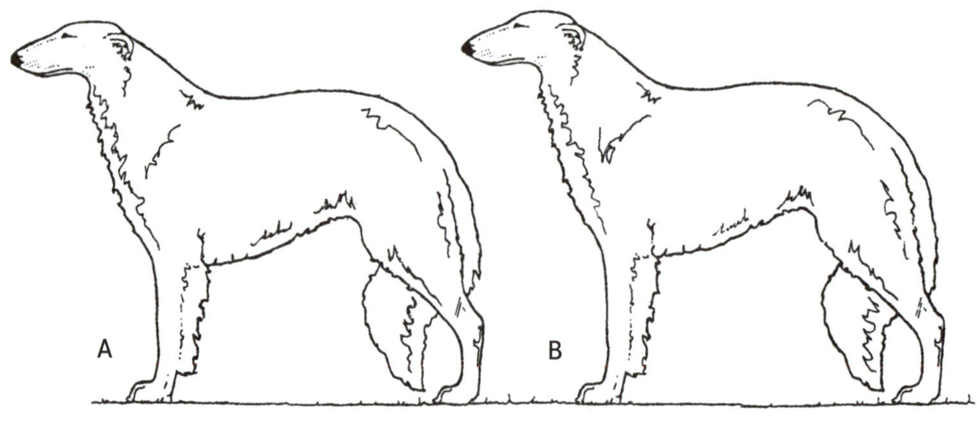

Barsoi

Allerdings sind nicht alle amerikanischen Barsoi-Züchter für einen langen Lauf. Manche bevorzugen mäßig lange Läufe, durch die die Hunde beim Trab ausdauernder sind, die aber, wenn Geschwindigkeit gefragt ist, dennoch lang genug für den schnellen Galopp sind.

Der Rhodesian Ridgeback

Einer dieser beiden Rhodesian Ridgebacks ist höher als der andere, weil seine Vorderläufe länger sind. Unabhängig davon, dass sie unterschiedlich hoch sind, sind beide proportional gesehen leicht länger als der Widerrist hoch ist. Der Hund mit den kürzeren (mäßig langen) Läufen entspricht den derzeitigen Anforderungen nach »hoher Ausdauer bei ausreichender Geschwindigkeit«. Der höhere Hund ist zu größerer Geschwindigkeit fähig.

Der Vorderlauf von Ridgeback A ist von mäßiger Länge, also genauso lang wie der Körper tief ist. Diese Länge genügt sowohl für Ausdauer als auch ausreichende Geschwindigkeit im Galopp. Das Schlüsselwort ist dabei »ausreichend«. Für mehr als ausreichende Geschwindigkeit muss der Vorderlauf mehr als nur mäßig lang sein.

Auch wenn nicht ALLE Ridgeback-Liebhaber der Meinung sind, dass »schneller besser ist«, geht in Amerika, sei es beabsichtigt oder unbeabsichtigt, der Trend zum langen Vorderlauf, wie bei Ridgeback B. Das liegt daran, dass der Ridgeback vor Kurzem zu den Windhund-Field Trials des AKC zugelassen wurde. Bei den Windhund-Prüfungen ist hohe Geschwindigkeit im Galopp ein entscheidendes Kriterium. Daher ist ein Rhodesian mit längeren Läufen natürlich in einer besseren Wettbewerbsposition. Dazu kommt noch die derzeitige Anforderung »Läufe: schwere Knochen«. Wenn ich die Wahl habe, entscheide ich mich für Rhodesian Ridgeback A.

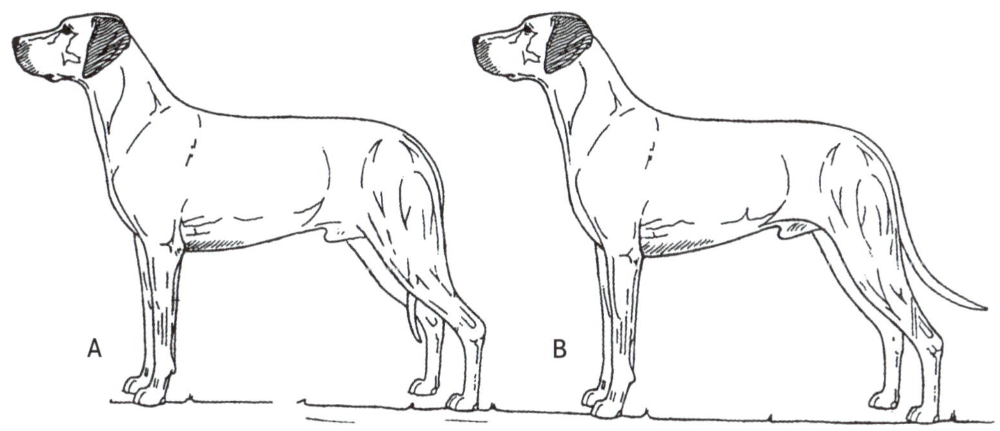

Rhodesian Ridgebacks

Der Große Schweizer Sennenhund

Laut einer AKC-Arbeitsgruppe aus dem Jahre 1994 ist der Große Schweizer Sennenhund der größte und älteste der vier schweizerischen Sennenhundrassen. Nur einer dieser zwei Sennenhunde hat die für diese Arbeitsrasse korrekten Proportionen. Welcher ist es?

Die Hunde haben einen gleich langen Rumpf und auch die Länge der Läufe ist identisch. Aber nur ein Hund weist das erforderliche Längen-Höhen-Verhältnis von 10:9 auf. Damit man nicht sofort erkennen kann, dass nur bei einem das Verhältnis Länge zu Höhe korrekt ist, hat einer der Hunde den erlaubten weißen Kragen. Die Vorderläufe der Hunde A und B sind gleich lang. Doch im Verhältnis zu den unterschiedlichen Brusttiefen sind die Vorderläufe von Hund A

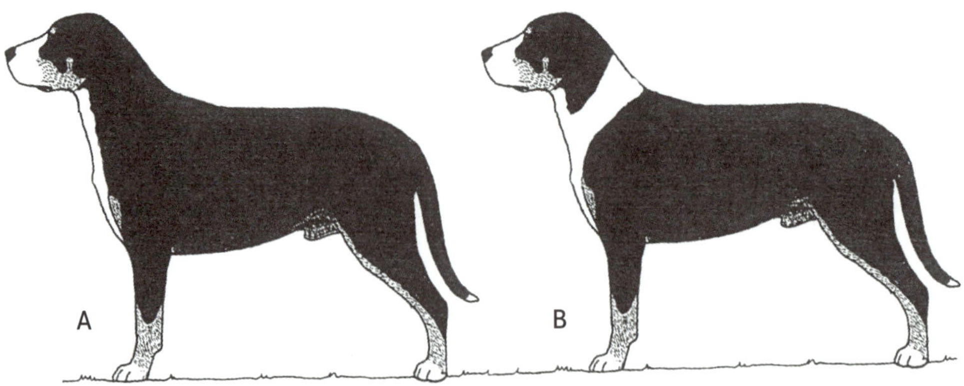

Große Schweizer Sennenhunde

»mäßig kurz«, während die Vorderläufe von Hund B »mittellang« sind. Der Körper von Hund A ist »voll« und die Brust ist tiefer als der Vorderlauf lang ist. Bei Hund B ist der Vorderlauf genauso lang wie der leichtere Körper tief ist. A ist korrekt. Bei Hund B muss für einen Großen Schweizer Sennenhund der Abstand zwischen Widerrist und Brustbein größer sein.

Der Siberian Husky

Diese beiden Huskys ähneln sich in jeglicher Hinsicht, mit Ausnahme eines Merkmals, das für Schlittenhunde sehr wichtig ist. An dieser Stelle muss ich anführen, dass die Züchter sich über eine Sache sehr besorgt zeigen. Sie fürchten, ein sehr gut gewinkelter, schön laufender, Boden bedeckender Siberian Husky (wie eines dieser beiden Beispiele) könne im Ausstellungsring gewinnen, wäre aber niemals dafür geeignet, einen Schlitten zu ziehen.

Das Exemplar, das für das Schlittenziehen nicht genommen würde, ist für einen Siberian Husky zu niederläufig. Dass Hunde, wie zum Beispiel Siberian Husky B, aus Wettbewerben häufig als Gewinner hervorgehen, ist deswegen besorgniserregend, weil der AKC-Standard ausdrücklich betont, dass »die Länge der Vorderläufe vom Ellbogen zum Boden etwas größer ist als der Abstand vom Ellbogen zum Schulterblattkamm«, so wie es bei Siberian Husky A der Fall ist.

Siberian Huskys

Kapitel 8

Merkmale, die die Proportionen beeinflussen

Durch die Erörterung der Merkmale, welche die Proportionen eines Hundes beeinflussen, werden die Pforten zur Anerkennung einer breiten Masse an Rassen und deren jeweiligen Körperbau geöffnet. Jede Rasse verfügt über bestimmte Merkmale, durch die sie die jeweiligen für sie vorgesehenen Aufgaben erfüllen kann.

Der Golden Retriever

Manche Rassestandards erklären genau, wie lang der Körper sein sollte. Der Golden Retriever ist ein klassisches Beispiel: »Die Körperlänge gemessen vom Brustbein bis zum Sitzbeinhöcker ist leicht größer als die Widerristhöhe in einem Verhältnis von 12:11.« Bei diesen beiden Golden Retrievern mit einer Widerristhöhe von 60 cm ist die Winkelung der Vorder- und der Hinterhand gleich, doch sie unterscheiden sich hinsichtlich der Körperlänge. Welcher der beiden ist korrekt?

Die Körperlänge kann die Trabfähigkeit des Goldens beeinflussen. Wenn die beiden mit der gleichen Geschwindigkeit traben, kommt die rechte Hinterpfote von Hund B unter die gebeugte rechte Vorderpfote und nimmt somit den Platz ein, den die rechte Vorderpfote gerade freigegeben hat. Eine solche Bewegung im Trab verhilft zur Ausdauer. Die rechte Hinterpfote von Hund A reicht nicht weit genug nach vorne, um unter die rechte Vorderpfote zu gelangen und den Platz einzunehmen, den die Pfote gerade verlassen hat. Die Hinterpfote von Hund A kann das deshalb nicht, weil sein Körper zu lang ist. Ein weiterer Grund kann daran liegen, dass Vorder- oder Hinterhand, oder beide, nicht ausreichend gewinkelt sind. Zu häufig wird übersehen, was sich unterhalb des Hundes abspielt, wenn er im Profil trabt.

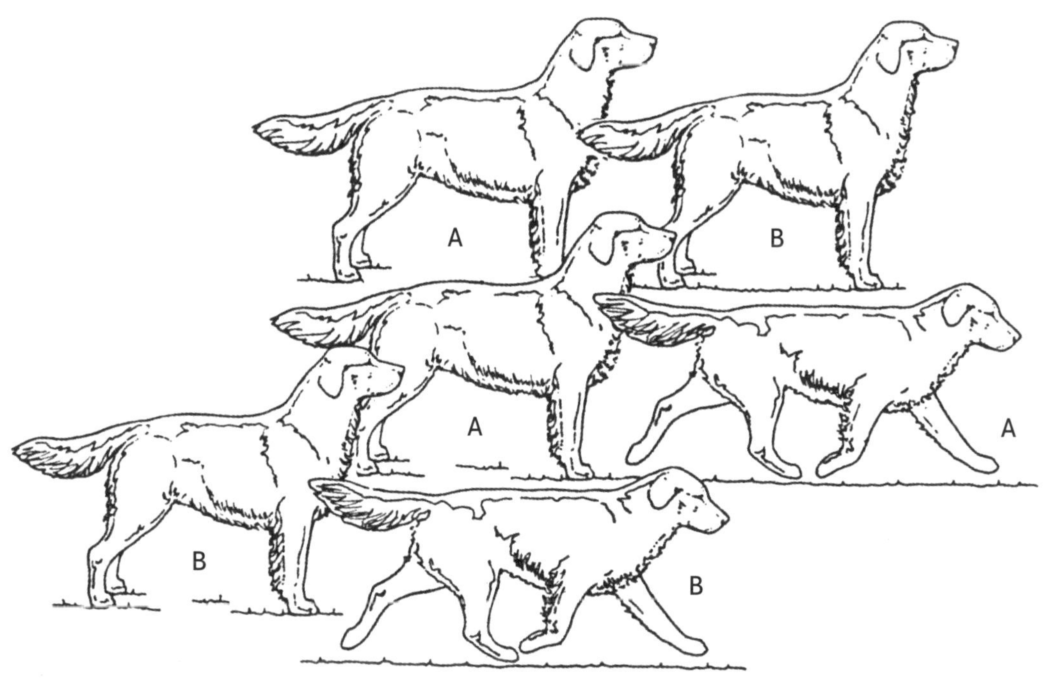

Golden Retriever

Bullterrier

Der Bullterrier

Im AKC-Standard für den Bullterrier steht in keiner Weise, dass der Ellbogen leicht oberhalb des unteren Endes des Brustbeins angesetzt oder dass das Brustbein unter den Ellbogen abfallen soll. Der Standard besagt allerdings, dass der Vorderlauf mäßig lang sein soll. Das trifft sowohl auf Hund A als auch auf Hund B zu. Außerdem heißt es, die Tiefe vom Widerrist zum Brustbein solle groß sein und der Hund solle fest auf perfekt geraden Läufen stehen. Beide Hunde erfüllen diese Kriterien, Hund A vielleicht noch ein bisschen besser aufgrund seines tiefen Körperschwerpunktes, während die Ellbogen von Hund B mit der Unterseite der Brust auf gleicher Höhe sind. Welchen dieser beiden Bullterrier sollte man bevorzugen?

Züchter meinen, der Bullterrier solle mit allen vier Läufen senkrecht zum Boden stehen, mit sicherem Halt und stabil. Normalerweise wird die stabile Haltung von Hund A der von Hund B vorgezogen. Der Überstand von Ellbogen und Brustbein ist zwar nur gering, aber die Auswirkung auf die Ausgewogenheit und die Proportionen ist beachtlich.

Der Podenco Ibicenco

Das Merkmal, das den Podenco Ibicenco abhebt und seine Proportionen beeinflusst, ist die Position der Ellbogen. Die Brust ist tief und lang, das Brustbein ist scharf gewinkelt und hervorstehend. Es liegt circa sechs Zentimeter oberhalb des Ellbogens und vor dem tiefsten Teil der Brust. Das Schulterblatt ist mäßig schräg gelagert und mit einem eher stei-

Podenco Ibicenco

len Oberarm verbunden. Die Position des Ellbogens wird zum großen Teil durch diese Steilheit des Oberarms beeinflusst. Auch wenn dies etwas merkwürdig wirkt, ist es belegt, dass diese Rasse zu hoher Geschwindigkeit und guten Sprüngen fähig ist.

Der Whippet

Was die Körperlänge des Whippets im Verhältnis zur Höhe betrifft, so gibt es zwei unterschiedliche Überzeugungen. Um beiden gerecht zu werden, lautet der AKC-Standard nun: »Die Länge von der Vorbrust zum Sitzbeinhöcker entspricht der Widerristhöhe oder ist leicht größer als diese.« Hündinnen A und B entsprechen diesen beiden offiziellen Längen-Höhen-Verhältnissen. Ziehen Sie eine der anderen vor?

Solche Entscheidungen könnten leichter getroffen werden, wenn alle Whippets gleich groß wären. Bei Whippets ist die Größe eher ein Faktor, der die Proportionen beeinflusst, als ein Merkmal. Hündin C hat eine Widerristhöhe von 45 cm, Hündin D die maximale Höhe von 53 cm (ein Zentimeter mehr oder weniger wäre ein Disqualifizierungsmerkmal). Ist Hündin C eine kleinere Version der größeren Hündin D oder ist sie eine kleinere Version von Hündin A, die einen kürzeren Körper hat? Sie ist eine kleinere Version von Hündin A.

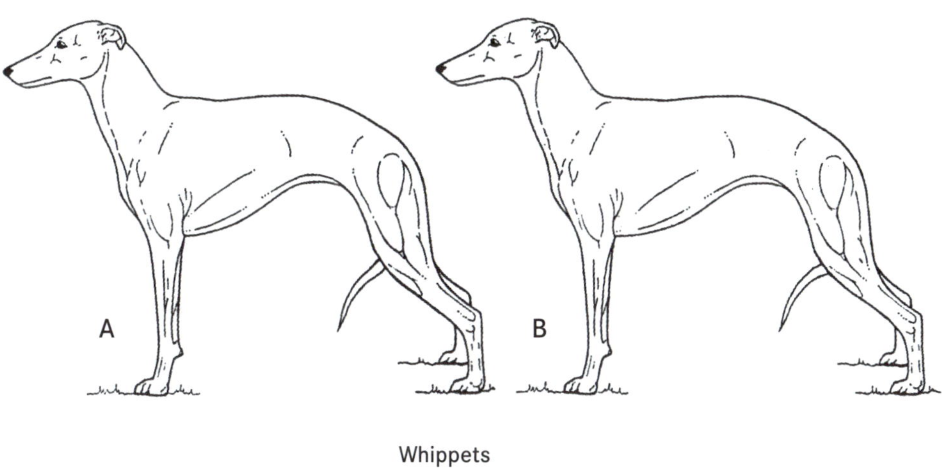

Whippets

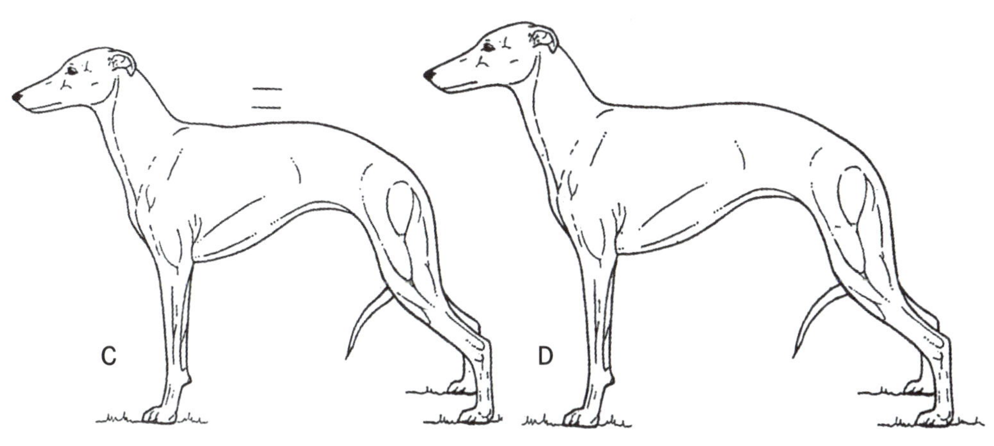

Whippets

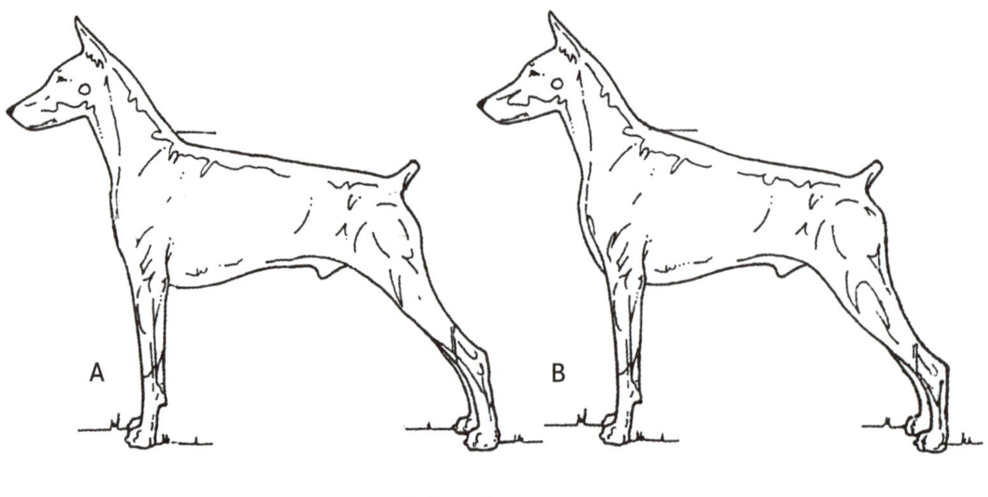

Dobermänner

Der Dobermann

Die Widerristhöhe des Dobermanns kann das Verhältnis von Körperlänge zu Höhe beeinflussen. Der weniger gut gebaute Hund A scheint aufgrund des niedrigen Widerrists einen längeren Körper zu haben als Hund B. Im Standard heißt es: »Die Höhe, gemessen vom Boden bis zum höchsten Punkt des Widerrists, entspricht der Länge gemessen von der Brustbeinspitze bis zum hinteren Ansatz des Oberschenkels.« Weiterhin heißt es in der Rassebeschreibung, dass der Widerrist des Dobermanns ausgeprägt sei. Die Rassebeschreibung informiert uns nicht hinsichtlich der Länge der Vorderläufe, doch mir wurde gesagt, dass bei einer guten Widerristhöhe die Vorderläufe vom Ellbogen zum Boden so lang sind wie der Körper vom Widerrist zum Brustbein tief ist.

Der Weimaraner

Die charakteristische Brust des Weimaraners sollte gut ausgebildet und tief sein. Eine Vorbrust, die nicht »gut ausgebildet« ist, beeinflusst die Proportionen. Hund A hat eine mangelnde Vorbrust, da seine steile Vorderhand zu weit vorne am Körper angesetzt ist, wodurch die Vorbrust verdeckt wird und zwischen den Vorderläufen eine Lücke entsteht. Beachten Sie, dass der Rumpf leicht oberhalb des Ellbogens sitzt und dass in der Oberlinie der Übergang von Nacken zu Widerrist nicht sanft genug ist. Wenn ich mich zwischen den beiden Hunden entscheiden müsste, würde ich Hund B wählen.

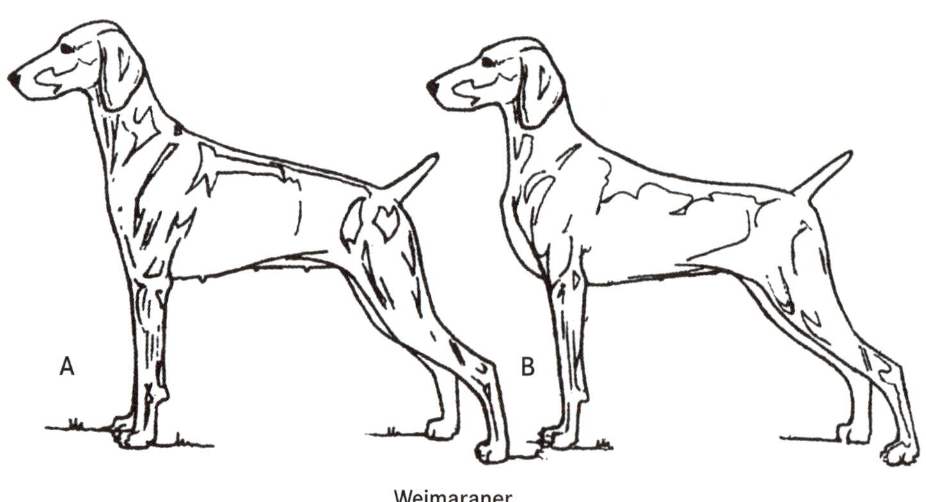

Weimaraner

Kapitel 9

Ausgewogenheit von Hunden

Um Hunde richtig bewerten zu können, ist es äußerst wichtig, sein Auge so zu trainieren, dass man deren Ausgewogenheit erkennen kann. Es gibt Richter, die der Meinung sind, es sei eine angeborene Gabe, diese Ausgewogenheit sehen zu können. Ich bin da anderer Ansicht. Ich glaube, wenn Sie den Zweck der Rasse kennen, wenn Sie verstehen, warum sie so gebaut ist wie sie ist, das richtige Bild des idealen Rassevertreters vor Augen haben, wissen, wie die Hunde laufen sollten und was dafür nötig ist, dass sie so laufen, dann sollte es kein Problem darstellen, die Ausgewogenheit erkennen und beurteilen zu können. Einfach ausgedrückt, ein harmonischer Hund »ruht in sich«. Unausgewogene Hunde wirken unharmonisch und erzeugen beim Betrachter ein Gefühl der Unbehaglichkeit.

Irish Setter

Ich glaube, ich habe nie eine bessere Beschreibung der »Ausgewogenheit« gelesen als im amerikanischen Rassestandard des Irish Setter: »Beim korrekten Exemplar kann man die Ausgewogenheit sowohl im Stand als auch in der Bewegung erkennen. Jedes Körperteil geht fließend in die anschließenden Körperteile über und passt harmonisch zu ihnen, ohne hervorzutreten.« Dieses Zitat zeichnet mit Worten ein Bild eines Hundes, der in seiner Ganzheit vortrefflich ist. Diese Zeichnung stellt einen harmonisch gebauten Irish Setter dar.

Ausgewogenheit kann sich entwickeln - Norwich Terrier vs. Norfolk Terrier

Nur wenige Rassen haben sich in den vergangenen fünfzig Jahren überhaupt nicht verändert. Manche Rassen, wie beispielsweise der Bullterrier (Downface), haben sich durch Übertreibung verändert. Bei manchen, wie zum Beispiel beim Norfolk Terrier A und beim Norwich Terrier B, hat sich die Ausgewogenheit verändert, als sie in zwei unterschiedliche Rassen unterteilt wurden. Anfangs lag der einzige Unterschied darin, dass einer Hängeohren und der andere Stehohren hatte. Nach der allmählichen, aber unaufhaltsamen Trennung entwickelten sich die zwei Rassen auseinander, bis sie sich schließlich in ihrer Ausgewogenheit deutlich unterschieden.

Norfolk Terrier und Norwich Terrier

Bei beiden Rassen handelt es sich immer noch um kleine, niederläufige, lebhafte Terrier, die entweder rot oder schwarz mit loh oder grizzle sind. Aber der Norfolk Terrier hat einen längeren Rumpf als der Norwich Terrier. Aufgrund seiner Rumpflänge läuft der Norfolk Terrier besser. Manche Norwich Terrier haben einen etwas zu kurzen Rumpf und sind für den Gebrauch unter der Erde zu gedrungen, was jedoch ihren Reiz nicht geschmälert hat.

Ausgewogenheit: Der Staffordshire Bullterrier

Die Ausgewogenheit des Staffordshire Bullterriers wurde nicht umfangreich untersucht, denn die Aussteller haben es gerne, wenn ihre Hunde schräg von vorne fotografiert werden. Bewertet werden sie jedoch im Profil und dann sieht man, wie unterschiedlich die Ausgewogenheit dieser beiden Hunde ist. An sich ist Hund A ein aussichtsreicher Kandidat, doch im Vergleich zu Hund B könnte man seine Ausgewogenheit im Profil auf acht Arten verbessern. Können Sie diese acht Punkte ausmachen?

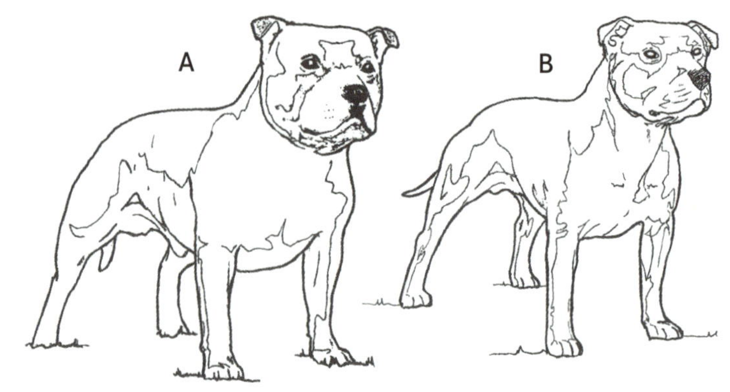

Staffordshire Bullterrier

Im Profil können wir nun verschiedene Punkte erkennen, die bei Hund A verbessert werden könnten. Es handelt sich um die folgenden: 1) den Kopf verkleinern, 2) die Stirn umgestalten, 3) die lose Haut am Hals entfernen, 4) den Übergang von Nacken zu Widerrist verbessern, 5) die Läufe etwas verlängern, 6) geringe Veränderungen an der Lendenpartie und Kruppe vornehmen, 7) den Bauch weiter aufziehen und 8) der Hinterhand mehr Kraft verleihen.

Staffordshire Bullterrier im Profil

Amerikanischer Akita A oder B?

Ich habe Ausgewogenheit wie folgt beschrieben: »Harmonie zwischen Gestalt und Maßverhältnisse« und »eine ausgewogene Gewichtsverteilung«. Dies trifft auf die Ausgewogenheit von Hunden zu. Anhand von Zeichnungen werde ich Ihnen die Bedeutung des Wortes »Ausgewogenheit« und seine Verwendung bei der Bewertung von Hunden erläutern. Beginnen werde ich mit Amerikanischen Akitas.

Diese beiden Akitas sind bis auf ein einziges Merkmal identisch. Dieses Merkmal beeinflusst in großem Maße die Ausgewogenheit und den Typ, wobei diese beiden miteinander Hand in Hand gehen. Sie müssen zwei Entscheidungen treffen: 1) Welches Merkmal ist dafür verantwortlich, dass sich diese beiden Akitas hinsichtlich der Ausgewogenheit unterscheiden? 2) Welche Ausgewogenheit ist für diese Arbeitshunde korrekt?

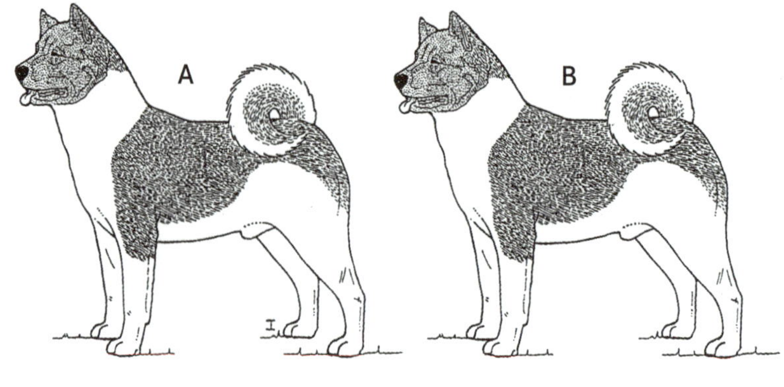

Akitas

Wenn man das Wort »Ausgewogenheit« auf einzelne Rassen, wie beispielsweise den Akita, anwendet, muss man es in Relation zum Rassestandard sehen. Die Rassebeschreibung des Akita lautet: »Hals: dick und muskulös, verhältnismäßig kurz, verbreitert sich zu den Schultern hin. Der ausgeprägt gewölbte Nacken geht harmonisch in die Schädelbasis über.« Bei Hund B hat der Hals die für Akitas korrekte Länge. Der Hals von Hund A ist nur 2,5 cm länger. Es ist überraschend, wie stark 2,5 cm die Ausgewogenheit eines 67 cm hohen Hundes verändern können.

Englische Bulldogge A oder B?

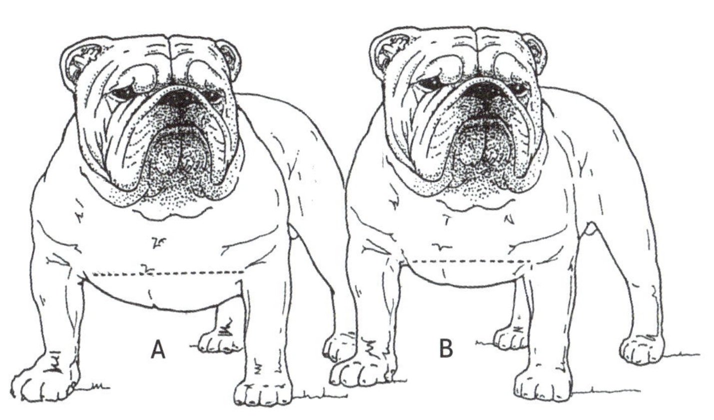

Englische Bulldoggen

Welche Bulldogge besitzt die korrekte Front? Dies ist eine grundlegende Frage, die vom Rassestandard nicht beantwortet wird. Nicht alle Merkmale werden in den offiziellen Rassestandards behandelt. Häufig muss man andere Quellen hinzuziehen, damit man sicher weiß, welche dieser beiden Englischen Bulldoggen über die richtige Ausgewogenheit verfügt. Im *The Bulldog Club of America 1996, Illustrated Guide,* einer dünnen, vom Bulldog Club of America veröffentlichten Broschüre, heißt es: »Die korrekte Neigung der Schulter bildet zusammen mit korrekten Vorderläufen, bei denen eine gerade und senkrechte Innenseite der Vorderläufe zu erkennen ist, fast ein Quadrat.« Die Front von Hund B bildet ein korrektes Quadrat. Das deutliche Rechteck zwischen den Vorderläufen von Hund A weist darauf hin, dass seine Läufe zu kurz sind, die Schultern zu weit auseinander stehen oder beides der Fall ist. Meiner Meinung nach ist es für die Bewertung dieser ungewöhnlichen Rasse wichtig, zu wissen, dass eine quadratische Front die korrekte, harmonische Front bedeutet.

Dobermann A oder B?

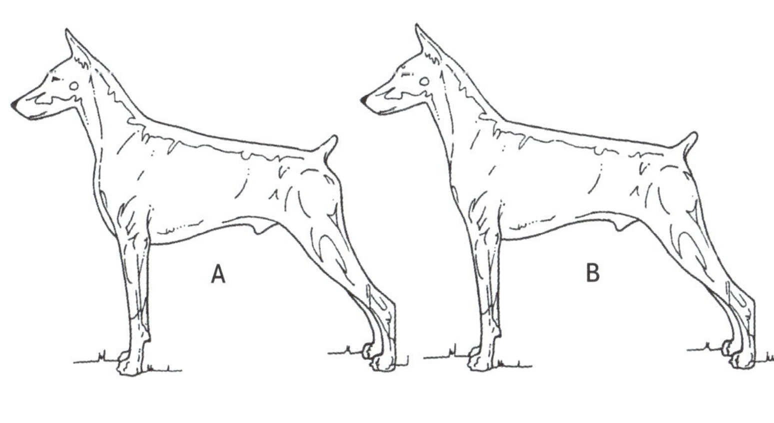

Dobermänner

Der Körperbau, egal ob gut oder schlecht, hat einen Einfluss auf die Ausgewogenheit. Einer dieser zwei Dobermänner hat einen besseren Körperbau als der andere und ist somit harmonischer gebaut. Von diesen beiden Beispielen ist der weniger gut gebaute Hund harmonisch, aber nur, weil bei ihm sowohl Vorder- als auch Hinterhand gleichermaßen schlecht gebaut sind. Dem schlecht gebauten Hund fehlen drei Vorzüge, nach denen bei dieser Rasse im Ausstellungsring geschaut wird. Um welche handelt es sich? Beide Dobermänner sind, wie erforderlich, quadratisch gebaut. Die Rumpflänge entspricht der Höhe. Doch wenn Dobermann B zwei der drei fehlenden Vorzüge aufweisen würde, wäre sein Rumpf lang. Haben Sie herausgefunden, welche drei Vorzüge fehlen?

Der erste fehlende Vorzug ist das Ausmaß der Vorbrust. Der zweite ist der Vorsprung über dem Sitzbeinhöcker unterhalb der Rute. Als drittes fehlt der »ausgeprägte Widerrist«. Ist dieser nicht vorhanden, merkt man bei einer Tastuntersuchung der Schultern, dass es an der erforderlichen Länge und Winkelung mangelt und dass der Oberarm steil und für gewöhnlich kurz ist. Daher würde ich bei diesem Beispiel Hund A Hund B vorziehen.

Bretonischer Spaniel (Epagneul Breton) A oder B?

Diese beiden Bretonischen Spaniel sind harmonisch. Doch sie repräsentieren jeweils eine andere Art der Ausgewogenheit, die vom internationalen Standpunkt aus gewertet werden muss. Welchen Hund bevorzugen Sie? Wenn Sie in Europa gemäß FCI-Standard richten würden, würden Sie sich wahrscheinlich für Hund A entscheiden. Würden Sie allerdings in Nordamerika gemäß AKC-Standard richten, würden Sie wohl Hund B auf den ersten Platz setzen. Was die Ausgewogenheit des Bretonischen Spaniel betrifft, gibt es sowohl ein amerikanisches als auch ein europäisches Ideal. Wenn Sie im Bereich der FCI richten oder Richter eines FCI-Mitgliedslandes sind, müssen Sie das europäische Ideal anerkennen.

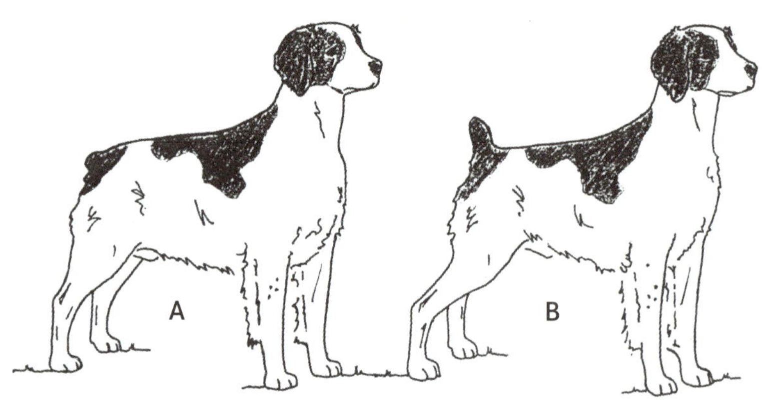

Bretonische Spaniel

Übertreibungen

Innerhalb jeder Rasse gibt es immer Tiere mit übertriebenen Details, und man muss diese Übertreibungen erkennen können und dementsprechend handeln. Welcher dieser Kerry Blue Terrier verfügt über die korrekte Ausgewogenheit? Inwiefern ist der andere unharmonisch? In manchen Gegenden wird speziell auf diese Form der Übertreibung - der Unterschenkel ist zu lang - hingezüchtet, und es ist Aufgabe des Betrachters, die mangelnde Ausgewogenheit zu erkennen. Dieser zu lange Unterschenkel hat sich in eine Reihe von Rassen eingeschlichen, unter anderem beim Rauhaar Foxterrier, Zwergschnauzer, American Cocker Spaniel und neuerdings Irish Soft Coated Wheaten Terrier. In der Bewegung und im Profil zeigt sich, dass der überlange Unterschenkel dazu führt, dass der Hinterlauf in einer hohen Tretbewegung, ähnlich wie beim Fahrradfahren, zu weit nach hinten und oben geführt wird, weil es sonst zu Koordinationsschwierigkeiten mit den viel kürzeren Vorderläufen kommen würde. Hund B verfügt über die korrekte Ausgewogenheit.

Kerry Blue Terrier

Manchmal ist übertriebene Ausgewogenheit für die Rasse von Nutzen. Als Beispiel fällt einem dafür am ehesten die Ramsnase des Bullterriers, in Fachkreisen »Downface« genannt, ein. 1917 fand man in England einen Bullterrier mit über-

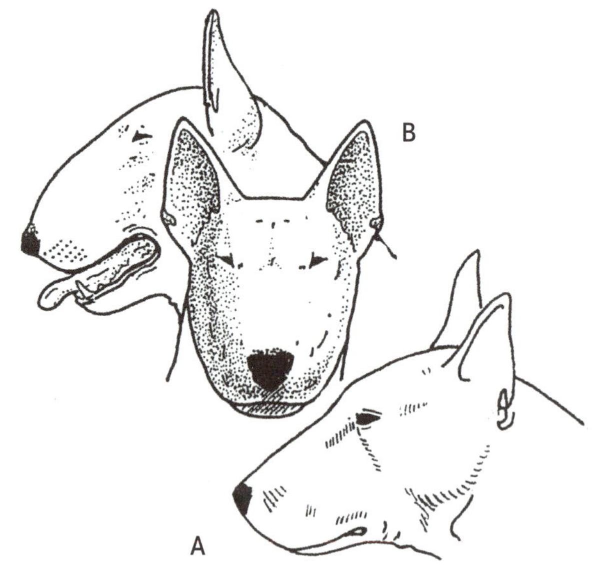

Bullterrier

Pekingese und Bulldogge

triebenem Profil (Kopf A). Fünfzig Jahre später hat sich das, was 1917 ein Anzeichen für eine Ramsnase war, zu einem erstaunlich eiförmigen Kopf entwickelt (Kopf B).

Ziemlich dasselbe trifft auch auf Rassen wie beispielsweise den Pekingesen und die Englische Bulldogge zu, deren Ausgewogenheit sich komplett von der anderer Rassen unterscheidet. Bei diesen Rassen muss sogar auf die rassespezifische Ausgewogenheit, selbst wenn sie Übertreibungen beinhaltet, hingezüchtet werden, ansonsten geht der Typ verloren.

Den Rassezweck kennen

Der Unterschied hinsichtlich der Ausgewogenheit dieser beiden Nova Scotia Duck Tolling Retriever, nachfolgend »Toller« genannt, hat nichts mit dem grundlegenden guten Körperbau zu tun. Beide Hunde sind fehlerfrei. Der Unterschied liegt in der Fähigkeit, die ihnen zugedachte Aufgabe hervorragend erfüllen zu können.

Nova Scotia Duck Tolling Retriever

Der Toller wurde vor rund 150 Jahren von Entenjägern im Südwesten von Nova Scotia gezüchtet, um Federwild in Schussweite zu locken. Dafür hat man sich diese Eigenschaft des Rotfuchs zunutze gemacht. So ähnlich wie der Rotfuchs, rennt, springt und spielt dieser Hund an der Küste und lockt dadurch die Enten an. Ab und zu verschwindet er außer Sichtweite und taucht dann wieder schnell auf. Geholfen wird ihm dabei vom Jäger, der dem Hund aus einem Versteck heraus Stöckchen oder Bälle zuwirft. Das spielerische Gehabe des Hundes erregt die Neugier der Enten, die vor der Küste schwimmen, und sie werden so in Schussweite gelockt. Anschließend wird der Toller ausgesandt, um die toten oder verwundeten Vögel zu apportieren. Diesen Job erledigt er dank des Apportierwillens der Rasse und seiner hervorragenden Schwimmfähigkeiten sehr gut.

Wenn Sie die Aufgaben des Tollers kennen, können Sie entscheiden, welcher der Hunde in korrekter Weise ausgewogen ist. Vier Abweichungen von der korrekten Ausgewogenheit sollten ziemlich eindeutig sein. Es handelt sich um: 1) einen dicken Hals, 2) eine zu tiefe und zu schwere Front, 3) eine nicht ausreichend aufgezogene Bauchpartie und 4) einen zu langen Hintermittelfuß. Hund B ist zu bevorzugen.

Cairn Terrier A oder B?

Welcher dieser beiden Cairn Terrier ist harmonischer? Erfüllt der Cairn Terrier, den Sie als ausgewogen erachten, die Anforderungen, dass Körper und Läufe mittellang sein sollen? Wenn Sie die Ausgewogenheit von Hund B bevorzugen, stehen Sie mit dieser Meinung nicht alleine da. Viele Menschen mögen die Kompaktheit von Hund B. Er hat einen rund 2 cm kürzeren Rumpf als Hund A, doch seine Läufe sind fast genauso kurz. Der kürzere Körper und die kürzeren Läufe führen dazu, dass seine Ausgewogenheit sich von der des typischeren Hundes A erheblich unterscheidet. Doch Ausgewogenheit ist nicht alles. Der Cairn-Typ spielt für die Proportionen eine entscheidende Rolle. Ein guter Cairn Terrier ist kompakt, aber dennoch nicht zu kurz im Rücken. Seine Läufe haben die richtige Länge, dass er genug Licht unter dem Rumpf zeigt. Meiner Meinung ist Cairn Terrier A der Hund, der vom Rassestandard beabsichtigt ist.

Cairn Terrier

Irish Setter A oder B?

Was die Ausgewogenheit betrifft, ähneln sich Irish Setter und Cairn Terrier nur wenig. Doch um gute Vertreter ihrer Rasse darstellen zu können, müssen beide die für ihre Rasse korrekte Ausgewogenheit besitzen. Einer dieser beiden Irish Setter ist ein gutes Beispiel, der andere weicht von der korrekten Ausgewogenheit ab. Welches ist das gute Beispiel und welche Merkmale des schlechteren Beispiels stören die Ausgewogenheit?

Irish Setter

Der Fang des schlechteren Irish Setters A ist kurz und der Übergang zum Fang ist nicht quadratisch genug. Die Oberlinie wirkt konkav und die Vorderhand ist zu weit vorne am Körper angesetzt. An der Hinterhand stört der überlange Unterschenkel die Ausgewogenheit. Das Beispiel für einen korrekten Irish Setter, Hund B, besitzt das, was man als »Harmonie der Teile« bezeichnet: Ein Körperteil geht sanft in das nächste Körperteil über und führt somit zu einem angenehmen Ganzen. Ein Beispiel: Der Fang entspricht der Länge des Schädels, die Fanglinie und die Schädellinie sind parallel, der Fang (Front) ist rechteckig und die Unterlinie des Kiefers ist fast parallel zur Oberlinie des Fangs. Für die allgemeine Ausgewogenheit ist es wichtig, dass der Kopf in Einklang mit dem Körper steht. Der Hals ist mäßig lang und geht sanft in schön zurückliegende Schultern über. Der Rumpf ist ausreichend lang, so dass der Schritt des Hundes gerade und frei ist. Durch einen langen, nach hinten gewinkelten Oberarm ist der Ellbogen weiter hinten und auf einer Höhe mit dem Brustbein, wodurch ausreichend Vorbrust gewährleistet wird. In der Rassebeschreibung des AKC steht, während sich der britische FCI-Standard hier wieder vornehm zurückhält, Folgendes über die Oberlinie: »Sie fällt vom Widerrist zur Rute leicht nach unten ab, ohne starken Abfall an der Kruppe. Das ist der Ausstellungsbeste – Sie müssen entscheiden, was unter 'fällt leicht nach unten ab' zu verstehen ist.« Die Neigung des Vordermittelfußes ist leicht und die Hinterhand ist nicht übertrieben.

Einfluss von Fellpflege und Form der Vorführung – zwei Beispiele

English Springer Spaniel

Auf die eine oder andere Art ist die Ausgewogenheit eine Falle, in die sowohl Richter als auch Züchter leicht hineintappen können. Genauso wie Schönheit liegt die Ausgewogenheit im Auge des Betrachters. Und der Betrachter muss wissen, worauf er bei jeder einzelnen Rasse zu achten hat. Bei diesen beiden English Springer Spaniels handelt es sich um ein und denselben Hund. Dass die beiden Unterschiede hinsichtlich der Ausgewogenheit aufweisen, basiert auf zwei Dingen: Haarkleid und Form der Vorführung. Die Ausgewogenheit welchen Hundes ziehen Sie vor? Ich bevorzuge den ausgewogenen Hund auf der rechten Seite, doch ich weiß, dass viele Menschen das natürlichere Aussehen lieber mögen. FCI-Richter müssen sich am britischen FCI-Standard orientieren,
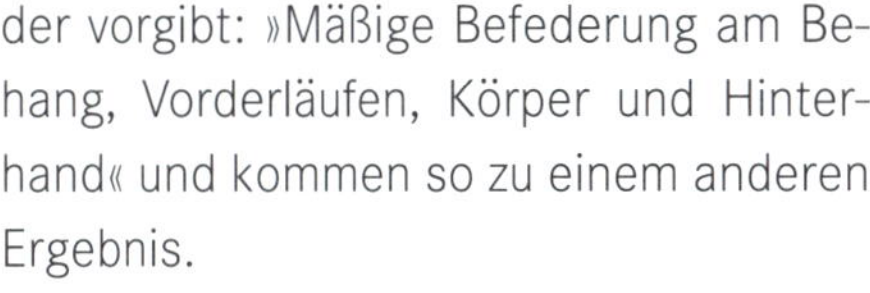
der vorgibt: »Mäßige Befederung am Behang, Vorderläufen, Körper und Hinterhand« und kommen so zu einem anderen Ergebnis.

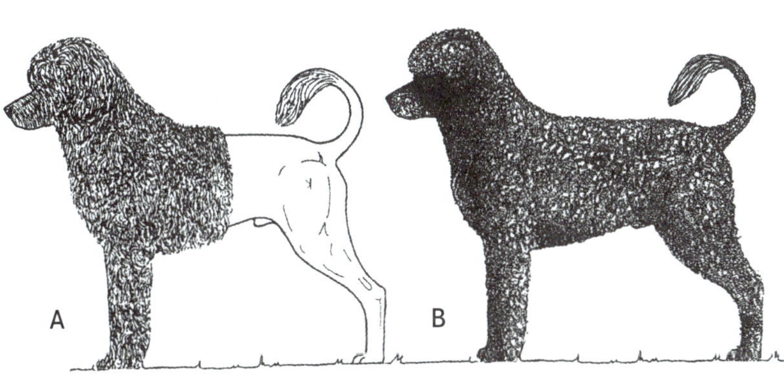

Portugiesischer Wasserhund

Hier sehen Sie einen Portugiesischen Wasserhund mit zwei unterschiedlichen Fellformen. Beide wirken etwas länger als hoch, aber einer ist wirklich mehr als nur etwas länger. Ist Ihnen das aufgefallen? Ein erfahrener Hundefriseur kann bei einem Wasserhund mit überlangem Rücken die Fehler minimieren, indem er das Fell an bestimmten Stellen kürzt und an anderen lang lässt.

Bei dem Hund mit dem langen Rücken links wurde das Fell vorne an der Brust gekürzt, die Mähne ließ man bis hinter die letzte Rippe wachsen. Dies bewirkt, dass der Rumpf des Hundes optisch kürzer wirkt. Ein erfahrener Richter sieht oder spürt, dass er von der korrekten Ausgewogenheit eines Portugiesischen Wasserhundes abweicht, und wird sich durch Abtasten davon überzeugen, dass der Brustkorb zu lang ist. Wenn ein Portugiesischer Wasserhund niederläufig ist, so wie es beim Hund in der Mitte der Fall ist, kann das Fell am Brustbein gekürzt werden, um diesen Fehler auszugleichen, so wie beim Hund auf der rechten Seite.

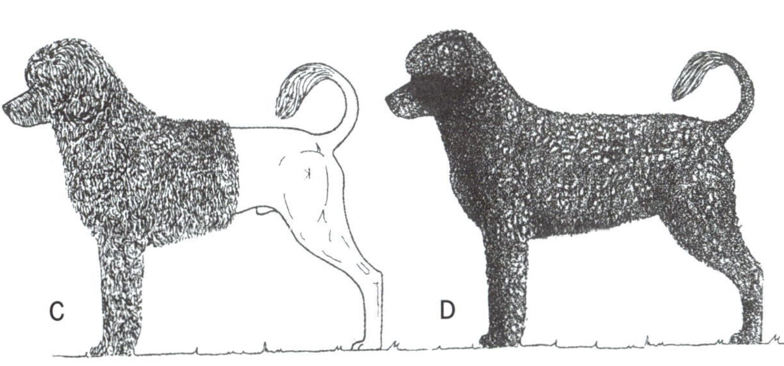

Portugiesischer Wasserhund

Das Gegenteil wird gemacht, wenn die Läufe zu lang sind. Daher ist der Umriss der Wasserhunde sehr flexibel und hängt stark von den Fertigkeiten des Trimmers ab.

Zusammenfassung

Für die Bewertung von Hunden ist es unerlässlich, sein Auge so zu schulen, dass man die korrekte Ausgewogenheit erkennen kann. Aber wie Sie gesehen haben, ist Ausgewogenheit nicht gleich Ausgewogenheit. Ein Hund, dessen Vorder- und Hinterhand schlecht gewinkelt sind, kann ausgewogen sein und damit das unerfahrene Auge austricksen. Bei manchen Rassen, wie beispielsweise dem Bretonischen Spaniel, gilt in Europa die eine Form als ausgewogen und in Nordamerika eine andere Form. Manche Rassebeschreibungen beschreiben die gewünschte Ausgewogenheit nicht ausführlich genug, sodass die Richter selbst entscheiden müssen, was bei einer Rasse »korrekte Ausgewogenheit« bedeutet. Wenn dieser Fall eintritt, ist es besonders hilfreich, den Zweck der Rasse zu kennen, um sich ein Bild über deren »funktionale« Ausgewogenheit machen zu können. Dieses Bild kann gleichwohl von Trends in den einzelnen Rassen ebenso wie von der Qualität der Hunde beeinflusst werden, die dem Richter vorgeführt werden.

Es ist gut möglich, dass die Fähigkeit, Ausgewogenheit zu erkennen, eine angeborene Gabe ist. Die meisten guten Richter verfügen über diese Fähigkeit und durch Abtasten des Hundes bestätigt sich nur, was er oder sie bereits gesehen hat. Doch auch wenn der Richter die Fähigkeit hat, Ausgewogenheit zu erkennen, muss er sich dennoch immer weiterbilden. So wie jemand, der zwar ein sehr gutes Rhythmusgefühl hat, aber gleichzeitig viele Tanzstile beherrschen möchte.

Kapitel 10

Was bedeutet »quadratisch«?

Quadratisch ist schön, doch da es bei den meisten Rassen die Norm ist, dass sie rechteckig gebaut sind, muss der Kenner viele Faktoren berücksichtigen, um zu wissen, was »quadratisch« wirklich bedeutet. Zu diesen Faktoren gehören: Vorbrust, Widerristhöhe, Winkelung und Länge des Oberarms, Länge der Vorderläufe, Neigung des Vordermittelfußes, Rippenkorbtiefe, Position des Ellbogens, Länge des Rückens, Länge der Lendenpartie, Profil unterhalb der Rute (Sitzbeinhöcker), Bauchpartie (mehr oder weniger aufgezogen) und Winkelung der Vorder- und Hinterhand. Ist eine Rasse quadratisch, bedeutet dies, dass die Rumpflänge, gemessen von der Brustbeinspitze bis zum Sitzbeinhöcker, der Höhe vom Widerrist zum Boden entspricht. Unter anderem gehören Boxer, Pudel und Afghanen zu den Rassen, die von der Brustbeinspitze zum Sitzbeinhöcker quadratisch sind.

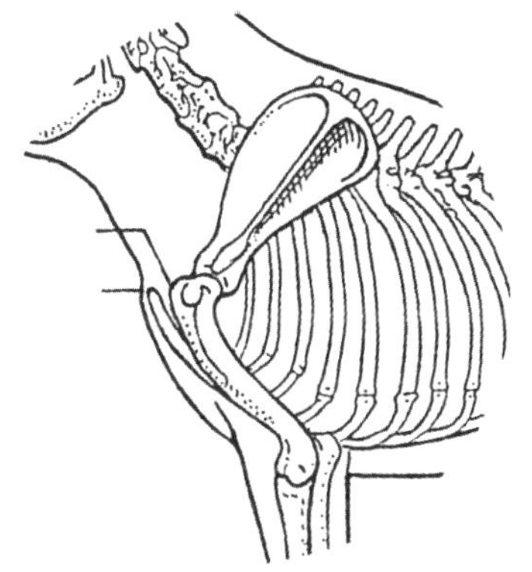

Buggelenk vs. Brustbeinspitze

Es gibt andere Rassen, die »fast quadratisch« sind. Wenn diese im Standard als »fast quadratisch« beschrieben werden, wird meistens das Buggelenk statt der Brustbeinspitze verwendet, denn die Vorbrust wird nicht mit berechnet.

Diese verschiedenen physischen Faktoren ergeben zusammengenommen unterschiedliche Proportionen, die alle jedoch einen quadratischen Körperbau ausmachen. Aufgrund dieser Vielfalt bewegen sich nicht alle Rassen im Trab auf die gleiche Art und Weise. Es ist wichtig, zu wissen, inwiefern es bei quadratischen Rassen im Trab zu Bewegungsstörungen kommen kann und wie jede quadratisch gebaute Rasse diesen Nachteil im Lauf ausgleicht.

Der Dobermann

Hier sollen Sie nicht nur entscheiden, welcher der beiden fehlerfreien Dobermänner der typischere ist, sondern auch auf Grundlage vier sichtbarer, physischer Unterschiede überlegen, welcher sich im ausdauernden Trab eher auszeichnet und welcher im schnellen Galopp wohl besser ist. Zu diesen Unterschieden gehören Rumpflänge, aufgezogene Bauchpartie, Länge und Winkelung des Oberarms sowie Neigung der Vordermittelfüße. Aufgrund dieser vier körperli-

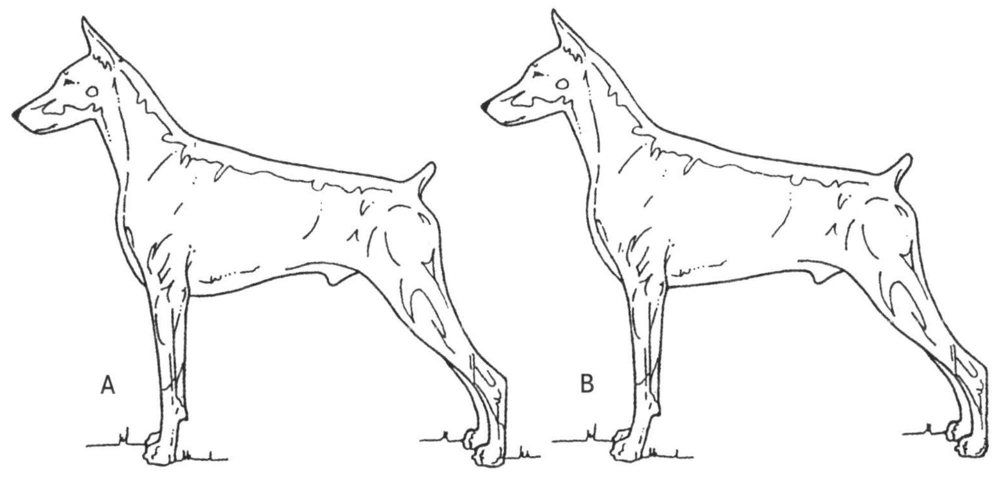

Dobermänner

chen Unterschiede ist einer der Dobermänner im ausdauernden Trab hervorragend, jedoch nicht im schnellen Galopp. Da die Rassen im Trab bewertet werden, würde man meinen, dies stelle für ihn einen Vorteil dar. Doch beim Trab weicht dieser Dobermann vom Typ ab. Können Sie erkennen, inwiefern Hund B abweicht?

Hund A ist der typischere dieser beiden im Profil aufgebauten Hunde. Er ist quadratisch, der Körper ist genauso lang wie hoch. Durch seinen kurzen Körper und seine flexible Wirbelsäule sowie die gut aufgezogene Bauchpartie kann er die Läufe genauso stark unter dem Körper krümmen wie der unten gezeigte Basenji. Alle Rassen sind zu dieser ersten Schwebephase in der Lage, aber nicht alle können sich so weit beugen.

Basenji im Galopp

Von diesen zwei Beispielen ist Dobermann B der weniger typische Hund. Im Galopp wäre er aus folgenden Gründen nicht so schnell wie der quadratisch gebaute Dobermann A (und hier kommen die vier Unterschiede zum Tragen): 1) Er ist länger als hoch, 2) seine Bauchpartie ist nicht weit genug aufgezogen, 3) aufgrund seines längeren Oberarms sitzt der Ellbogen weiter hinten am Körper, 4) dies führt wiederum zu einem stark geneigten Vordermittelfuß, wodurch sich der gedachte Körperschwerpunkt weiter nach vorne, unterhalb eine stärker gewinkelte Vorderhand verlagert.

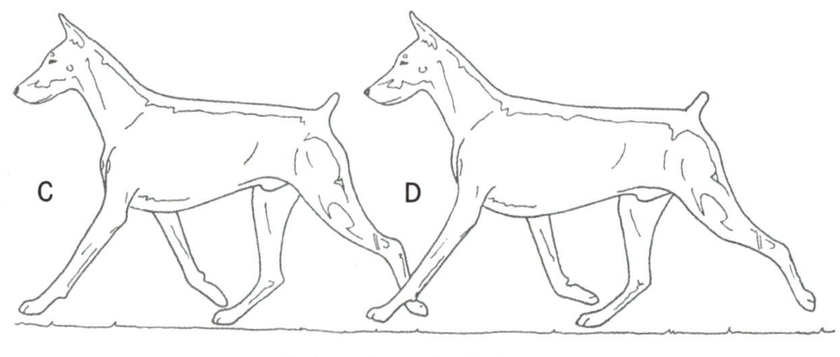

Dobermänner im Trab

Schauen Sie sich nun zwei weitere Dobermänner im Profil an, die im Ausstellungsring traben. Der längere Dobermann D ist gegenüber dem quadratischen Hund im Vorteil. Dobermann D ist vom Ellbogen zu den Pfoten genauso lang wie der quadratische Dobermann C, doch sein Rumpf ist länger. Daher kann Dobermann D größere Winkelung und Trab mit höherer Geschwindigkeit und Leichtigkeit verbinden. Beim Trab ist der quadratische Dobermann C im Nachteil, da unterhalb seines Körpers mehr als genügend Platz vorhanden ist. Eine aufeinander abgestimmte Bewegung der Läufe ist schwieriger, und wenn er unausgewogen oder überwinkelt ist oder zu schnell läuft, muss er übergreifen und kreuzen, um einen Zusammenstoß der Läufe zu vermeiden. Achten Sie darauf, dass sich direkt unterhalb seines Nabels der rechte Vordermittelfuß nur zu 45 Grad beugt, während sich der rechte Vordermittelfuß des längeren Dobermanns D während dieser Phase fast horizontal beugt. In dieser Phase gibt es während des Wechsels von einem diagonalen Laufpaar zum anderen einen kurzen Moment, in dem alle Läufe in der Luft sind.

Im Sommer 1995 wartete ich nach einer angenehm abgelaufenen Zuchtrichtertätigkeit am Flughafen von Salt Lake City auf meinen Heimflug. Während ich wartete, schrieb ich eine Bemerkung eines befreundeten Richters, Anthony D. DiNardo, auf. Er hatte mir erlaubt, diese Anmerkung zu verwenden, falls sich dazu die Gelegenheit ergeben sollte. Die

Dobermänner C und D im Trab im Profil anzuschauen ist nun die perfekte Gelegenheit. Nicht wörtlich wiedergegeben lautete seine Äußerung wie folgt: »Ein Vorteil, der dadurch erzielt wird, dass ein körperlicher Mangel besteht, darf nicht als Vorteil gewertet werden (so wie das bei der Bewegung im Trab von Dobermann D der Fall ist).« Mit anderen Worten: Der inkorrekte Dobermann D, der länger als hoch ist, läuft im Trab besser als der quadratisch gebaute Dobermann C. Doch das ist nur deshalb so, weil er nicht die typischen Proportionen und die typische Gangart des Dobermanns hat. DiNardo warnt, dass wenn man Dobermann D für seine besseren Bewegungen im Trab auszeichnen würde, man einen Fehler auszeichnen würde.

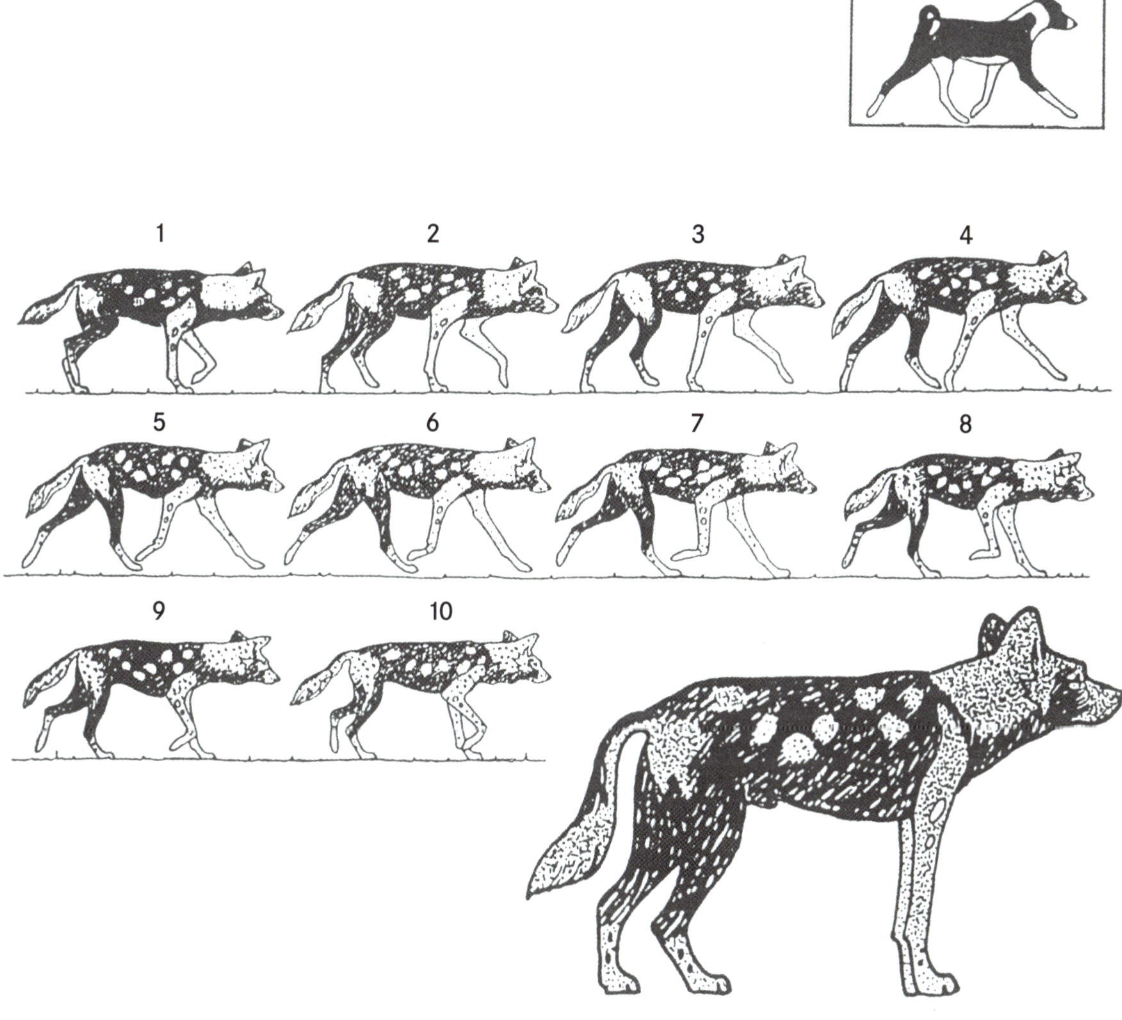

Bewegungsablauf des Afrikanischen Wildhundes

Was bedeutet »rechteckig«?

Im Ausstellungsring wird die Bewegung im Trab beurteilt. Die Norm stellt ein Hund dar, der etwas länger als hoch ist. Um den Vorteil eines rechteckigen Körperbaus im Trab darzustellen, sehen Sie eine gezeichnete Bildfolge eines Afrikanischen Wildhundes, die mit 54 Bildern pro Sekunde gefilmt wurde.

Diese Bildfolge stammt aus meinem Buch *The Basenji Stacked and Moving.* Für einen ausdauernden Traber macht dieser Wildhund, der etwas länger als hoch ist, alles richtig. (Das heißt, die diagonalen Pfoten sind in Phase 4 nicht stützend, in den Phasen 5 und 6 gibt es eine kurze Schwebephase und das andere Laufpaar berührt in Phase 7 gemeinsam den Boden.)

Gäbe es diese kurze Schwebephase, in der alle vier Läufe den Boden verlassen, nicht und würden stattdessen in Phase 4 die diagonalen Pfoten weiterhin den Körper stützen, würde in Phase 5 die Hinterpfote nicht unter die Vorderpfote gleiten, sondern entweder behindern oder übergreifen. An diesem Punkt ist es für viele quadratisch gebaute Rassen äußerst wichtig, dass sich die Pfoten synchron bewegen.

Der Tibet Terrier

Viele Autoren von Rassebeschreibungen sind so sehr darauf bedacht, dass eine Rasse quadratisch sein soll, dass sie sich die größte Mühe geben, Worte zu finden, um eine etwas längere als hohe Rasse als quadratisch zu beschreiben. Ein klassisches Beispiel dafür ist der Tibet Terrier.

Tibet Terrier

Diese Zeichnung zeigt den Umriss, wie man ihn durch das Stockhaar eines fehlerfreien, etwas länger als hohen Tibet Terriers sehen würde. Über die Zeichnung habe ich ein Quadrat gelegt und der Hund, der länger als hoch ist, ragt zum Teil vorne und hinten aus diesem hervor. Der obere Teil des Quadrats liegt auf dem Widerrist auf. Dieses Quadrat zeigt, wie der Tibet Terrier im Rassestandard als »quadratisch« beschrieben wird (d.h. »Länge von der Schulterblattspitze zum Rutenansatz gleich der Widerristhöhe.«).

In der Rassebeschreibung des Tibet Terriers wird jedoch nicht erwähnt, dass der Hund vor der Schulterblattspitze noch ein gewisses Maß an Vorbrust und hinter dem Rutenansatz noch mehr Sitzbeinhöcker besitzt. Zusammengenommen führen diese beiden Punkte dazu, dass der Hund rund 7 bis 8 cm länger ist. Doch Liebhaber des Tibet Terriers finden, dass diese Erbsenzählerei unwichtig sei. Wichtiger war offenbar, dass die Autoren der Rassebeschreibung es geschafft haben, die Proportionen des Tibet Terriers als quadratisch durchgehen zu lassen. Worauf ich aufmerksam machen möchte ist: Wenn das Buggelenk als Maßstab genommen wird, wird die Vorbrust häufig außer Acht gelassen.

Der Whippet

Überarbeitungen des AKC-Standards des Whippets, die 1989 angenommen wurden und 1990 in Kraft traten, haben zu Uneinigkeit darüber geführt, ob die Rasse als quadratisch oder etwas länger als quadratisch angesehen werden soll: »Die Länge von der Vorbrust zum Sitzbeinhöcker ist genauso groß oder etwas größer als die Widerristhöhe« - wodurch zwei Ideale ermöglicht werden. Da Sie dies nun wissen, möchte ich gerne wissen, welche der beiden Hündinnen auf der nächsten Seite Sie bevorzugen. Die quadratische Hündin A oder die etwas länger als quadratische Hündin B?

Im Ausstellungsring ist der Unterschied zwischen dem quadratischen und dem rechteckigen Whippet eindeutig. Kurz nachdem die Rassebeschreibung überarbeitet wurde, zeichnete ich die beiden Typen und bewertete in einer Ausstellung eine große Teilnehmerzahl, von denen meine beiden besten Whippets den hier von mir gezeichneten ähnelten. Ich entschied mich für Hündin B. Später fand ich heraus, dass beide Konkurrenten meinen Artikel gelesen hatten und wissen wollten, ob ich, da die zwei Whippets ansonsten die gleiche Qualität aufwiesen, im realen Leben genau das tun würde, was ich zu Papier gebracht hatte. Was ich tat.

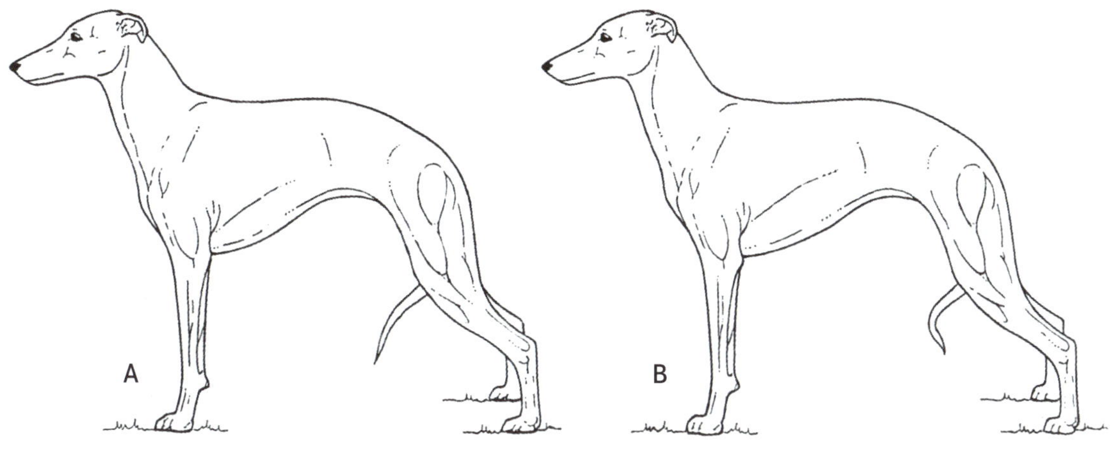

Whippet Hündinnen

Interessant ist, dass ich, damit bei Hündin A der Brustkorb zum Schutz der lebenswichtigen Organe genauso lang ist wie bei Hündin B, die einen längeren Rumpf hat, ihre Lendenpartie verkürzt habe. Wenn man bei einem Whippet die Lendenpartie verkürzt, wird die Flexibilität im schnellen Galopp beeinträchtigt. In der Rassebeschreibung heißt es, dass die Lendenpartie ausreichend lang sein soll. Der (britische) FCI-Standard hält sich mit solch detaillierten Aussagen hier wieder vornehm zurück.

Der Glatthaar Foxterrier

Diese beiden fehlerfreien Glatthaar Foxterrier kann man als quadratisch ansehen. Doch bei quadratischen Rassen gehört mehr zum Typ, als dass die Höhe der Rumpflänge entspricht. Hund A und Hund B sind gute Beispiele. Welcher Foxterrier ist korrekt proportioniert?

Im Rassestandard des AKC heißt es, dass der Glatthaar Foxterrier »weder hoch noch zu niedrig auf den Läufen stehend« sein soll. So lautet die Beschreibung. Der (britische) FCI-Standard beschränkt nur das Körpergewicht, sagt aber nichts über die Widerristhöhe. Der AKC-Rassestandard gibt die Widerristhöhe mit 39 cm und die Kopflänge zwischen 17,5 und 18 cm an, vermeidet aber, die Länge des Vorderlaufs konkret anzugeben. Der einzige Unterschied zwischen Hund A und Hund B liegt in der Länge des Vorderläufe. Der Unterschied ist so groß wie die Höhe eines gewölbten Zehs. Hund A ist der typischere der beiden.

Beachten Sie, dass die Vorbrust nicht sehr ausgeprägt ist. Dies liegt an der korrekten Schulter und dem vertikalen Oberarm des Foxterriers sowie der Kürze und Steilheit des Vordermittelfußes - all dies in Verbindung mit einem langen, gut zurückliegenden Schulterblatt. Diese für einen Erdhund typische Vorderhand führt zu einer Gangart, die für einen kurzen Körper ideal ist.

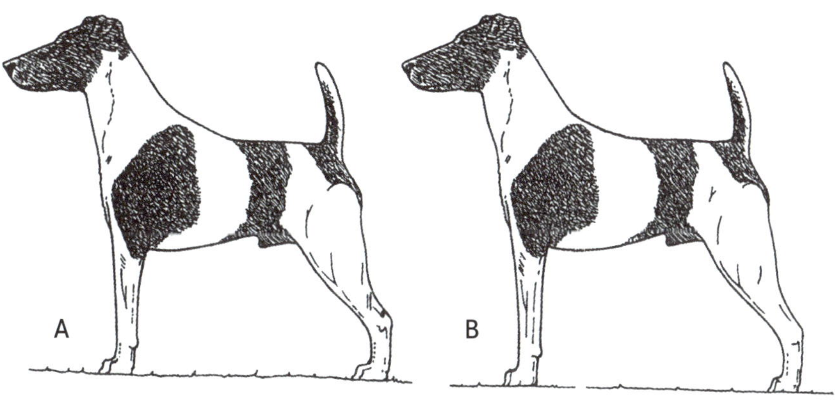

Zwei Glatthaar Foxterrier

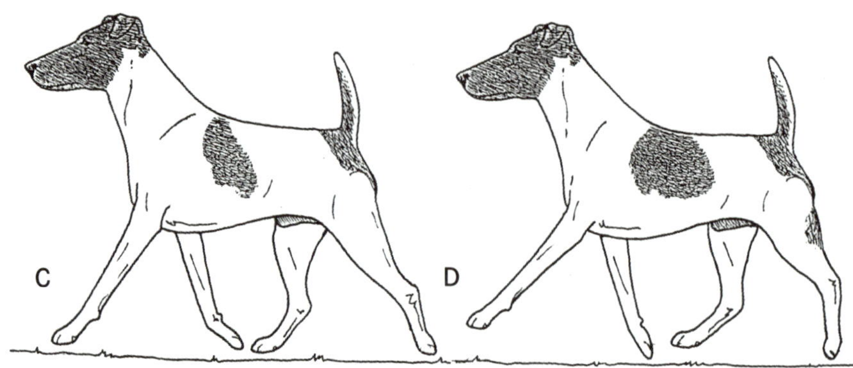

Glatthaar Foxterrier im Trab

Die gerade Front des Foxterriers gewährleistet »die größte Schrittlänge, die mit der Länge des Körpers vereinbar ist«. Das ist gut gesagt. Die im Bild während der kurzen Schwebephase festgehaltenen Läufe von Hund C schwingen wie ein Uhrpendel, die Pfoten werden nah am Boden gehalten, das Vorderfußwurzelgelenk ist geneigt und wird nur leicht gekrümmt, während die Pfote nach vorne unter den Körper gebracht wird.

Es ist fast unmöglich, dass die Läufe unter dem kurzen Körper gegeneinanderstoßen. Es ist sogar so, dass während dieser Phase und bei der Geschwindigkeit im Ausstellungsring die Wahrscheinlichkeit weitaus größer ist, dass bei Hund D unterhalb des Nabels der Raum frei bleibt und der Vordermittelfuß sich kaum oder wenig beugt. Aufgrund eines steilen Schulterblattes werden die Vorderläufe übermäßig hochgehoben (Stechschritt). Auch wenn Hund D gewinnt, ist er dennoch nicht korrekt. Ist Ihnen aufgefallen, dass die Hinterhand von Hund D sich in säbelbeiniger Art bewegt? Der rechte Hintermittelfuß öffnet sich am Sprunggelenk nicht vollständig.

Der Deutsche Boxer

Welcher ist der bessere dieser fehlerfreien, quadratischen Boxer? Beide haben die für Hündinnen maximale Widerristhöhe von 59 cm. Vom vorderen Punkt der Vorbrust bis zum hinteren Punkt des hinteren Oberschenkels gemessen entspricht diese Länge bei jeder der Hündinnen der Widerristhöhe.

Die bessere dieser zwei Hündinnen ist Hündin A, denn der tiefste Teil ihres Brustkorbs liegt mit ihrem Ellbogen auf gleicher Höhe, und zwar auf der Hälfte der Widerristhöhe. Bei Hündin B ist die Brusttiefe jedoch größer als die Länge des Vorderlaufs. Es reicht nicht aus, dass ein Boxer quadratisch ist, der Vorderlauf sollte auch genauso lang sein wie der Körper - gemessen vom Widerrist zum Brustbein -, tief ist.

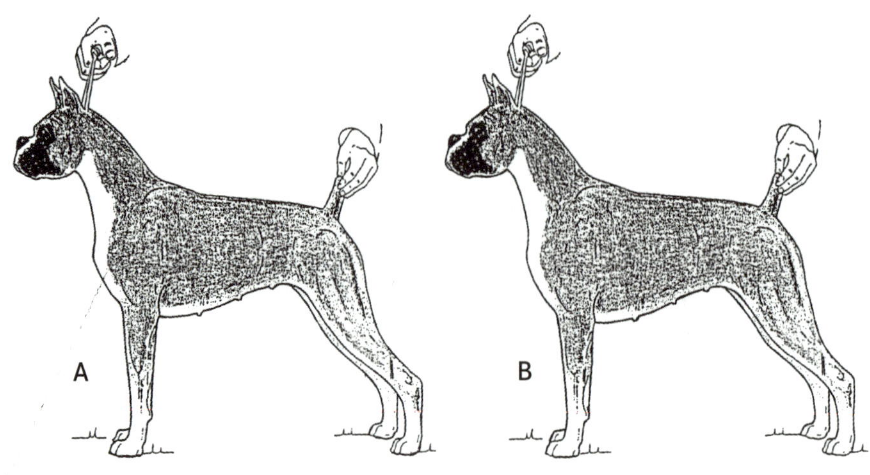

Deutscher Boxer

Quadratisch ist schön und hat seine Vorteile, aber denken Sie daran, dass quadratisch nicht überall die Norm ist. Bei Hunden ist am häufigsten, dass der Körper etwas länger ist als der Widerrist hoch ist und ein liegendes Rechteck bildet. Diese »Normalform« ist ein ausdauernder Traber. Ein quadratischer Hund verfügt aber nicht über den Körperbau, der für einen herausragenden Traber notwendig ist. Eine Rasse wie der gut gewinkelte Boxer hat einen bestimmten Fortbewegungsnachteil. Die Bewegung der Läufe, oder noch besser gesagt, das richtige Timing der Pfoten, ist entscheidend, denn im Trab ist der Raum unter einem quadratischen Körper besonders groß. Wenn bei einem quadratischen Boxer mit korrekter, mäßiger Lauflänge Vorderhand und Hinterhand nicht ausgewogen sind, muss er seine Bewegungen so anpassen, dass er nicht über seine eigenen Pfoten stolpert. Dabei kann das Endergebnis recht spektakulär aussehen. Ich weiß nicht, ob es bewusst oder unbewusst ist, aber manche Betrachter, die von spektakulärer, aber fehlerhafter Gangart begeistert sind, finden es sogar besser, wenn der Hund von der korrekten Gangart abweicht.

Deutscher Boxer im Trab

Die mit 54 Bildern pro Sekunde gefilmten quadratischen Boxer C und D befinden sich während des Wechsels von einem diagonalen Laufpaar zum anderen in der Luft (siehe weiter untenstehende illustrierte Bildfolge einer quadratischen Deutschen Dogge, die den Hund vor und nach dieser bestimmten Bewegungsphase zeigt). Ein Boxer zeigt den typischen Bewegungsablauf, während der andere auf eine gekünstelte Gangart zurückgreifen muss. Welcher ist welcher?

Der Gang von Hund D ist typisch, der Abstand, mit dem alle vier Läufe nach vorne gebracht werden und sich nach hinten strecken, ist gleich. Sie können bereits erkennen, wie entscheidend bei einem quadratischen, gut gewinkelten Boxer das Timing der Pfoten ist. Das linke Vorderfußwurzelgelenk beugt sich nur so weit, dass die linke Hinterpfote darunter gleiten kann, um die Stelle einzunehmen, welche die linke Vorderpfote gerade freigegeben hat.

Die spektakuläre Gangart dieses Boxers funktioniert, auch wenn sie gekünstelt ist. Sie ist insofern gekünstelt, als der Abstand, mit dem alle vier Läufe nach vorne gebracht und nach hinten geführt werden, nicht gleich ist. Das heißt, der rechte Vorderlauf wird nach vorne gebracht, der diagonale linke Hinterlauf jedoch nicht. Statt unter die linke Vorderpfote zu gleiten, ist er sogar so weit hinten, dass es nicht zu einem Zusammenstoßen der Läufe kommen kann. Dies ist so, weil der Unterschenkel dieses Boxers zu lang ist und sich übermäßig weit nach hinten überstreckt. Er hat sich für eine drehende Bewegung der Hinterläufe entschieden, um die Zeit während der der linke Hinterlauf zu wenig nach vorne ausgreift, wieder wettzumachen. Manche Kerry Blue Terrier und English Springer Spaniel passen ihre Gangart auch auf diese Art und Weise an. In letzter Zeit sieht man dies auch immer wieder beim Amerikanischen Akita.

Deutscher Boxer im Trab – unharmonisch

Der Afghane

Viele quadratisch gebaute Afghanen, deren Oberschenkel zu lang sind, passen ihren Gang auf andere Weise an, so wie es dieser Afghane tut. Statt dass die diagonalen Pfotenpaare während eines Schritts zweimal den Boden berühren (Zweitakt), berührt jede Pfote den Boden einzeln (Viertakt). Wenn der Betrachter nur auf Vortritt und Raumgriff der zwei Läufe auf der ihm zugewandten Körperseite achtet und nicht darauf, was unter dem Körper passiert, kann ihm diese Form der Angleichung sehr gefallen. Es gibt sogar eine Fraktion, die davon überzeugt ist, dieser gekünstelte Gang sei die für den Afghanen korrekte Fortbewegungsform.

Ein Afghane, im Profil und im Trab

Die Deutsche Dogge

Ich habe zwei Deutsche Doggen-Hündinnen gezeichnet, die bis auf die Körperlänge identisch sind. Welche der beiden ist, basierend auf dem AKC-Standard für die Deutsche Dogge aus dem Jahre 1990, die typischere - Hündin A oder Hündin B? Der (deutsche) FCI-Standard ist inhaltlich weitgehend gleich.

Im Gegensatz zum Akita-Standard, der besagt, dass Hündinnen länger als Rüden sein sollen, beschreibt der Standard der Deutschen Dogge die Rasse mit folgendem Zusatz als quadratisch: »Bei Hündinnen ist ein etwas längerer Körper zulässig, sofern sie im Verhältnis zu ihrer Größe gut proportioniert ist.« Wenn die etwas längere Hündin A zulässig ist,

Deutsche Doggen-Hündinnen

muss die quadratische Hündin B erwünscht und daher typischer sein. Da sie ansonsten hinsichtlich des Körperbaus identisch sind, werden sie auch auf ähnliche Art und Weise laufen – mit Ausnahme einer wichtigen Bewegung, über die Sie sich im Klaren sein sollten.

Bei dieser Bewegung geht es darum, wie sich die zwei Pfoten unter dem Nabel beim Wechsel der diagonalen Läufe verhalten. Das betrifft die quadratische Hündin B mehr als die auf der vorigen Seite gezeigte Hündin A, die einen längeren Körper hat. Wenn Sie statt einer quadratischen Hündin eine Hündin nehmen, die einen »etwas« längeren Körper (nicht die Lendenpartie), aber andere vorteilhafte Qualitäten hat, sollten Sie wissen, wie sich diese zusätzliche Körperlänge auf die folgende Bewegung unterhalb des Körpers auswirkt.

Schauen Sie sich zum besseren Verständnis untenstehende illustrierte Bildfolge an:

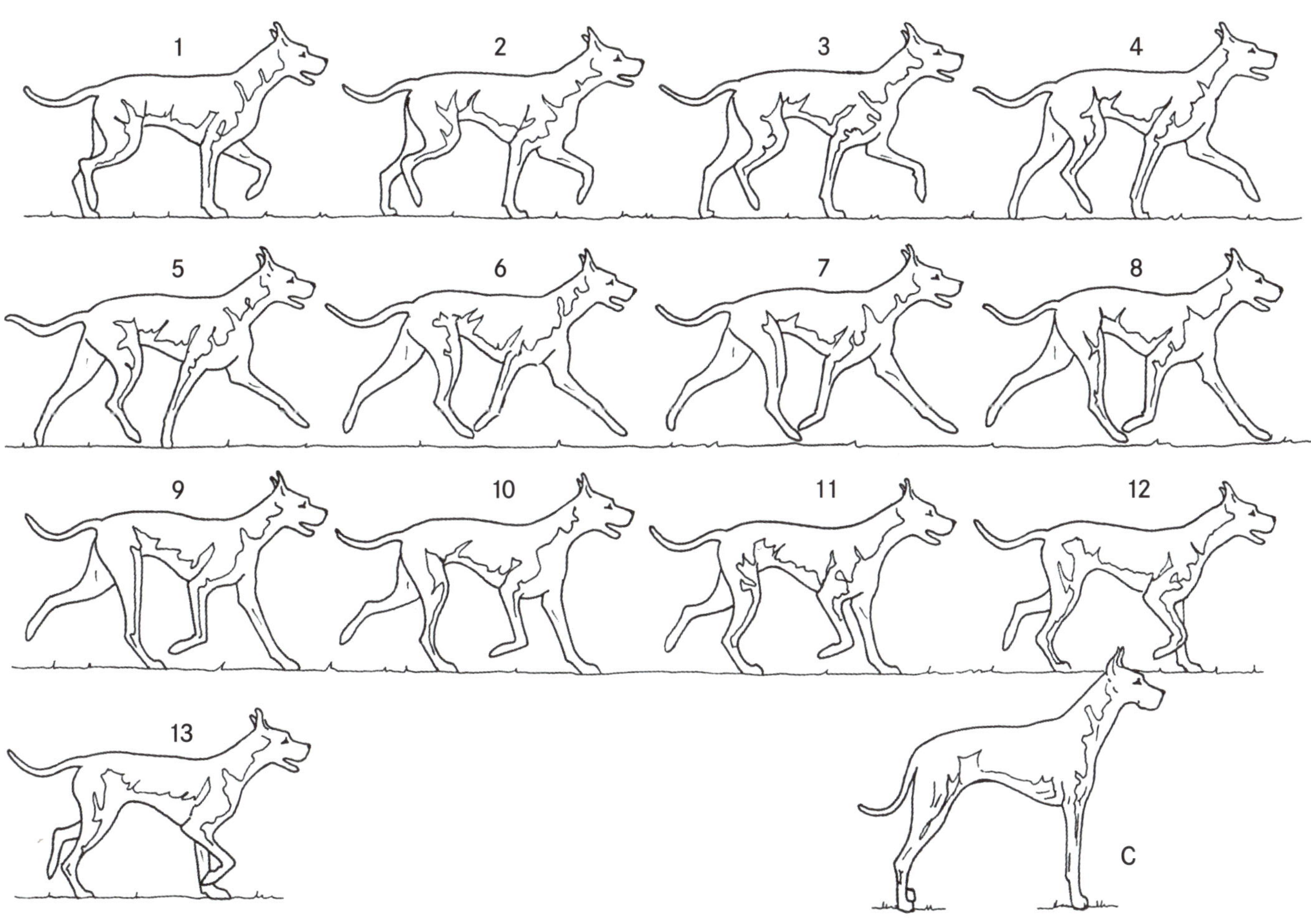

Eine quadratische Deutsche Dogge im Trab

Deutsche Dogge im Trab: Phase 7

Die Gangart der quadratischen Hündin C im Trab zeigt, wie wichtig für eine fehlerfreie, gut gewinkelte, quadratische Deutsche Dogge die zeitliche Koordinierung der Pfoten ist. Sie entspricht nahezu der idealen Gangart einer quadratischen Rasse: In Phase 5 geben die diagonalen Läufe (fast) gleichzeitig die Stützkraft ab und in Phase 9 setzen die diagonalen Pfoten gleichzeitig auf den Boden auf und in Phase 7 gleitet die rechte Hinterpfote unter den rechten, um 45 Grad gebeugten Vordermittelfuß. Dies sieht man hier. Die zeitliche Koordinierung der Pfoten ist äußerst wichtig.

Indem der Rumpf der quadratischen Hündin um ein paar Zentimeter verlängert wurde, ist Hündin D nun »etwas länger«, sowohl im Stand als auch in der Bewegung. In Phase 7 besteht nicht das Risiko, dass die Läufe gegeneinander stoßen, da ihr Körper ein paar Zentimeter länger ist. Sie läuft so, weil sie nicht ganz quadratisch ist. Das ist, wie Sie sich erinnern, bei Hündinnen erlaubt.

Von diesen beiden läuft Hündin C auf die typischere Art und Weise. Wir schauen sie uns noch mal in Phase 7 an. Würden ihre Läufe, wie bei Hündin D, unter dem Körper gegeneinander stoßen, a) würde sie entweder zu langsam laufen, b) wäre sie nicht ausreichend gewinkelt oder c) das Verhältnis zwischen Vorder- und Hinterhand wäre nicht ausgewogen.

Bitte beachten Sie: Unabhängig davon, ob es sich um eine quadratisch oder eine rechteckig gebaute Deutsche Dogge handelt, sollten sich die Vordermittelfüße nur leicht neigen. Neigen diese sich mehr als nur leicht und sind sie im Trab horizontal gebeugt, weicht dies im Stand vom Doggen-Typ und deren typischen Bewegungsablauf ab.

Der Bretonische Spaniel (Epagneul Breton)

Welcher der Bretonen-Rüden auf der nächsten Zeichnung ist der Beste? Man könnte sagen, dass sie alle, wie vorgeschrieben, »fast quadratisch« sind, doch sie unterscheiden sich stark im Körperbau.

Hund A hat eine steile Schulter und einen steilen Oberarm, nicht genügend Vorbrust, Widerrist und Sitzbeinhöcker (steiles oder kurzes Becken?) und außerdem sind Knie- und Sprunggelenk nicht genug gewinkelt. Da sein Körper aufgrund des steilen Schulterblatts und des steilen Oberarms oberhalb des Ellbogens sitzt, ist er immer noch hoch und quadratisch. Hund B verfügt über übermäßige Kraft in der Vorderhand. Er wirkt quadratischer als er eigentlich ist, denn durch den höheren Widerrist erscheint der Rücken kürzer. Hund C ist der Beste der drei Hunde, er ist so hochläufig, dass seine Schulterhöhe der Rumpflänge entspricht.

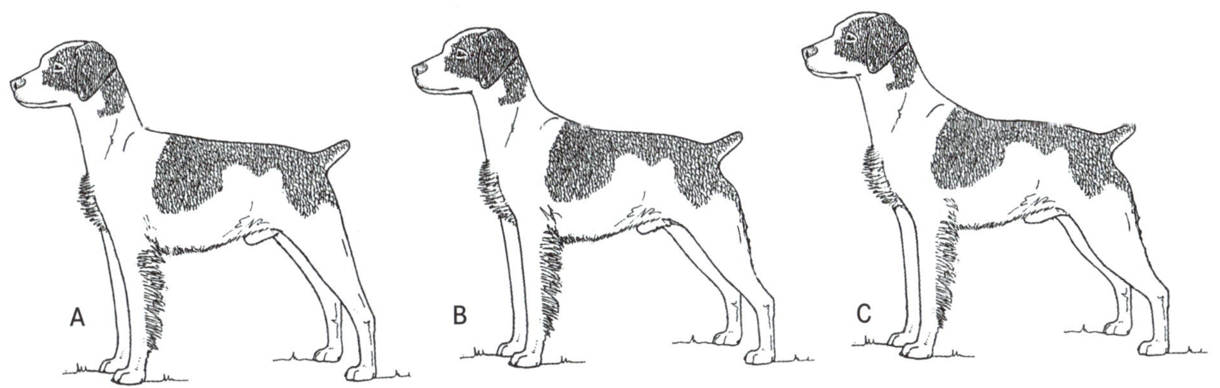

Bretonische Spaniels

Die Gangart der Bretonen im Trab ist eine andere Geschichte - und zwar eine umstrittene. Die Frage lautet: Ist es richtig, wenn ein Bretone im Ausstellungsring beim Trab, so wie unten gezeigt, übergreift? Der Standard des Deutschen Schäferhundes ist der einzige, den ich kenne, der das Übergreifen im Trab fördert, sofern der Hund nicht schränkt, wenn also der Körper von der geraden Linie abkommt. Weiter hinten finden Sie eine illustrierte Bildfolge eines Deutschen Schäferhundes im Trab, damit Sie wirklich verstehen, was mit Übergreifen gemeint ist. Dieser Deutsche Schäferhund greift über, und zwar kurz vor und während des Wechsels der diagonalen Läufe, wenn sich alle vier Läufe in der Luft befinden. Eine Kombination aus besonderem Körperbau, großer Winkelung und Geschwindigkeit führt zu dieser Art des Übergreifens.

Der Gang eines Bretonischen Spaniels im Trab

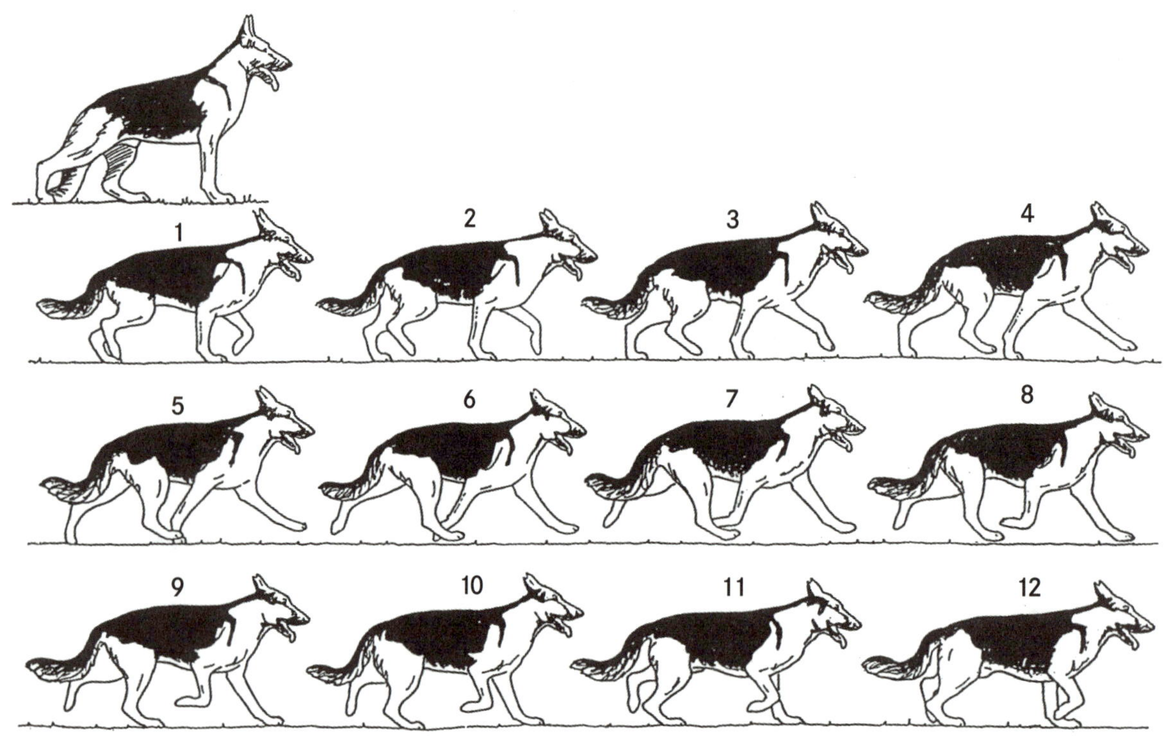

Ein Deutscher Schäferhund im Trab

Unter dem Unterpunkt »Gangwerk« heißt es in der AKC-Rassebeschreibung des Bretonen: »Im Trab sollte die Hinterpfote des Bretonen in oder hinter der von der Vorderpfote hinterlassenen Fußspur aufsetzen.« Manche sind der Ansicht, die Pfote könne nur dann in die von der Vorderpfote hinterlassene Fußspur aufsetzen, wenn die Pfote, wie hier bei den vier verkürzten Phasen eines typischen Basenjis, direkt nach vorne unter die rechte Vorderpfote platziert wird, so wie es bei Bretone A der Fall ist.

Andere meinen, die Hinterpfoten könnten nicht hinter der von der Vorderpfote hinterlassenen Fußspur platziert werden, sofern die Hinterpfoten nicht an der Innen- und Außenseite der Vorderpfoten vorbeigeführt werden. Im Jahre 2003 beschlossen die Rasseexperten, dass »Übergreifen nicht zu bevorzugen sei«.

Ein Basenji im Trab

Teil II

Merkmale

Kapitel II

Merkmale hervorheben

Wenn ein Richter eine im Profil aufgebaute Rasse bewertet, muss er auf viele Details achten. In den nächsten beiden Kapiteln werden einige dieser Details anhand einer großen, kurzhaarigen Deutschen Dogge behandelt. Dieser Hund eignet sich hervorragend dafür, die in diesem Kapitel untersuchten Details hervorzuheben.

Bewertung der Deutschen Dogge

Bei der Bewertung der Deutschen Dogge im Profil schaue ich mir die folgenden Merkmale an:

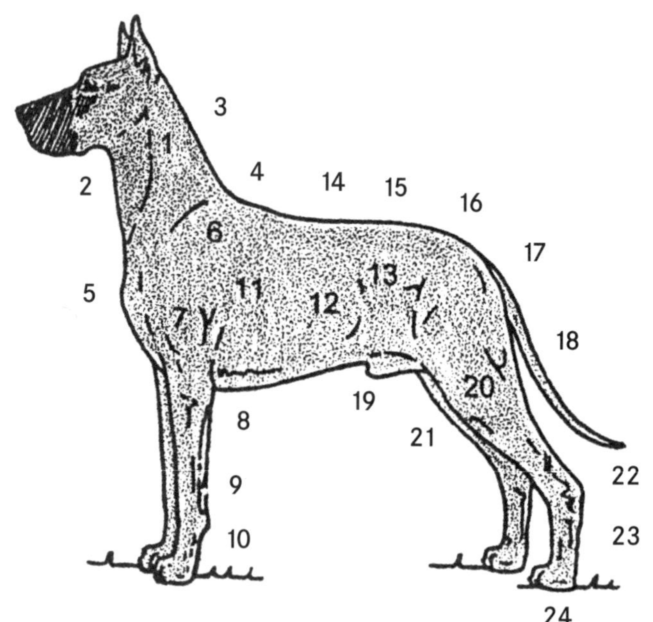

Deutsche Dogge im Profil

1. Der Nacken sollte hoch angesetzt, der Hals lang und muskulös sein.
2. Kehllinie fest und trocken.
3. Gut gewölbter, allmählich breiter werdender Hals.
4. Hals geht sanft in den Widerrist über.
5. Gut entwickelte Vorbrust ohne ausgeprägtes Brustbein.
6. Schräg gelagertes Schulterblatt, das dem gleich langen Oberarm so gut wie möglich einen rechten Winkel bildet.
7. Ellbogen sollte auf der Hälfte der Widerristhöhe liegen, Rippenkorb sich bis zum Ellbogen erstrecken.
8. Der Unterarm ist stark und gut bemuskelt.
9. Gemessen vom Widerrist zum Brustbein entspricht die Brusttiefe der Länge der Läufe vom Ellbogen zum Boden; der Ellbogen ist mit der Unterkante des Rippenkorbs auf gleicher Höhe.
10. Der starke Vordermittelfuß ist leicht geneigt.
11. Gemessen von der Brustbeinspitze zum Sitzbeinhöcker entspricht die Rumpflänge der Deutschen Dogge der Widerristhöhe - eine quadratische Rasse, bei deren Hündinnen ein etwas längerer Körper erlaubt ist.
12. Gute Rippenwölbung.
13. Breite Lendenpartie.
14. Kurzer, gerader Rücken.
15. Obere Lendenpartie ist leicht gewölbt (nicht leicht ersichtlich).
16. Breite, ganz leicht geneigte Kruppe.
17. Rute ist hoch angesetzt und geht sanft in Kruppe über.
18. Rute sollte am Ansatz breit sein und sich zum Sprunggelenk hin gleichmäßig verjüngen.
19. Die Unterlinie sollte straff bemuskelt und die Bauchlinie gut aufgezogen sein.
20. Starke und muskulöse Hinterläufe.
21. Gut gewinkeltes Kniegelenk.
22. Tief angesetzte Sprunggelenke.
23. Hintermittelfuß wirkt ganz gerade.
24. Runde, kompakte Pfoten mit gut gebogenen, weder einwärts noch auswärts gedrehten Zehen.

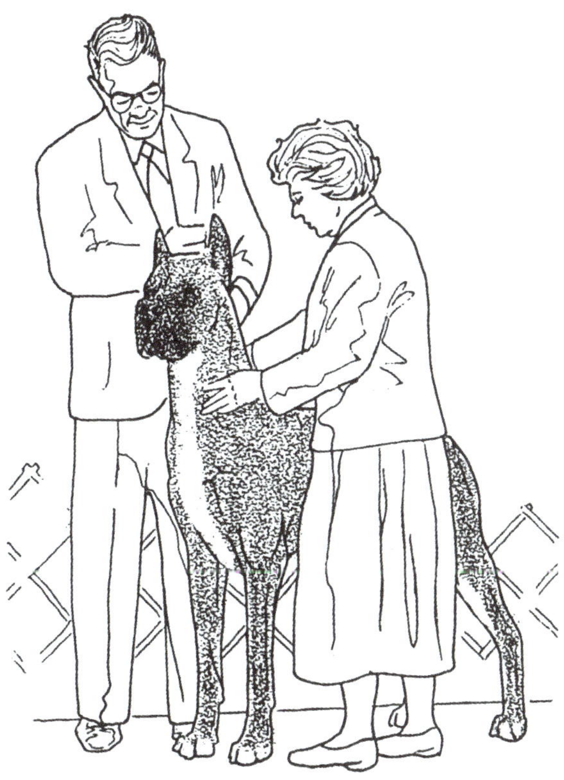

Bewertung der Deutschen Dogge

Ein kontroverses Merkmal

Um Ihnen die einzelnen Merkmale vorzustellen und ihre Bedeutung zu erklären, habe ich mit der folgenden Zeichnung ein kontroverses Merkmal ausgesucht, damit Sie sich erste Gedanken machen können. Nur bei einem der beiden Hunde ist das Merkmal korrekt. Um welches Merkmal handelt es sich und bei welchem Hund ist es korrekt?

Der einzige Unterschied zwischen diesen beiden Hunden ist die Länge der Läufe. In den 1980er Jahren gab es unterschiedliche Ansichten. Manche waren der Meinung, dass, wie bei Hund A, der Vorderlauf länger als der Körper tief und der Ellbogen auf der gleichen Höhe wie das Brustbein sein sollte. Andere fanden, die Länge des Vorderlaufs solle exakt der Brusttiefe entsprechen. Die Rassebeschreibung forderte nur gerade Vorderläufe. Der AKC-Standard vom März 1999 lautet: »Die Länge der Läufe von den Ellbogen abwärts ist gleich der halben Widerristhöhe« und »das Brustbein reicht bis zu den Ellbogengelenken«. Hund B entspricht diesen Kriterien. Der (deutsche) FCI-Standard behandelt dieses Detail nicht, geht aber von denselben Maßverhältnissen aus.

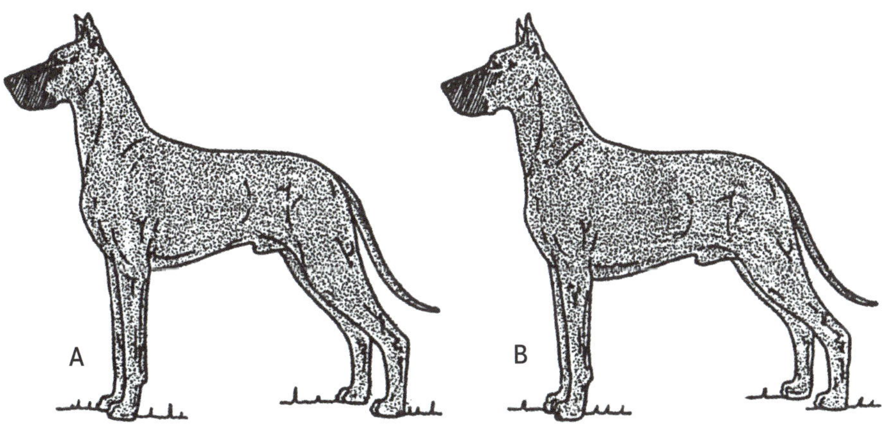

Welche Dogge stellt den typischen Rassevertreter dar?

Deutsche Doggen

Ein paar Beispiele

Eine dieser sechs Deutschen Doggen stellt den typischen Rassevertreter dar, die anderen fünf sollen zeigen, wie sich zwei Dutzend Abweichungen auf das Erscheinungsbild auswirken. Sobald Sie herausgefunden haben, welcher der sechs Hunde am typischsten ist, sollen Sie die Abweichungen der anderen fünf benennen können.

Hund C weicht in zweierlei Hinsicht ab: 1) Der Hals ist kurz und 2) der Rumpf ist lang.

Körperlich stimmt mit Hund D einiges nicht: 1) Der Nacken ist nicht gewölbt genug, 2) der Nacken geht nicht gleichmäßig in den Widerrist über, 3) der Körper ist nicht tief genug und der Ellbogen sitzt vor und unterhalb des Brustbeins, 4) die Vorbrust ist nicht ausreichend, 5) Vorder- und Hinterhand sind nicht ausreichend gewinkelt, 6) den Vordermittelfüßen mangelt es an leichter Neigung und 7) die Lendenpartie ist lang.

Hund E hat drei Fehler: 1) Die Vorderläufe sind lang, 2) die Rute ist zu hoch angesetzt. Der dritte Fehler ist nicht offensichtlich – der Hals ist nicht straff und trocken.

Meiner Meinung nach ist die Deutsche Dogge F der typische Rassevertreter.

Hund G hat drei Fehler: 1) Das Brustbein tritt deutlich hervor, 2) fehlender Widerrist und 3) die Zehen sind nicht gut gebogen.

Der Deutsche Doggen-Rüde H ist schwer, plump und schwerfällig. Für ihn spricht, dass er 80 cm hoch ist (weniger als 75 cm bei Rüden und 70 cm bei Hündinnen ist ein disqualifizierender Fehler), doch er kann seine beträchtliche Größe nicht mit Würde, Stärke, Kraft und Eleganz kombinieren. Er ist insgesamt zu dick, sein Bauch ist nicht gut aufgezogen und sein Hintermittelfuß ist lang.

Wie würden Sie sie platzieren?

Anhand der zwei Dutzend Merkmale, die als Vorzüge und dann als Abweichungen dargestellt wurden, sollen Sie nun entscheiden, welche vier dieser sechs Hunde die Besten sind. Dabei sollen Sie Ihr Augenmerk darauf legen, wie gravierend die Abweichungen sind und wie stark die Hunde von der Norm abweichen.

Meiner Meinung nach entspricht Hund F am ehesten dem typischen Vertreter seiner Rasse. Als zweites platzierte ich den hochläufigen Hund E, wobei ich seine hoch angesetzte Rute nicht vergessen habe. Ich überlegte, ob ich Hund C, Hund G oder Hund H auf den dritten Platz setzen sollte. Die mangelhaften Pfoten von Hund G störten mich mehr als die betonte Vorbrust oder der tiefe Widerrist, auch wenn er mit dem kurzen Körper, der durchschnittlichen Substanz und der korrekten Halslänge beeindruckender aussah. Entscheidungen über Entscheidungen. Ich entschied mich für Hund C. Bei der Entscheidung zwischen Hund G und Hund H für den vierten Platz störte mich die Grobheit des Letzteren, jedoch nicht so sehr wie die mangelhaften Pfoten von Hund G, seine Hühnerbrust sowie der tiefe Widerrist.

Wenn ich mir diese sechs Beispiele anschaue und auf die zwei Dutzend Merkmale achte, wird mir wieder bewusst, dass diese auf viele Rassen gleichermaßen zutreffen. Jean Lanning, eine für ihre Deutschen Doggen berühmte britische Fachfrau, hat Folgendes geschrieben: »Letztlich lautet mein Rat an alle Doggen-Liebhaber, die besten Hunde anderer Rassen zu studieren. Rennen Sie nach dem Richten Ihrer Rasse nicht direkt weg und nach Hause, warten Sie auf den Ausstellungsbesten und stellen Sie sich selbst die Frage: 'Was hat dieser Hund, was ihn zu einem herausragenden Tier macht?' Egal, ob es sich um einen Chihuahua, einen Cocker Spaniel oder um einen Irischen Wolfshund handelt, sie haben alle die grundlegenden Vorzüge gemein, die ihnen den Preis für den besten Ausstellungshund eingebracht haben.« Diese zwei Dutzend Merkmale gehören zu den grundlegenden Vorzügen.

Kapitel 12

Hervorheben von versteckten Merkmalen

Nachdem wir uns die Deutsche Dogge angeschaut haben, kommen wir nun zu einer Rasse mit üppigem Fell, deren Rassebeschreibung die wichtigen verdeckten Merkmale nicht klar und deutlich erläutert. Unter dem üppigen Fell gibt es fast drei Dutzend wichtige Merkmale, auf die ein Richter, wenn er einen Lhasa Apso im Profil bewertet, achten muss. Der AKC-Standard des Lhasa Apso aus dem Jahre 1978, der mit dem FCI-Standard im Wesentlichen identisch ist, beschreibt nur sieben dieser wichtigen, hinter dem Kopf gelegenen Merkmale.

Der Lhasa Apso

Auf der untenstehenden Zeichnung, bei der man durch das Fell hindurchschauen kann, sieht man die sieben versteckten Merkmale, die in der Rassebeschreibung genannt werden. Sie sind von 1 bis 7 durchnummeriert. Diese zu identifizieren ist nun Ihre Aufgabe.

Lhasa Apso

Lassen Sie uns mit den sieben Merkmalen beginnen, die in der Rassebeschreibung genannt werden:

1. Eine vom Sitzbeinhöcker zum Buggelenk gezeichnete Linie zeigt, dass bei dieser Rasse die Rumpflänge größer als die Widerristhöhe ist.
2. Der Rumpf ist bis weit nach hinten aufgerippt.
3. Die Lendenpartie ist kräftig.
4. Die geringelte Rute wird gut über dem Rücken getragen.
5. Die Hinterläufe sind gut entwickelt.
6. Die Vorderläufe sind gerade.
7. Die Pfoten sind runde Katzenpfoten.

Auf der nächsten Zeichnung, bei der man wiederum durch das Fell hindurchschauen kann, sehen Sie 20 wichtige Merkmale, die 1978 nicht im AKC-Standard beschrieben wurden. Jedes Merkmal wird durch ein Fragezeichen markiert. Sie sollen nun jedem Fragezeichen das jeweilige der zwanzig Merkmale zuordnen, die von einem Richter beurteilt werden, wenn er den Hund abtastet.

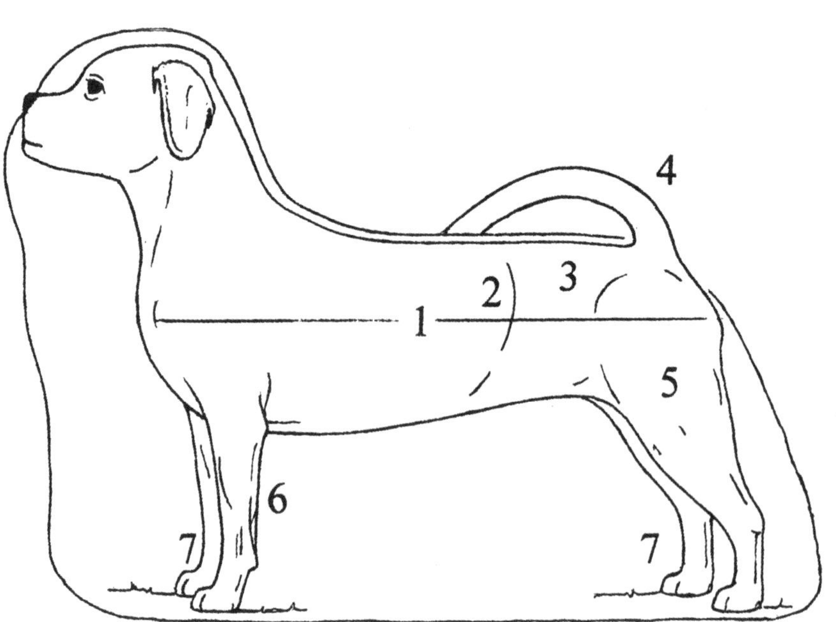

Lhasa Apso – versteckte Merkmale

Zwanzig körperliche Merkmale, die nicht beschrieben wurden

Im Rassestandard werden die folgenden, in der Zeichnung mit einem Fragezeichen versehenen Merkmale nicht erwähnt: 1) Halslänge, 2) Nackenwölbung, 3) Höhe des Widerrists (wie weit er oberhalb der Rückenlinie sitzt), 4) Umfang der Vorbrust vor dem Buggelenk, 5) Länge und Winkelung des Schulterblatts, 6) Länge und Winkelung des Oberarms, 7) Ebenheit des Rückens, 8) Kruppenlinie, 9) Rutenansatz, 10) Tragen der Rute, 11) Länge der Rute, 12) Vorsprung durch Sitzbeinhöcker, 13) Brusttiefe, 14) Länge der Vorderläufe, 15) Position des Ellbogens im Verhältnis zum Brustbein, 16) Stellung der Vordermittelfüße, 17) Höhe der Hintermittelfüße, 18) Maß der aufgezogenen Bauchlinie, 19) Grad und Winkelung des Kniegelenks, 20) Grad und Winkelung des Sprunggelenks.

Lhasa Apso – 20 versteckte Merkmale

Ein »durchsichtiger« Lhasa Apso

Dieser »durchsichtige« Lhasa ist der typische Rassevertreter. Der Hals ist lang genug, um den Kopf gut tragen zu können, und er ist leicht gewölbt. Der Widerrist sitzt hoch genug, um gut erkennbar zu sein. Auch wenn die Vorbrust nicht betont ist, ist sie dennoch sichtbar. Schulterblatt und Oberarm sind ungefähr gleich lang und gut gewinkelt. Zwischen Widerrist und letzter Rippe ist der Rücken gerade. Die Form der Kruppe ist recht eben. Die Rute ist hoch angesetzt und fällt nach vorne ab. Sie wird nah am Rücken getragen und ist lang genug, dass die Spitze zu jeder Seite hin drapiert werden kann. Der Sitzbeinhöcker ragt unter der Rute hervor, sodass sich ein Vorsprung bildet. Der Körper ist tief und mit dem Ellbogen auf gleicher Höhe und die Bauchlinie ist aufgezogen. Die Vorderläufe sind kürzer als der Körper tief ist und die Vordermittelfüße sind leicht geneigt. Die Winkelung des Knie- und des Sprunggelenks ist auch zu sehen.

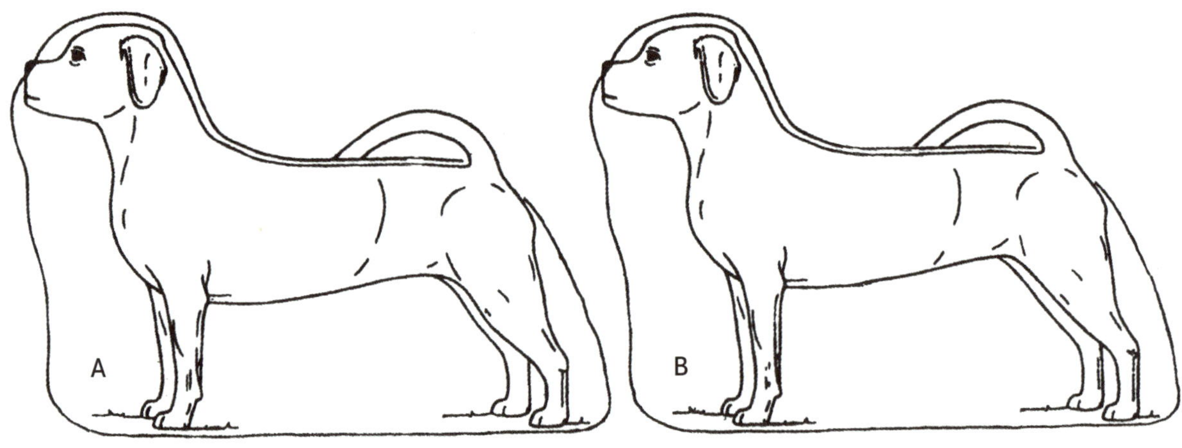

Lhasa Apsos

Versteckte Abweichungen

Dass die Läufe von Hund B länger sind, kann man nicht unbedingt erkennen, wenn diese verdeckt sind; sind sie unverdeckt, kann man dies allerdings sehr wohl. Meiner Meinung nach weicht Hund B diesbezüglich vom Typ ab, insbesondere im Vergleich zu Hund A. Die Abweichung sieht so aus, dass die Vorderläufe genauso lang sind wie der Körper tief ist (mäßig lang) und nicht meinem Ideal entsprechen, bei dem sie etwas kürzer sind als der Körper tief ist (mäßig kurz). Mäßig kurze Vorderläufe werden in Lhasa-Büchern von Frances Sefton, Juliette Cunliffe, Sally Ann Vervaeke-Helf sowie Norman und Carolyn Herbel zeichnerisch dargestellt (aber nicht im Text beschrieben).

Lhasa Apso

Hund C weicht meiner Meinung nach stark vom Typ ab. Der Körper reicht, ähnlich wie beim Shih Tzu, bis unterhalb der Ellbogen. Dadurch ist er weniger hoch als wenn die Ellbogen korrekterweise mit der Unterkante des Brustkorbs auf einer Höhe säßen. Mit der Hinterhand verhält es sich gleichermaßen, ansonsten stünde der Hund vorn tiefer.

Die Rassebeschreibung schweigt über die ideale Länge der Vorderläufe oder die Position der Ellbogen im Verhältnis zum tiefsten Punkt der Brust. Aber dadurch, dass sie unter dem Mantel der langen Haare versteckt sind, und wenn Sie nicht wüssten, wonach Sie tasten sollten, müsste man Hündin C als korrekt ansehen.

Rassen mit langem, dichtem Fell müssen einer Tastuntersuchung unterzogen werden. Leider wird in Rassebeschreibungen nicht immer der komplette Hund erläutert. Im Falle des Lhasa Apso gibt es zusätzlich zu den sieben im Standard beschriebenen Merkmalen zwanzig Merkmale, die nicht erwähnt werden, sowie den charakteristischen Kopf, der unter der reichlichen Kopfbehaarung versteckt ist.

Kapitel 13

Merkmale des Kopfes

Jetzt werden wir uns auf einige Merkmale des Kopfes, die den Gesichtsausdruck und Rassetyp ausmachen, konzentrieren. Besonders werde ich Knochen und Muskulatur des Kopfes näher ausführen. Anhand der von mir gewählten Beispiele sollen Sie ein Gespür dafür bekommen, worauf man als Richter bei der Bewertung von Köpfen achten muss.

Je nach Rasse werden die folgenden Punkte bei der Bewertung begutachtet: Größe und Form des Schädels, Verhältnis von Fang- zu Schädellänge, Breite des Schädels sowie Fangtiefe und -breite sowie ob die oberen Begrenzungslinien von Schädel und Fang parallel sind. Außerdem sind Fellstruktur, Fellmenge, Farbe sowie Fellabzeichen zu berücksichtigen. Auch wie hoch die Ohren angesetzt sind sowie deren Form und Größe sind wichtig. Größe, Form und Farbe des Nasenschwamms werden überprüft und es wird geschaut, ob die Nasenlöcher geöffnet sind. Farbe und Pigmentierung um die Augen und Lefzen herum sowie im Inneren des Fangs müssen möglicherweise auch begutachtet werden. Weiterhin wird geschaut, wie stark der Unterkiefer ist, welche Gebissform und wie viele Zähne der Hund besitzt. Auch Größe, Form, Farbe und Position der Augen sind wichtige Faktoren.

In dem Buch *The Dog, Structure and Movement* von R.H. Smythe werden die vier grundlegenden Kopftypen vorgestellt: der brachyzephale (kurze) Kopf, wie beim Pekingesen, der mesozephale (mittellange) Kopf, wie beim Bullmastiff, der dolichozephale (lange) Kopf, wie der des Barsoi. Die vierte und häufigste Kopfform ist der monozephale Kopf, den viele Hunde mit dem Wolf gemein haben und bei dem das Verhältnis von Schädel zu Fang 3:2 ist. In der Ausgabe vom März 1996 des *Canine Journal* (Australien) zählt Dr. H.J. Hewson-Fruend über die vier allgemein anerkannten Kopfgrößen hinaus 45 unterschiedliche Kopftypen, drei Fang-Schädel-Verhältnisse sowie fünf Ohrenansätze auf. Außerdem weist sie darauf hin, dass es etliche weitere Merkmale gibt, die zu berücksichtigen sind.

Profil – der Spinone Italiano

Der Kopf des Spinone Italiano ist ziemlich einzigartig. Von vorne gesehen können Sie erkennen, dass der Schädel von Hund A, wie gewünscht, oval und an den Seiten abfallend und der Fang quadratisch ist. Von der Seite entspricht die Länge des Fangs der des Oberkopfes. Die oberen Begrenzungslinien von Schädel und Fang weichen voneinander ab (downfaced). Der Nasenrücken hat vorzugsweise leicht die Form einer Ramsnase. Ein gerader Nasenrücken ist nicht als Fehler anzusehen. Verlaufen die oberen Begrenzungslinien von Schädel und Fang gleich, so ist dies ein vom weiteren Wettbewerb disqualifizierender Fehler.

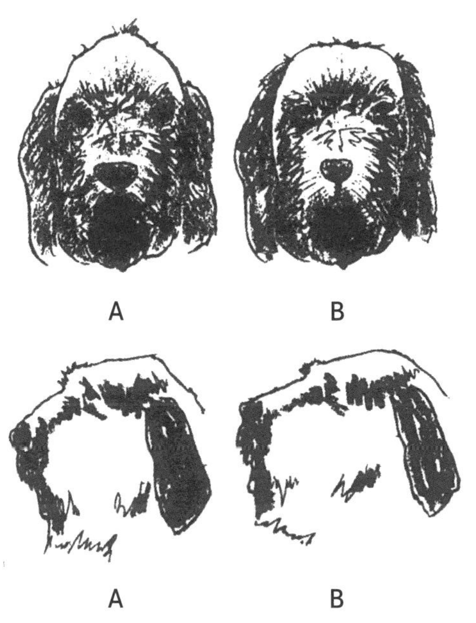

Spinone Italiano

Der Nasenschwamm ist groß und schwammig. Die Nasenlöcher sind groß und weit geöffnet. Die Schneidezähne schließen entweder als Schere oder als Zange. Die Lefzen sind eng anliegend. Die Augen haben einen sanften Ausdruck, sind fast rund, gut auseinanderliegend, die Lider sind gut anliegend. Sind die Augenlider nicht fest anliegend, können bei der Feldarbeit Fremdkörper eindringen. In der Vergangenheit führte dies zu Problemen und solche Augenlider müssen als Fehler angesehen werden.

Der Fang des Spinone Italiano A ist kürzer als der Schädel und sein Stop ist deutlich. Bei Hund B sind Stop und Hinterhauptfortsatz nicht stark entwickelt. Hund A ist zu bevorzugen.

Augen – Der Deutsch Kurzhaar

Bedenken Sie, wie sich Größe, Form und Farbe der Augen auf den Typ und Gesichtsausdruck auswirken. Bei zwei dieser drei Deutsch Kurzhaar sind die Augen in Form und Farbe nicht korrekt. Die Augen des Deutsch Kurzhaar sollten laut AKC-Standard »von mittlerer Größe, intelligent und ausdrucksstark, gut gelaunt und dennoch Energie ausstrahlend, weder hervortretend noch tiefliegend, mandelförmig, nicht rund« sein. »Die bevorzugte Farbe ist dunkelbraun. Hellgelbe Augen sind nicht erwünscht und als Fehler anzusehen. Glas- oder Porzellanaugen sind zu disqualifizieren.« So spezifisch ist der (deutsche) FCI-Standard nicht; er sagt: »Von mittlerer Größe, weder hervortretend noch tiefliegend. Die ideale Farbe ist dunkelbraun.« Daher bleibt nur ein Kopf übrig.

Zusätzlich zu den Fehlern hinsichtlich Größe, Form und Farbe der Augen weichen diese beiden fehlerhaften Deutsch Kurzhaar noch jeweils in einem Punkt von der Norm ab. Sind Ihnen diese Abweichungen vom Typ aufgefallen? Abgesehen von großen, hervorstehenden Augen hat Hund A einen Fehler, der bei einem Pointer ein Vorzug wäre. Im Rassestandard für den Deutsch Kurzhaar heißt es: »Stirnfurche nicht zu tief. Stop: Nur mäßig ausgebildet.« Was Hund B, den Deutsch Kurzhaar mit den gelben Augen, betrifft, lautet die Rassebeschreibung: »Der Schädel ist genügend breit, an der Seite gewölbt und oben leicht rund. Genügend breiter, flach gewölbter Schädel, schwach ausgeprägter Hinterhauptstachel.« Nicht spitz, wie bei diesem Beispiel. Hund C ist der typische Vertreter seiner Rasse.

Deutsch Kurzhaar

Kopf – Die Bulldogge

Eine dieser drei Bulldoggen hat einen korrekten Kopf. Welche? Was stimmt mit den anderen nicht? Die typischere Bulldogge ist die ganz rechts – Hund C. Dieser Hund hat den gewünschten Gesichtsausdruck, der durch die korrekte Position der Augen zustande kommt. In der Rassebeschreibung heißt es: »Augen und Stop auf derselben geraden Linie, die im rechten Winkel zur Stirnfurche verläuft.« Der Standard des Pekingesen, ebenfalls einer kurzköpfigen Rasse, erläutert dies besser: »Flaches Profil, wobei sich die Nase mitten zwischen den Augen auf deren Höhe befindet.« Bei Hund A sind die Augen zu tief im Schädel eingesetzt, während die von Hund B zu hoch eingesetzt sind.

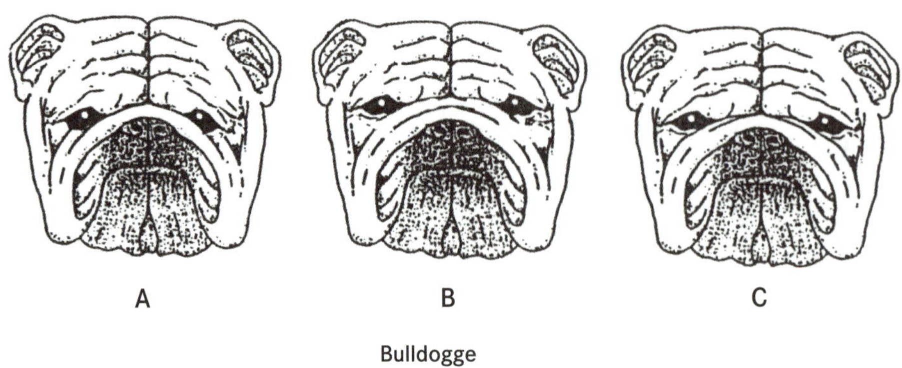

Bulldogge

Gesichtsausdruck - Der Japan Chin

Der Gesichtsausdruck des Japan Chin ist ein Charakteristikum seiner Rasse. Von vorne gesehen weist einer dieser beiden Köpfe dieses vom Rassestandard geforderte Charakteristikum auf. Nach was für einem Gesichtsausdruck sollen Sie Ausschau halten? Die Rassebeschreibung des AKC erläutert ihn wie folgt: »Ausdruck: strahlend, neugierig, aufmerksam und intelligent. Der charakteristische orientalische Gesichtsausdruck entsteht durch den großen, breiten Kopf, große, weit auseinander liegende Augen, den kurzen, breiten Fang, die Befederung der Ohren und die gleichmäßig verteilten Abzeichen in der Gesichtsregion. Augen: weit auseinanderliegend, groß, rund, dunkel und glänzend. Dass im Innenwinkel der Augen Weiß zu sehen ist, ist ein Charakteristikum der Rasse, welches dem Hund einen erstaunten Ausdruck verleiht.« Die Ausführungen des (japanischen) FCI-Standards sind da eher karg: »Groß und rund, weit auseinanderliegend, schwarz und glänzend.« Dennoch wäre Hund B die richtige Wahl.

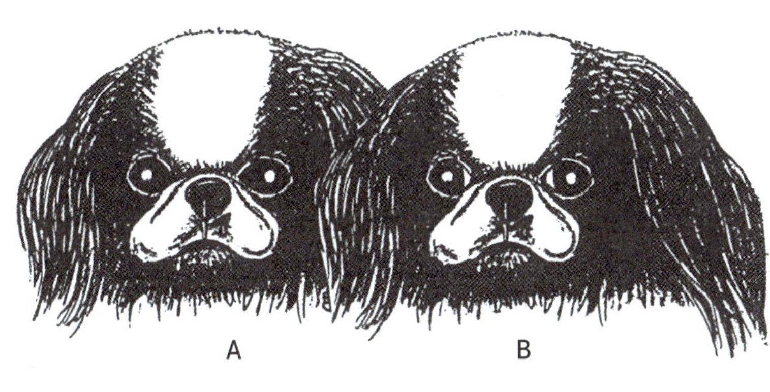

Japan Chins

Fang - Der Englische Pointer

In Großbritannien würde nur einer dieser drei Pointer-Köpfe als typisch bezeichnet werden. In Kanada wird ein anderes Profil bevorzugt als in Großbritannien. Kanadische Züchter erachten sowohl den britischen als auch den kanadischen Kopf als richtig, auch wenn nicht beide vom CKC-Standard gefördert werden. In Amerika können sich die Pointer-Liebhaber zwischen beiden Typen entscheiden.

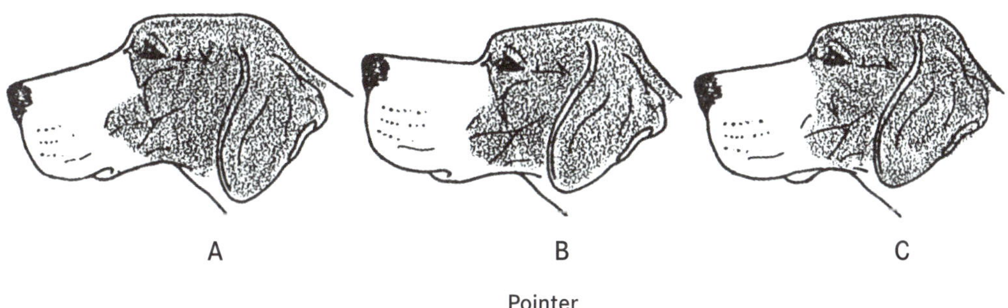

Pointer

Im AKC-Standard wird der Fang so beschrieben: »Gut lang mit einem so geformten Nasenbein, dass die Nasenspitze leicht höher als der Stop ist. Parallele Schädel- und Fanglinien sind auch zulässig.« Der (britische) FCI-Standard beschreibt das Fangprofil ähnlich: »Leicht konkav, wobei sich das Fangende in einer Höhe mit den Nasenlöchern befindet, was zu einer 'Himmelfahrtsnase' führt (dish-face). Leichte Vertiefung unter den Augen.« Die abweichenden Schädel- und Fanglinien von Pointer A sind für diese Rasse nicht korrekt. Pointer B wäre Pointer C vorzuziehen.

Scottish Terrier

Ohren

In manchen Rassebeschreibungen werden die Ohren als sehr wichtig und in anderen als weniger wichtig angesehen. Aber bei allen Rassen tragen die Ohren zum Gesichtsausdruck bei. Manche weisen auf ein bestimmtes Temperament hin. Zum Beispiel sollte ein Scottish Terrier, der im Ausstellungsring Kopf und Rute nicht hoch trägt, Punktabzug bekommen. Der AKC/CKC-Standard geht so weit, dass er Folgendes besagt: »Kein Richter sollte einen

Scottish Terrier, der im Ring nicht das typische Wesen eines Terriers zeigt, als Gewinner oder Rassebesten auszeichnen.« Der (britische) FCI-Standard ist hier wieder sparsamer. Er führt nur aus: »Aufmerksame Haltung, läßt erkennen, über wieviel Kraft und Behendigkeit er trotz seiner geringen Maße verfügt.« Während die Ohren des Scotty wie bei Scotty A aufgestellt sein müssen, dürfen die des Whippets dies nach dem AKC-Standard nicht sein. Der Whippet-Standard lautet: »Aufgestellte Ohren sind ein ernster Fehler.« Auch hier ist der (britische) FCI-Standard wiederum karger: »Rosenförmig, klein, feinledrig.« Nur zweitweilig aufmerksam aufgestellte Ohren werden im FCI-Bereich mit Nachsicht betrachtet. Die Farbe der Ohren kann für die Funktion der Rasse von Bedeutung sein. In der FCI-Rassebeschreibung des Bullmastiffs heißt es: »Sie sind klein und ihre Farbe ist dunkler als die des Haarkleides am Körper.« Die ursprüngliche Aufgabe des Bullmastiffs war, Wildhütern in der Nacht behilflich zu sein. Durch dunkle Ohren, Maske und Augen ist der Kopf in der Dunkelheit nicht zu sehen. Der Collie-Standard wiederum ist sehr exakt in der Beschreibung der gewünschten Ohrhaltung: »In der Ruhe zurückgelegt, jedoch sobald seine Aufmerksamkeit erregt wird, nach vorne gebracht und halb aufrecht getragen; d.h., annähernd zwei Drittel des Ohres stehen aufrecht und das obere Drittel kippt auf natürliche Art nach vorne bis unter die waagerechte Linie der Kippfalte.« Ein Hund mit Stehohren oder tief angesetzten Ohren kann nicht den wahren Gesichtsausdruck zeigen und muss daher Punktabzug bekommen.

Beim West Highland White Terrier hängt die Anordnung der Ohren und Augen von einem breiten Schädel ab. Der West Highland White Terrier Club of America meint: »Sie dürfen nicht vergessen, dass man auf den Kopf, das Hauptmerkmal aller Rassen, zuerst achtet. Daher muss er stark sein und kräftige, Respekt einflößende Kiefer aufweisen. Ein solcher Hund neigt dazu, einen breiten Fang zu haben. Durch diesen breiten Fang hat der Hund auch einen kräftigen Schädel, der breit genug ist, dass Ohren und Augen korrekt angesetzt sind. Es ist wichtig, dass Sie der Rasse helfen, indem die Hunde nach diesen Merkmalen ausgewählt werden.«

Wenn Sie diesen Rat im Hinterkopf haben und Ihre endgültige Entscheidung zwischen diesen vier Hunden von der Form der Ohren und Augen, der Position der Augen sowie der Breite des Schädels abhinge, in welcher Reihenfolge würden Sie sie platzieren?

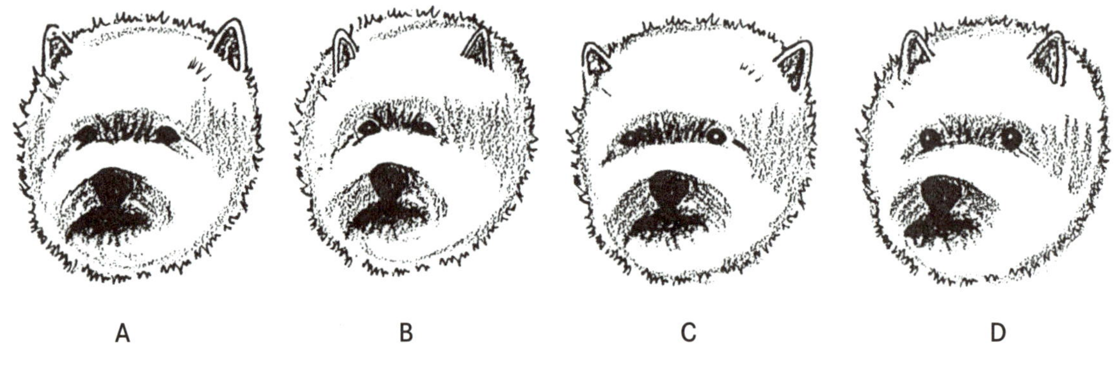

West Highland White Terrier

Es dürfte nicht schwierig sein, die beste Kombination aus Augen und Ohren herauszufinden. Wahrscheinlich brauchen Sie ein bisschen länger, um zu entscheiden, welche Augen- und Ohrenmerkmale auf Platz zwei und drei kommen sollen. Aber ich bin mir sicher, dass Sie Kopf D nicht auf Platz zwei oder drei setzen würden. Trotzdem - was gefällt Ihnen an seinen Ohren nicht und welche Form sollten seine Augen haben? Die Antwort lautet: Kopf D hat runde statt mandelförmige Augen, und seine Ohren stehen zu nah beieinander. Wie bei Kopf B lässt die Tatsache, dass die Ohren nah beieinander stehen, auf einen schmalen Schädel schließen. Was die Augen betrifft, so sind die von Kopf B zu nah beieinander und die von Kopf C zu weit voneinander entfernt angesetzt. Ich überlasse es Ihnen, welchen von beiden Sie auf den zweiten Platz setzen. Kopf A ist meine erste Wahl.

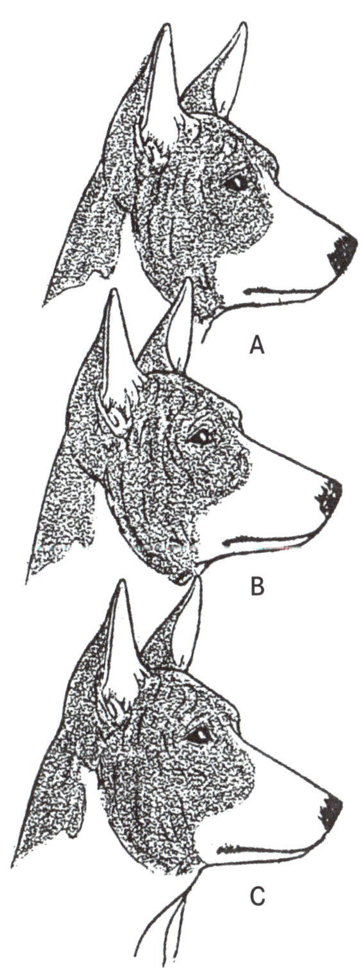

Basenjis

Fang - Der Basenji

Diese drei Zeichnungen zeigen den subtilen Einfluss, den die Fanglänge auf den Typ hat. Basenji-Züchter sind immer besorgter über die Fanglänge. Um dieser Besorgnis Rechnung zu tragen, habe ich drei Basenji-Köpfe gezeichnet, die im Umriss mit Ausnahme der Fanglänge identisch sind. Der weiße Anteil ist bei allen drei gleich. Nur einer dieser drei Köpfe weist die korrekte Fanglänge auf. Welcher?

Weltweit fordern die Rassebeschreibungen des Basenji einen Fang, der kürzer als der Schädel ist, bzw. einen Schädel, der etwas länger als der Fang ist. In jedem Fall ist der Fang von Hund A zu kurz. Der Kopf von Hund C ist zu lang, Fang und Schädel sind gleich lang. Da der Standard kein exaktes Verhältnis angibt, könnten sowohl A als auch B korrekt sein, aber sie sind es nicht wirklich. In meinem illustrierten Buch *The Basenji Stacked and Moving* habe ich das korrekte Verhältnis von Fang zu Schädel mit 5:7 dargestellt. Ich habe meine Meinung nicht geändert. Ich finde, der mittlere Kopf - Hund B - ist korrekt.

Kapitel 14

Acht Fronten

Sechs häufige Fronten

Ich habe sechs ziemlich häufige Fronten gezeichnet, die größtenteils das widerspiegeln, was Sie zu sehen bekommen werden, wenn Sie Hunde richten. Die sechs Körper unterscheiden sich hinsichtlich Breite und Tiefe. Können Sie jede dieser Fronten einer Rasse zuordnen, auch wenn sie nicht im richtigen Maßstab gezeichnet sind?

Ich gebe Ihnen einen kleinen Tipp: Nummer 3 ist der Labrador Retriever, der den Normhund darstellt.

Ich würde die folgenden sechs Rassevertreter vorschlagen: 1) West Highland White Terrier, 2) Kurzhaarteckel, 3) Labrador Retriever, 4) Tibet Terrier, 5) Airedale Terrier und 6) Greyhound.

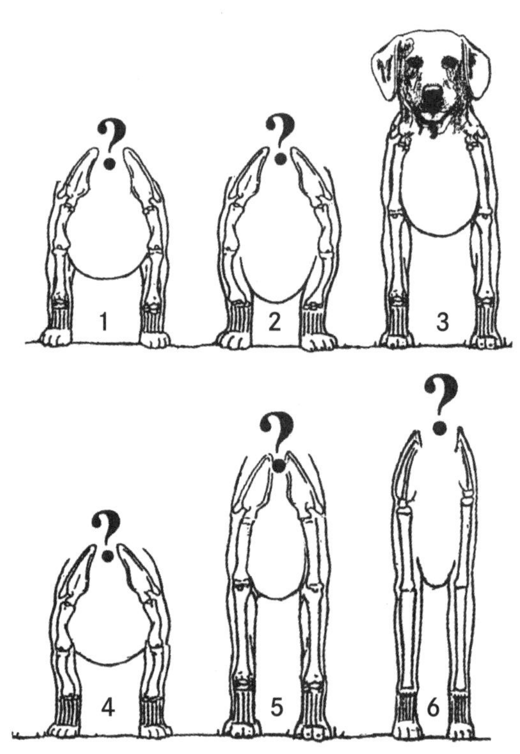

Sechs häufige Fronten – um welche Rasse handelt es sich?

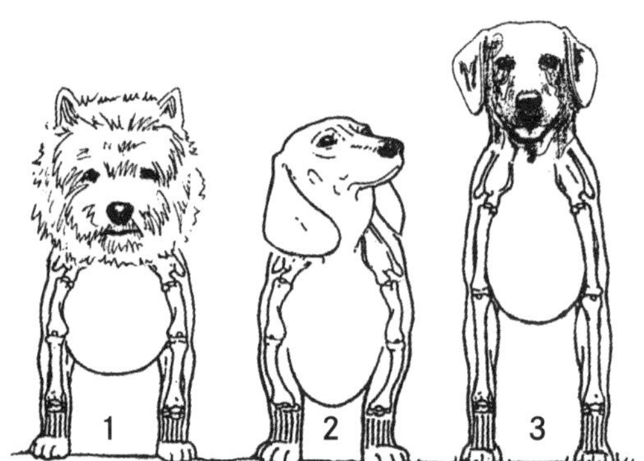

Sechs häufige Fronten, ihren jeweiligen Rassen zugeordnet

Die Schulterblätter des Labrador Retrievers, der als »Normalform des Hundes« gilt, sind gut gelagert, lang und abfallend. Sie stehen zum Oberarm in einem Winkel von rund 90 Grad. Schulterblatt und Oberarm sind fast gleich lang. Von der Seite gesehen befinden sich die Ellbogen direkt unterhalb des Widerrists. Der Vordermittelfuß ist kurz und leicht geneigt. Der Abstand vom Boden zum Ellbogen entspricht dem Abstand vom Ellbogen zum Widerrist. Vor dem Buggelenk ist die Vorbrust erkennbar. Diese hervorgehobenen Merkmale, die zur Normalform gehören, sind bei den jeweiligen Rassen unterschiedlich, denn der Körperbau jeder Rasse hängt von ihrem ursprünglichen Rassezweck ab.

West Highland White Terrier

Bei dem hier gezeigten West Highland White Terrier handelt es sich um einen niederläufigen Erdhund, der im Profil aufgebaut ist. Der Standard verlangt ein gut zurückliegendes Schulterblatt, das an einem mäßig langen Oberarm sitzt. Die Vorbrust ist erkennbar. Die Vorderläufe sind relativ gerade, die Vorderfüße dürfen leicht nach außen gedreht sein. Die Länge der Läufe entspricht der Brusttiefe.

Als Nächstes sehen Sie den Teckel mit seiner besonderen Front, die nah am Boden ist und bei der die Vorderläufe sich um die Vorbrust »wickeln« (der Rumpf sinkt zwischen den Vorderläufen hinab). Seine Vorderfußwurzelgelenke stehen etwas näher beieinander als seine Ellbogen. Die Vorderläufe sind erst ab den Vorderfußwurzelgelenken nach unten hin gerade. Die Pfoten dürfen, so wie hier gezeigt, nach außen drehen. Im Profil gesehen ist die Vorbrust des Teckels recht betont. Bei der Zeichnung des Skeletts ist das Schulterblatt gut zurückliegend und der Oberarm ist nach unten und nach hinten geneigt. Der Ellbogen sitzt unterhalb des Brustbeins. Auch der Skye Terrier, der Sealyham Terrier und der Dandie Dinmont Terrier haben eine ähnliche Front. Auch der Welsh Pembroke Corgi und der Welsh Cardigan Corgi haben dank dieser speziellen Front einen tieferen Schwerpunkt. Dadurch ist ihr Körper näher am Boden, sodass Kühe, wenn sie nach hinten austreten, sie nicht verletzen können, weil ihre Tritte einfach über die Köpfe der Hunde hinweggehen. Da beim Basset und beim Clumber Spaniel der Schwerpunkt ähnlich tief liegt, befindet sich ihre Nase näher am Boden. Dadurch wird ihre Geschwindigkeit so verringert, dass sie der eines Jägers zu Fuß entspricht.

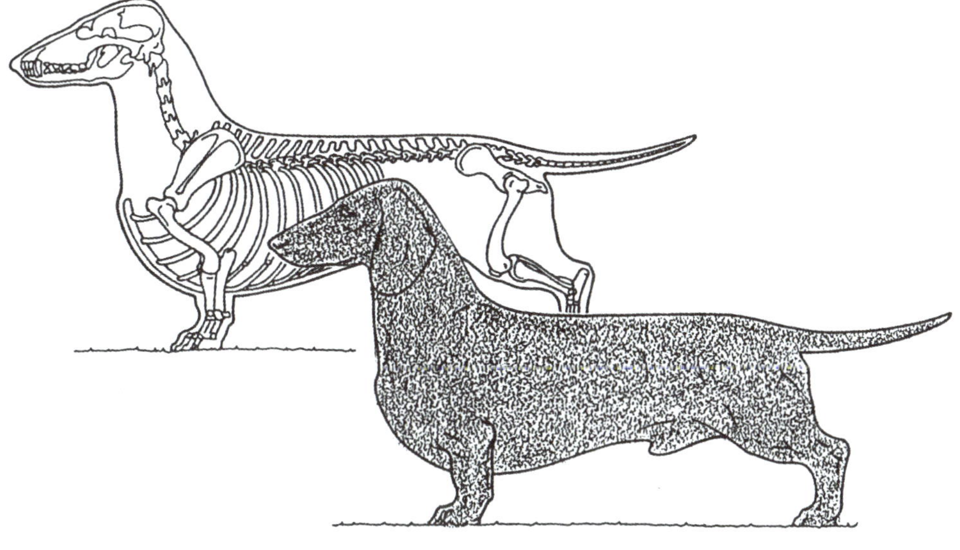

Der Teckel

Die Schultern des Tibet Spaniels sind gut gelagert, die Vorderläufe geringfügig gebogen, die Ellbogen sind mit dem Brustbein auf derselben Höhe, wie hier zu sehen ist. Früher war der Tibet Spaniel als Familienhund sowie als Wachhund in Klöstern gern gesehen und wahrscheinlich hat er seine gebogenen Läufe von seinen Vorfahren geerbt, unter anderem dem Japan Chin und dem Pekingesen. Auch wenn sein Unterarm leicht gebogen sein darf, hat der Tibet Spaniel keine solche Front, bei der sich die Vorderläufe um die Vorbrust »wickeln«.

Tibet Spaniel

Der Airedale ist die größte Terrierrasse und aus funktionaler Sicht ergibt es keinen Sinn, dass er auch eine Front eines Erdhundes hat, wie zum Beispiel der kleinere Foxterrier. Aus dieser Art von Front ergibt sich vielmehr die typische Wirkung des »Gespannt-auf-den-Zehenspitzen-Stehens«. Im Profil aufgebaut unterscheidet sich der Airedale Terrier in einem halben Dutzend Punkten vom Labrador Retriever, dem Normhund. Wenn man sich nur die Fronten anschaut, in welchen drei Hauptpunkten weicht die Vorderhand des Airedales ab? Die drei hauptsächlichen Abweichungen von der Vorderhand-Norm sind: 1) fast keine Vorbrust vorhanden, 2) die Vorderläufe sind sehr weit vorne am Körper angebracht und 3) senkrechte oder fast senkrechte Vordermittelfüße.

Airedale Terrier und Foxterrier

Die anderen vier Unterschiede zwischen der Front des Labradors und der Terrierfront des Airedales sind am Skelett besser zu erkennen. Beide Rassen haben gut zurückliegende Schultern, doch da hören die Ähnlichkeiten auch schon auf. Bei der Front des Airedales ist der Oberarm kürzer und steiler und der Vordermittelfuß ist nur leicht geneigt. Dadurch sitzt der Ellbogen weiter vorne am Körper und es ist nur wenig Vorbrust zu sehen. Der daraus resultierende Körperbau des Airedales führt dazu, dass diese ausgewogene, quadratische Rasse das oben erwähnte »Auf-den-Zehenspitzen-Aussehen« erhält. Als negativ kann man verbuchen, dass bei einer solchen Front der Vortritt verringert wird, was zu einer etwas geradläufigen, auffallenden Gangart führt, bei der die Pfoten im gleichen Abstand voneinander wie die Ellbogen gerade nach vorne gebracht werden. Der Airedale, der Lakeland, der Irish, der Welsh und die beiden Foxterrier haben diese Front eines Erdhundes.

Im Profil zeigt der Greyhound den Körperbau, den die Menschen für schnelle Geschwindigkeit im Galopp gezüchtet haben. Das Schulterblatt ist nicht so gut zurückliegend wie bei ausdauernden Trabern und der Oberarm ist geöffnet, jedoch nicht so weit wie der Oberarm des Airedale Terriers. Außerdem ist er viel länger. Weiterhin ist der Unterarm des Greyhounds verhältnismäßig länger.

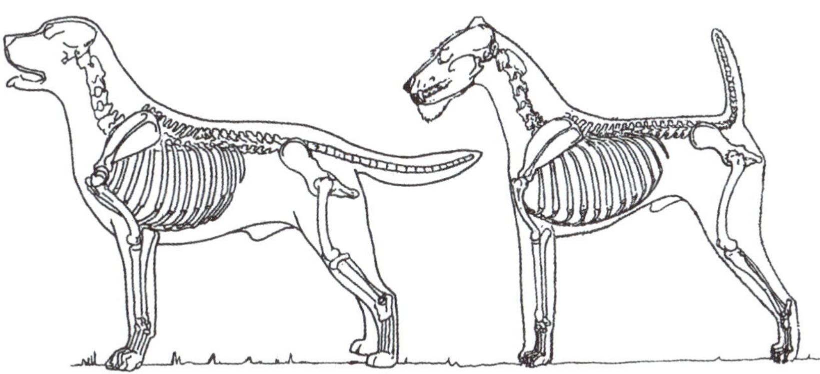

Airedale Terrier im Vergleich zum Labrador Retriever

Achten Sie darauf, dass der Vordermittelfuß des Greyhounds lang und etwas geneigter (im FCI-Standard »leicht federnd«) ist als der des Airedales. Aber er ist ein bisschen weniger geneigt als der des Labradors. Im schnellen Renngalopp beugt sich das Vorderfußwurzelgelenk um 180 Grad, sodass der Mittelfußknochen flach auf dem Boden aufliegt und der Lauf verkürzt wird, wenn die Schulter darüber hinweg bewegt wird. Nachdem die Schulter des Windhundes an der Pfote vorbeigeführt wurde, streckt sich das Vorderfußwurzelgelenk erneut, wodurch ein Vorwärtsschub entsteht.

Jede dieser vier unterschiedlichen Vorderhände wurden von den Menschen ausgewählt, um eine bestimmte Funktion erfüllen zu können. Dadurch entstanden jeweils unterschiedliche Körperbauten. Wenn man eine dieser acht Vorderhände bewertet, muss man sie im jeweiligen Kontext der Aufgabe, die sie erfüllen sollen, sehen. Ein Labrador mit dem kurzen Oberarm eines Airedales oder ein Airedale mit der Front eines Labradors würde sowohl von Funktion als auch Typ abweichen, sowohl im Stand als auch in der Bewegung.

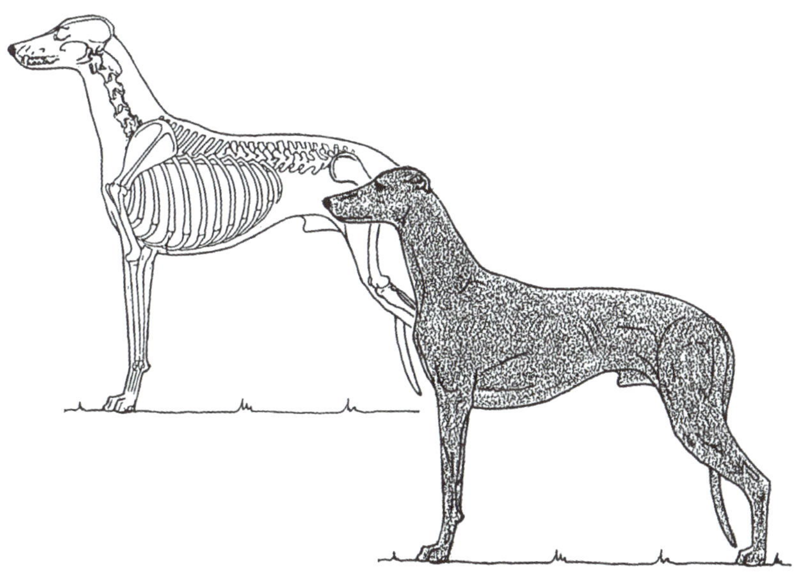

Windhund

Bullldogge

Zwei ungewöhnliche Fronten

Im Mittelalter erlangte die Bulldogge durch den sogenannten »Sport« der Stierhetze traurige Berühmtheit. Abgerichtete Hunde wurden auf einen Stier losgelassen und sollten diesen überwältigen. Um ihr Ziel zu erreichen, packte die Bulldogge - so wie hier auf dieser Abbildung gezeigt - den fleischigen Teil der Nase des Bullen und versuchte, ihn somit auf den Boden zu drücken.

Um sich von diesem schmerzhaften Angreifer zu befreien, hob der Stier seinen Kopf, und somit auch den Hund, und schleuderte die Bulldogge zu Boden. Damit der Hund diesen körperlichen Stoß überstehen konnte, wurde extra die Bulldogge gezüchtet, um kräftige, gerade, kurze, stämmige, muskulöse, gut auseinanderstehende Vorderläufe mit einem Körper, der tief zwischen den Vorderläufen sitzt, zu kombinieren. Wenn Sie sich bildlich vorstellen können, wie die Unterseite der Brust den Boden berührt, verstehen Sie, warum die Ellbogen »deutlich vom Rippenkorb abstehend« sein sollen.

Gab es einst funktionale Gründe, so ist diese einzigartige Front heute eines der Hauptmerkmale der Bulldogge. Um den Expertenblick für Hunde entwickeln zu können, muss man wissen, wie und warum die Fronten der jeweiligen Rassen so aussehen und welche Funktion sie erfüllen sollen oder damals innehatten.

Der Bedlington Terrier hat auch eine ungewöhnliche Front. Ursprünglich sollte er als Erdhund in unterirdische Bauten vordringen. Mit der Zeit hat er sich zu einem im Galopp sehr schnellen Hasenfänger entwickelt. Seine Front ist in vielerlei Hinsicht ungewöhnlich, nicht nur hinsichtlich seiner Pfoten, die näher beieinander stehen als die Ellbogen. Als ich mehr über die Anforderung, dass die Pfoten so nah beieinander stehen sollen, lesen wollte, konnte ich in der Literatur nichts darüber finden, das sich auf Hunde bezog. Der (britische) FCI-Standard ist hier ausnahmsweise genauer: »Vorderläufe gerade, an der Brust weiter auseinanderstehend als die Pfoten.« Doch in einem Buch aus dem 19. Jahrhundert von Captain Haynes mit dem Titel *Points of the Horse* heißt es: »Schnelle Traber stehen für gewöhnlich so, dass ihre Hufe sich berühren.« Ich nehme an, dass das der Grund ist, warum früher die Bedlington-Züchter diese Haltung förderten.

Bedlington Terrier

Kapitel 15

Die vergessene Vorbrust

Der Shetland Sheepdog

Wenn ich einen Shetland Sheepdog beurteile, fühle ich als Erstes unter dem dichten Fell nach der Vorbrust (Brustbeinspitze). Finde ich keine, so ist es sehr wahrscheinlich, dass auch der Rest der Vorderhand nicht korrekt und die Bewegung mangelhaft ist. Vergleichen Sie die mangelnde Vorbrust des »durchsichtigen« Hundes C mit der des »durchsichtigen« Hundes B sowie mit der Abbildung desselben Hundes mit vollständigem Haarkleid. Das dichte Fell des Shelties kann sowohl Vorzüge als auch Abweichungen kaschieren. Nur durch eine Tastuntersuchung erkennt man die Gründe für Unausgewogenheit oder schlechte Bewegung im Trab. Meistens ist bei mangelnder Vorbrust das Schulterblatt und/oder der Oberarm steil. Die britische Fachfrau Anne Roslin-Williams stellt in einem Artikel in *Dog World U.K.* die Frage: »Ist Vorbrust aus der Mode gekommen? Es scheint, als sei dieses wesentliche Körperteil, das man bei einem normalen Hund vor dem Buggelenk findet, ausgerottet worden.«

Shetland Sheepdogs

Der Rhodesian Ridgeback

Ich habe diese beiden Rhodesian Ridgeback-Hündinnen mit dem gleichen Kopf ausgestattet, um nicht von ihren körperlichen Unterschieden abzulenken. Diese beiden Hündinnen haben ein weiches Fell und gut bemuskelte Körper und zeigen, wenn sie im selben Winkel aufgestellt sind, eine gute und eine schlechte Vorbrust.

Benachteiligt durch eine steile Schulter und einen steilen Oberarm, wird die Ausgewogenheit von Hündin A durch mangelnde Vorbrust gestört, wodurch die gesamte Vorderhand weiter vorne am Körper platziert ist. Im Trab ist Hündin A in ihrer Bewegung eingeschränkt, Hündin B jedoch nicht.

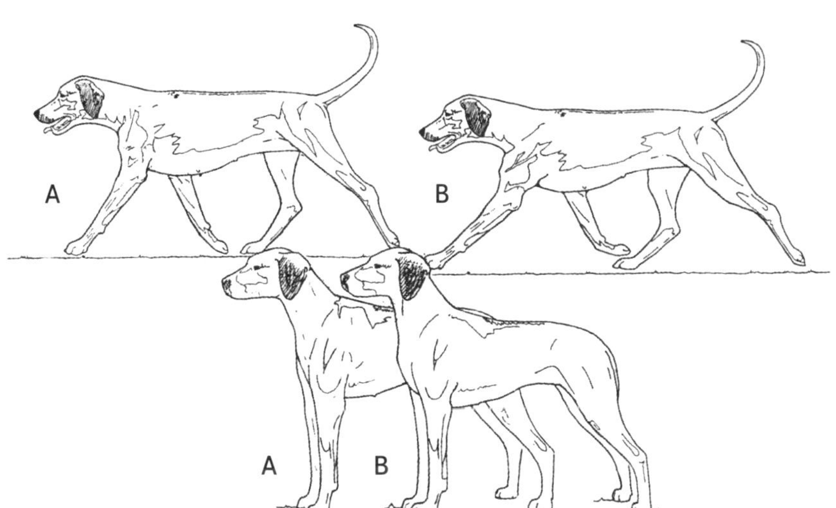

Rhodesian Ridgeback im Profil und im Trab

Foxterrier im Profil und im Trab

Der Foxterrier

Nicht alle Rassen sind so konstruiert, dass sie eine deutliche Vorbrust aufweisen. Beim Foxterrier (sowohl Glatthaar als auch Drahthaar), Airedale Terrier, Lakeland Terrier, Irish und Welsh Terrier verläuft eine gerade Linie vom Unterkiefer bis zur Pfote und vor dem Buggelenk ist nur wenig Vorbrust zu sehen. Die idealen Schultern des Foxterriers sind gut zurückliegend, doch die Oberarme sind absichtlich kurz und steil. Der Gang des Foxterriers im Trab ist eine schnelle Pendelbewegung, wobei der Vordermittelfuß geneigt wird.

Der Weimaraner

Bei manchen Rassen kann der Wunsch nach Vorbrust außer Kontrolle geraten. Während die Weimaraner-Hündin A zwar eine bessere Vorderhand haben könnte, hat sie ausreichend Vorbrust – wohingegen Weimaraner-Hündin B übertrieben ist. Die Brust sollte »gut ausgeprägt« sein, aber nicht in diesem Ausmaß. Leider ist die Sache nicht immer so einfach. Ich weiß, dass die Vorbrust von Hündin B zu viel des Guten ist, doch ich bin weder von der Front von Hündin A begeistert noch von ihren langen Hintermittelfußknochen oder ihren steilen Vordermittelfußknochen. Daher entschied ich mich trotz der übertriebenen Vorbrust für Hündin B. Ich schätze, dies ist ein Beispiel dafür, dass auch eine übertriebene Vorbrust im Ausstellungsring von Erfolg gekrönt sein kann.

Weimaraner

Der Tibet Spaniel

Der typische Tibet Spaniel besitzt verblüffend viel Vorbrust. Dieses extreme Maß an Vorbrust wird, wenn überhaupt, nur selten erwähnt. Warum? Ich bin zu dem Entschluss gekommen, dass die Liebhaber der Tibet Spaniels diese beneidenswerte Vorbrust als selbstverständlich erachten. Interessanterweise wird die Vorbrust weder in der Rassebeschreibung noch im amerikanischen oder australischen illustrierten Standard erwähnt. Auch findet man keinerlei Informationen über die Länge der Läufe oder über die Tatsache, dass der Ellbogen mit dem Brustbein auf derselben Höhe liegt. Die einzige offizielle Information des AKC/CKC, die ich beisteuern kann, lautet: »Die Läufe müssen lang genug sein, um Raum unter dem Rumpf zu zeigen, aber der Hund darf auch nicht zu hoch auf seinen Läufen stehen.« Und aus dem FCI-Standard: »Die Vorderläufe zeigen eine geringfügig gebogene Form, liegen aber gut an den Schultern an.« Hilft Ihnen das weiter?

Tibet Spaniel

Der Bullterrier

Wenn ein Hund mit breiter Front, wie beispielsweise der gut gebaute, schwergewichtige Bullterrier (Hund A), auf uns zu läuft, wird der Vorderlauf gerade nach vorne gebracht. Der Lauf ist vom Ellbogen bis zum Vorderfußwurzelgelenk gerade, wird aber nicht senkrecht getragen – die Pfoten nähern sich leicht einer Mittellinie an. Wenn Hunde mit breiter Front steile und kurze Oberarme haben (so wie Hund B), ist, wenn die Vorderläufe nach vorne gebracht werden, der Abstand zwischen den Pfoten oftmals derselbe wie zwischen den Ellbogen. Dieser breitbeinige Gang findet beim Anfänger häufig Anklang und der schaukelnde Gang wird manchmal als Keckheit verkannt. Die lockeren Röllchen hinten am Nacken, über dem Widerrist, lassen darauf schließen, dass das Schulterblatt nicht perfekt zurückliegend ist.

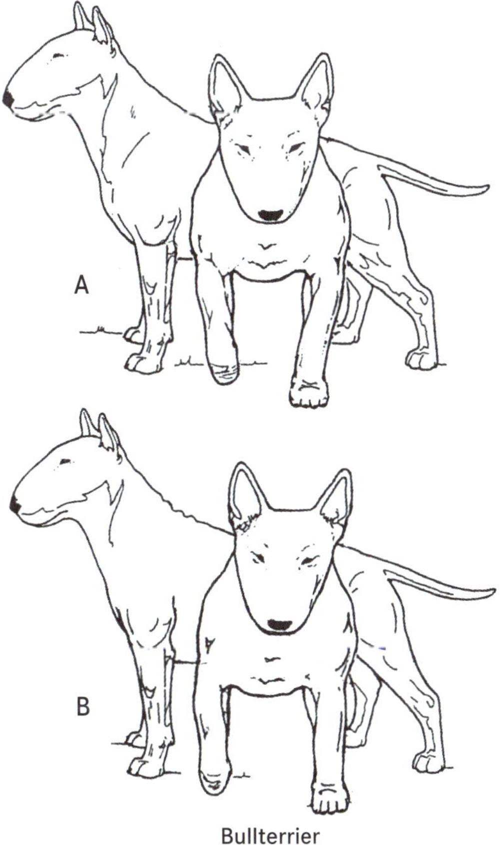

Bullterrier

Der Puli

Der Puli wird nicht von der Brustbeinspitze zum Sitzbeinhöcker gemessen. Er wird als »quadratisch erscheinend« angesehen, weshalb er vom Buggelenk bis zum Sitzbeinhöcker gemessen wird. Die Vorbrust wird nicht erwähnt, doch sie sollte vorhanden sein und erfühlt werden können, da sie nicht leicht zu sehen ist.

Puli

Der Tibet Terrier

Im AKC-Standard wird dreimal gesagt, dass der Tibet Terrier »quadratisch oder quadratisch erscheinend« ist, obwohl er eigentlich rechteckig ist. Auch der FCI-Standard beschreibt die Rasse als quadratisch. Um den rechteckigen Tibet Terrier als quadratisch zu beschreiben, haben die Autoren des Standards das Buggelenk und nicht die Vorbrust als Messpunkt verwendet. Hinten haben sie den Rutenansatz statt des Sitzbeinhöckers genommen. Dadurch haben sie alles vor dem Buggelenk und alles hinter dem Rutenansatz ignoriert (hier in schwarz hervorgehoben). Wird »quadratisch« auf diese Art und Weise dargestellt und bleiben Vorbrust und Sitzbeinhöcker unerwähnt, besteht die Gefahr, dass diese Körperteile oftmals vernachlässigt werden.

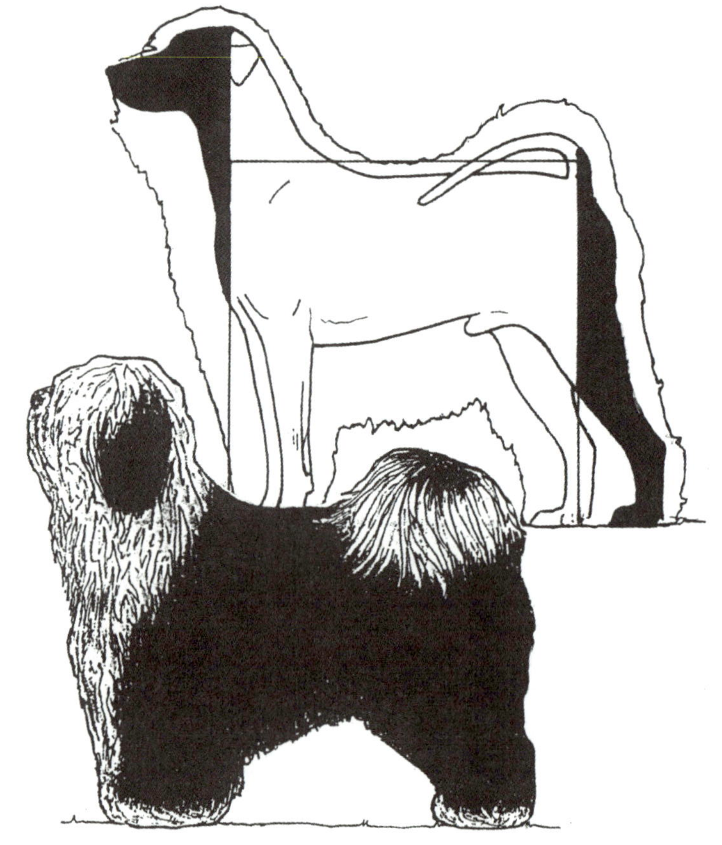

Tibet Terrier

Podenco Ibicenco

Der Podenco Ibicenco

Der Podenco Ibicenco wird schlicht und einfach als »etwas länger als hoch« beschrieben. Die Vorbrust oder das Brustbein ist scharf gewinkelt und hervorstehend. Doch der Brustkorb des Podencos liegt rund 6 cm oberhalb des Ellbogens und der tiefste Punkt des Brustbeins liegt hinter dem Ellbogen. Die Front des Podencos unterscheidet sich vollkommen von der der meisten Windhunde, doch im Feld ist der Podenco Ibicenco genauso schnell wie Spitzenhunde und er ist unübertroffen, was Wendigkeit und die Fähigkeit, weit und hoch zu springen, betrifft.

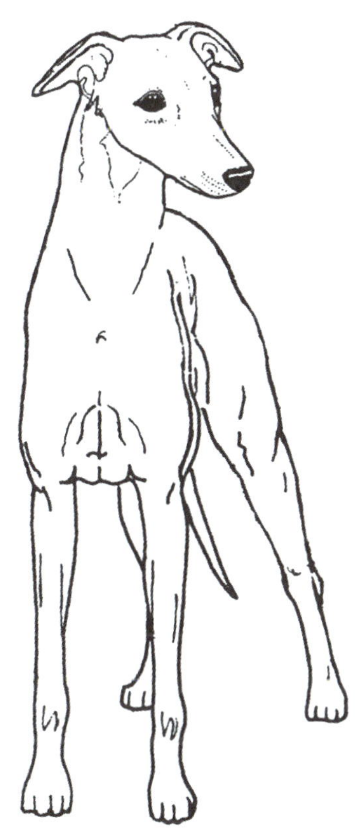

Whippet

Der Whippet

Um sicherzugehen, dass die Vorderhand korrekt gebaut ist, warnt der Whippet-Standard vor einer übertriebenen Vorbrust und besonders vor einer mangelnden Vorbrust. Der Wortlaut dieses Standards des AKC ist umfassender als jede andere Rassebeschreibung. Er lautet: »Der Raum zwischen den Vorderläufen ist so ausgefüllt, dass zwischen ihnen kein Hohlraum zu sein scheint.« Der FCI-Standard jedoch führt lediglich aus: »Vorbrust zwischen den Läufen tief und gut abgezeichnet.«

Kapitel 16

Gewölbte Oberlinien

Oberlinien treten in unterschiedlicher Form und Größe auf. Jede ist so konstruiert, dass sie eine bestimmte Funktion erfüllen kann. Die Norm ist eine Oberlinie, die zwischen Widerrist und letzter Rippe gerade verläuft und über der relativ kurzen Lendenpartie einen leichten Bogen macht. Der unten zu sehende Dalmatiner dient als ein gutes Beispiel dieser Norm. Diese Wölbung tritt über dem nicht durch Rippen gestützten Teil der Oberlinie, der Lende, auf. Dank dieser kräftigen, flexiblen Lendenpartie ist der Dalmatiner im Trab und Galopp über lange Strecken ausdauernd. Beim Dalmatiner ist dieser Bogen nur sehr gering und ich bezweifle, dass Sie ihn in dieser Zeichnung überhaupt erkennen können.

Ich ziehe den Terminus »Oberlinie« den Ausdrücken »Rücken« oder »Rückenlinie« vor. Unter Rücken versteht man genaugenommen die Rückenwirbel zwischen Widerrist und Lende. Zu der vom Nacken bis zur Rute verlaufenden Oberlinie gehören:

1. Widerrist
2. Rücken
3. Lende
4. Kruppe
5. Kreuzbein

All diese fünf Körperteile müssen für die Rasse korrekt sein, ansonsten kann der Hund nicht ausgewogen sein. Bei jeder der sechs Rassen, die ich hier zu Erläuterungszwecken ausgewählt habe, ist die Ausgewogenheit aufgrund der jeweiligen Funktion unterschiedlich.

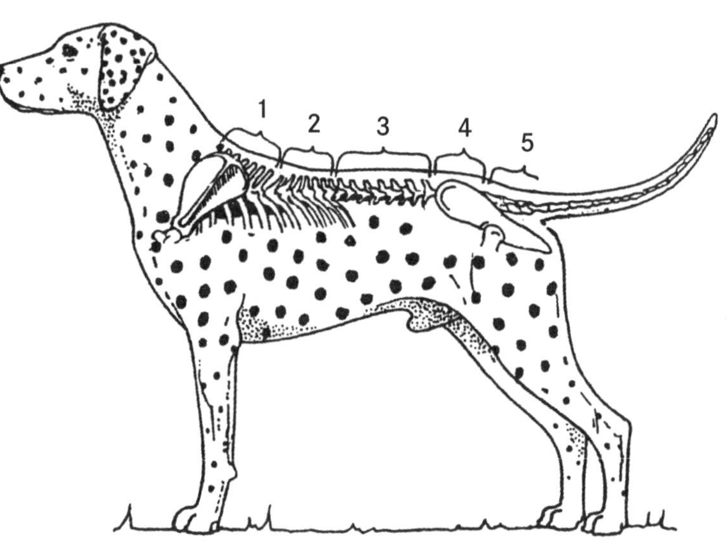

Dalmatiner, Detailansicht der Oberlinie

Der American Foxhound

Der American Foxhound wurde für spezielle Jagdzwecke gezüchtet. Primär wird er dafür genutzt, in einer durcheinander laufenden Hundemeute zu rennen, bei der jeder einzelne Jagdhund die anderen in der Meute übertreffen möchte. Der American Foxhound macht seine eigene Sache, indem er seinen angezüchteten Instinkten folgt und sich wenig vom Menschen kontrollieren lässt. Im Laufe ihrer Entwicklung bekam die Rasse eine charakteristische Oberlinie, die ich leichter zeichnen als beschreiben kann.

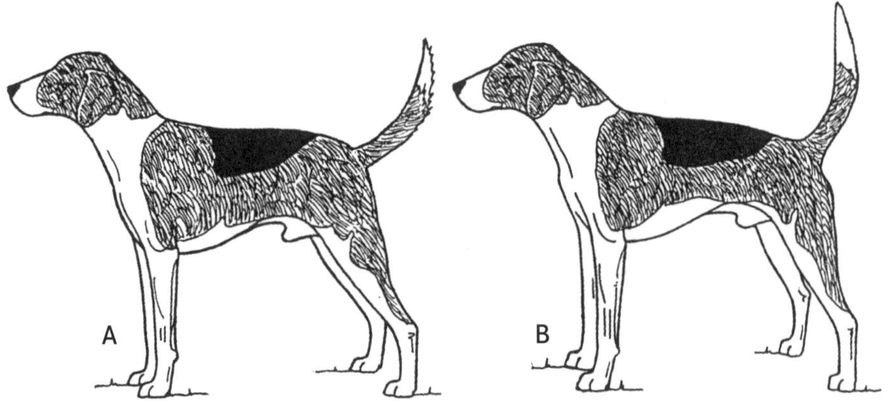

American Foxhounds

Welcher dieser beiden American Foxhounds stellt gemäß AKC-Standard den typischen Rassevertreter dar? Ihre Oberlinien unterscheiden sich, genauso wie auch ihre Ausgewogenheit. Hilft es Ihnen, wenn ich die Rassebeschreibung zitiere? Diese lautet: »Rücken: mäßig lang, muskulös und kräftig. Lenden: breit und leicht gewölbt.« Und »Fehler: Rücken sehr lang, Karpfen- oder Senkrücken.« Das hilft nicht wirklich weiter, denn diese Beschreibung trifft auf beide Beispiele zu. Ich gebe Ihnen einen kleinen Tipp: Einer der beiden sieht wie ein inkorrekter, schwerer English Foxhound aus.

Das Beispiel, das den typischen Rassevertreter am besten vertritt, ist Hund B. Dieses Beispiel vermittelt das Wesentliche des American Foxhounds, er wirkt schnell und gut bemuskelt mit einer leichten Wölbung über der Lende und mäßig hohem Rutenansatz. Die sich ergebende charakteristische Oberlinie trägt stark dazu bei, dass diese Rasse sich von anderen abhebt.

Die Bulldogge

Der Bulldoggen-Standard wünscht einen Karpfenrücken oder »Radrücken«. Die vollständige Rassebeschreibung lautet: »Unmittelbar hinter den Schultern ist der Rücken geringfügig eingesenkt (tiefste Stelle), von da an sollte die Wirbelsäule bis zu den Lenden ansteigen (wobei der oberste Punkt der Lendenpartie höher liegt als die Schulter), danach fällt die Oberlinie - einen Bogen bildend - zur Rute hin steiler ab (genannt 'roach-back', ein für diese Rasse charakteristisches Merkmal.«

Hier sind zwei Zeichnungen, die auf diese Beschreibung zutreffen. Eine der beiden ist korrekt. Es ist für Züchter keine leichte Aufgabe, die Oberlinie der Bulldogge genau richtig zu treffen. Aufgrund der verschiedenartigen vorgeführten Oberlinien ist es auch für Richter nicht leicht zu entscheiden, was ein erwünschter »Karpfenrücken« ist. Vielleicht ist »Karpfenrücken« nicht gerade der beste Ausdruck, denn für Leute, die nichts mit Bulldoggen zu tun haben, kann er unterschiedliche Bedeutungen haben. Aber »sollte zur Lendengegend hin ansteigen« wird von jedem verstanden. Welche Oberlinie ist für diese Rasse korrekt? Bei Hund A sitzt der Bogen korrekt über der Lendenregion, die längere, kamelähnliche Wölbung von Hund B ist über dem Rücken und der Lendengegend inkorrekt.

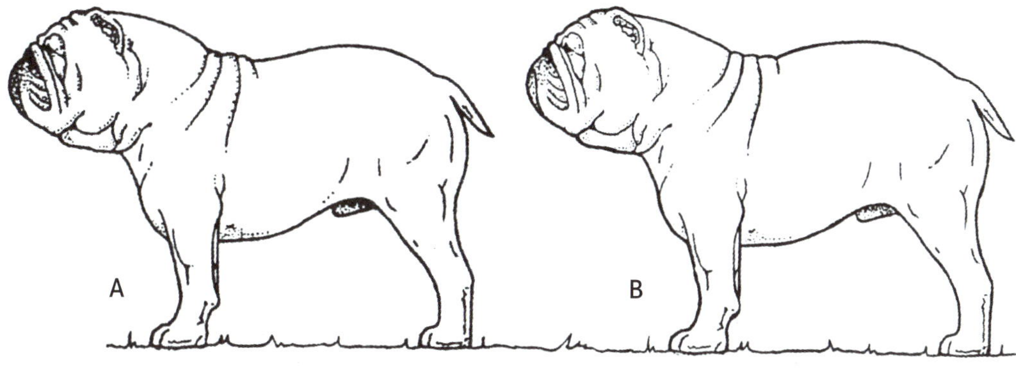

Bulldoggen

Der Dandie Dinmont Terrier

Der Dandie Dinmont Terrier, der eine einzigartige Oberlinie aufweist, wurde ursprünglich dazu gezüchtet, in Dachs- und Fuchsbauen einzufahren. Der Standard beschreibt die Oberlinie wie folgt: »Am Widerrist eher tief mit einer leicht abwärts gerichteten Kurve, welche analog in eine Wölbung der Lendenpartie weiterläuft; vom höchsten Lendenpunkt allmählich zum Rutenansatz abfallend verlaufend.« Der Umriss fließt kontinuierlich vom Scheitelpunkt des Nackens bis zum oberen Teil der Rute.

Je nachdem, wie Sie »eher«, »leicht« oder »allmählich« interpretieren, könnte jeder dieser drei Dandie Dinmont Terrier die korrekte Oberlinie vorweisen. Doch ich teile die Meinung kenntnisreicher Züchter, dass nur eine korrekt ist. Welche ist es Ihrer Meinung nach?

Hund C ist aus dem Rennen - achten Sie darauf, wo sich bei ihm die Wölbung befindet. Sie befindet sich über der Kruppe statt über der nicht durch Rippen gestützten Lendenpartie (hinter dem Brustkorb). Also bleiben nur noch Hund A und Hund B übrig. Wenn Sie sich für Hund A entschieden haben, stehen Sie mit Ihrer Ansicht nicht alleine da. Ich habe diesen Umriss früher häufig verwendet, weil ich dachte, ich hätte den Wortlaut korrekt interpretiert. Was ich nicht hatte. Ich habe zwei Fehler gemacht. Ich komme noch mal auf die Rassebeschreibung zurück. Sie verlangt, dass der Rücken »analog in eine Wölbung der Lendenpartie weiterläuft«. Bei Hund A ist der höchste Punkt der Wölbung zu weit hinten, um über der Lendenpartie zu sitzen. Weiterhin verlangt der Standard, dass die Oberlinie »vom höchsten Lendenpunkt allmählich zum Rutenansatz abfallend verlaufend« sein soll. Die Kruppe von Hund A fällt zu schnell ab. Bei der Oberlinie von Hund B sind diese beiden Fehler korrigiert. Die Lende ist nun direkt unter der Wölbung und die Kruppe verläuft allmählich abfallend.

Dandie Dinmonts

Whippets

Der Whippet

In der Rassebeschreibung des Whippets wird die Oberlinie als Rückenlinie bezeichnet und wie folgt beschrieben: »verläuft sanft vom Widerrist in einer anmutigen, natürlichen, nicht zu betonten Wölbung, die über der Lendenpartie beginnt und über die Kruppe verläuft.« Die Worte »die über der Lendenpartie beginnt« schließen einen dieser Whippets aus, genauso wie »über der Kruppe«. Die Oberlinien beider Hunde verlaufen sanft den Nacken hinab, über den Widerrist, den Rücken, die Lendenpartie und die Kruppe. Aber die Wölbungen der Oberlinie unterscheiden sich darin, wo sie beginnen und wo sie ihren höchsten Punkt erreichen. Die Wölbung von Hund B beginnt korrekterweise nahe der letzten Rippe und erreicht ihren höchsten Punkt über der Lende. Bei Hund A beginnt die Wölbung nahe dem Widerrist und der höchste Punkt liegt über dem Rücken. Der (britische) FCI-Standard drückt sich weniger genau, aber inhaltlich ähnlich aus: »Anmutiger Bogen im Bereich der Lendenpartie, aber nicht bucklig.«

Beim Whippet und bei der Bulldogge ähnelt sich die Struktur der Oberlinie. Zu unterschiedlichen Zwecken sollen beide eine merkliche Wölbung über der Lendenpartie aufweisen. Die Lendenpartie des Whippets muss gut gewölbt sein, damit seine Hinterläufe für maximalen Antrieb und höchstmögliche Geschwindigkeit im schnellen Galopp ausreichend weit nach vorne gebracht werden können. Die Lendenpartie der Bulldogge muss gewölbt sein, damit die Hinterläufe aus einem anderen Grund ausreichend Platz unter dem Körper haben. Der Grund ist Folgender: Wenn die Bulldogge sich an einem Körperteil eines Stiers festgebissen hat, muss sie mit den Hinterläufen möglichst starke Bodenhaftung haben, damit sie nicht vom Stier mitgerissen wird.

Es ist interessant, dass die gleich geformte Lendenpartie bei der einen Rasse dazu dient, den Hund in schneller Geschwindigkeit vorwärts zu treiben, während sie bei der anderen Rasse verhindern soll, dass der Hund sich nach vorne bewegt.

Der Bobtail

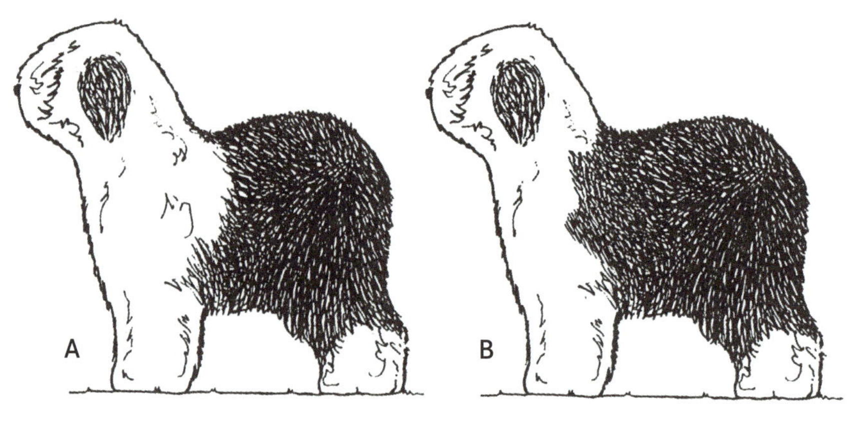

Bobtails

Da sie unter einem dichten, harten Fellmantel verdeckt sind, kann man ohne Tastuntersuchung schwer feststellen, bei welchem dieser beiden Bobtails die Oberlinie korrekt verläuft. Wissen Sie, welches die korrekte Form der Oberlinie ist? Der (britische) FCI-Standard sagt hierzu: »Körper: Ziemlich kurz und kompakt. Der Widerrist steht niedriger als die Lendenpartie. Lendenpartie: Sehr kräftig, breit und leicht gewölbt.« Der AKC-Standard des Bobtails lautet: »Im Stand ist der Hund am Widerrist niedriger als an der Lendenpartie, ohne jegliches Anzeichen von Weichheit oder Schwäche.« Und: »Lendenpartie: Sehr stabil und geringfügig gewölbt.« Damit wir uns darüber im Klaren sind, wie wichtig die Oberlinie, die man nicht sehen kann, ist, besagt der Standard noch Folgendes: *»Es wird besonders auf die Oberlinie aufmerksam gemacht, da sie ein unterscheidendes Charakteristikum der Rasse ist.«*

Anstelle einer Tastuntersuchung habe ich eine »durchsichtige« Zeichnung dessen, was Ihre Hände unter dem dichten Fell ertasten würden, angefertigt. Die zwei Oberlinien sind die einzigen körperlichen Unterschiede. Eine ist gewölbt, die andere gerade – die gewölbte Lendenpartie von Hund A ist korrekt. Es stellt sich nun die Frage, wie stark Sie die gerade Oberlinie bestrafen würden.

Die Wölbung über der Lendenpartie ist ein Charakteristikum der Rasse und dient der Hinterhand, die breiter ist als die Vorderhand. Durch seine breite, stabile und geringfügige Wölbung über der Lendenpartie kann der Hund seine Pfoten schnell unter seine Hinterhand platzieren und ähnlich wie ein Hase in einen sofortigen Bergaufgalopp fallen. Die weit auseinander stehenden Hinterläufe erzeugen Schub und werden dann an der Außenseite der näher beieinander stehenden Vorderläufe vorbeigeführt. Der Bobtail ist eine quadratische, kompakte Rasse und die Wölbung über der Lendenpartie führt zu einer Verlängerung der Oberlinien, wenn der Hund sich im Galopp streckt. Kenner der Rasse meinen außerdem, dass diese gewölbte Oberlinie kräftiger als eine gerade Oberlinie sei.

Wenn man diese Fähigkeit und die folgende kursiv geschriebene Warnung im AKC-Standard *»Es wird besonders auf die Oberlinie aufmerksam gemacht, da sie ein unterscheidendes Charakteristikum der Rasse ist«* berücksichtigt, bin ich der Ansicht, dass eine gerade Oberlinie stark zu bestrafen ist.

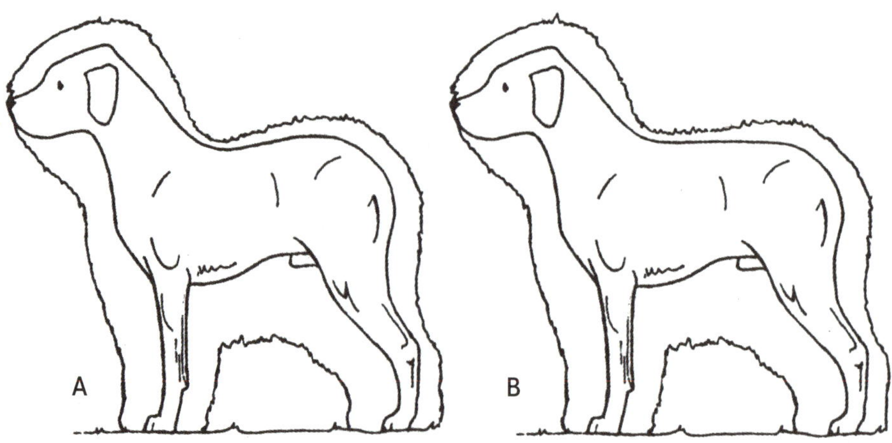

Bobtails (was unter den Haaren ist)

Kapitel 17

Die Bedeutung der Länge der Läufe

Der Greyhound

Inwiefern ist die Ausgewogenheit dieses Greyhounds falsch? Inwiefern habe ich diesen Greyhound zeichnerisch so abgeändert, dass er im schnellen Renngalopp nicht mehr überragend sein kann?

Richtig, ich habe seine Läufe um rund vier Zentimeter verkürzt. Bei Windhunden sind die Vorderläufe, gemessen vom Brustbein (der Ellbogen befindet sich mit dem tiefsten Punkt der Brust auf einer Höhe) zum Boden länger als der Körper tief ist. Diese langen Läufe ermöglichen im schnellen Galopp eine höhere Geschwindigkeit und führen zu einer zweiten Schwebephase.

Der Podenco Ibicenco

Hinsichtlich der Position der Ellbogen bildet der Podenco Ibicenco eine Ausnahme. Durch diese Position erscheint bei Hund A der Vorderlauf länger, als er tatsächlich ist. Beim Podenco sitzt der Ellbogen vor dem tiefsten Punkt der Brust. Sie werden noch sehen, dass die Position der Ellbogen in großem Maße zum Erscheinungsbild der Rasse beiträgt. Wenn Sie Hund B fördern würden, also einen Podenco, bei dem das Brustbein mit dem Ellbogen auf derselben Höhe liegt, würden sie sein Erscheinungsbild drastisch verändern und aufgrund des längeren Vorderlaufs seine Fähigkeit zum schnellen Renngalopp mindern.

Podenco Ibicenco

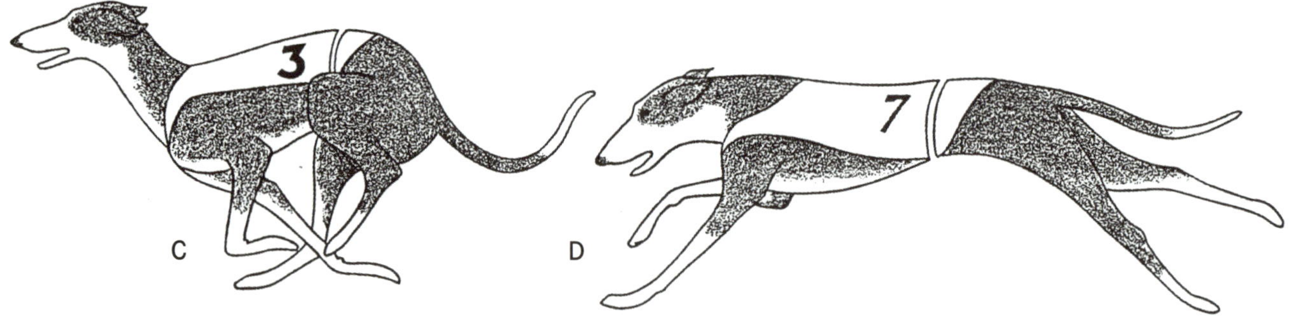

Podenco Ibicenco im Trab

Die erste Schwebephase, bei der die Läufe unter den Körper gezogen sind (siehe Hund C), ist bei allen Hunden möglich. Nur sehr schnell galoppierende Hunde können eine zweite Schwebephase einlegen, bei der sich alle vier Läufe, wie bei Hund D, in der Luft befinden.

Der Shetland Sheepdog

Für Rassen, die ausdauernde Traber sind, ist es die Norm, dass ihre Rumpflänge der Brusttiefe entspricht, der Ellbogen mit dem Brustbein auf derselben Höhe liegt und der Rumpf etwas länger als hoch ist. Der Shetland Sheepdog ist eine solche Rasse. Da Sie nun die korrekten Proportionen des Shelties kennen, sollen Sie entscheiden, welcher dieser beiden Shelties die korrekten Proportionen für die sogenannte Norm aufweist. Hund A oder Hund B?

Unter bestimmten Umständen könnte es so aussehen, als habe Hund B einen langen Körper, aber in Wirklichkeit ist er niederläufig. Züchter sehen kurze Läufe als einen ernsten Fehler an. Donna Roadhouse schreibt: »Die Höhe vom Boden zum Ellbogen sollte der Höhe vom Ellbogen zum Widerrist entsprechen. Shelties, die niederläufig sind, sind unausgewogen. Man darf nicht vergessen, dass sich bei dieser Rasse Zwergwuchs einschleichen kann.«

Shetland Sheepdogs

Basset Hounds

Der Basset Hound

Bei diesen beiden Hunden handelt es sich um ein und denselben Basset Hound, doch die Position der Ellbogen ist verschieden. Anfangs lag bei manchen Hunden der Ellbogen mit dem Brustbein auf gleicher Höhe und irgendwann sank der Körper durch Selektion zwischen die Vorderläufe ab. Es gibt unterschiedliche Ursachen für diese niedrigen Hunde. Bei manchen war der Grund, dass die Geschwindigkeit verringert werden sollte, damit diese einem Jäger zu Fuß entspricht. Aus manchen sollten bessere Erdhunde werden und wiederum bei anderen sollte der Körper niedriger sein, um Tritten von Kühen ausweichen zu können. Basset Hound B ist korrekt.

Der Shih Tzu

Für das Richten von Zwerghunden, wie beispielsweise den Shih Tzu, ist es wichtig, die Position des Ellbogens zu kennen. Der Shih Tzu mit seinem üppigen Fell war eine der Rassen, die für mich im Profil aufgebaut am schwersten zu zeichnen waren. Der AKC-Standard aus dem Jahre 1969 verlangt kurze, gerade Läufe. Normalerweise liegt bei Rassen mit kurzen, geraden Läufen der Ellbogen mit dem Brustbein auf einer Höhe. Doch als ich Shih Tzus auf dem Tisch untersuchte, konnte ich das nicht feststellen. Ich sah viele niedrige Körper und Vorderläufe, die alles andere als gerade waren. Ich musste wissen, wo sich der Ellbogen befinden sollte, denn seine Position hat einen starken Einfluss auf Körperbau und Ausgewogenheit (ach ja, natürlich auch auf die Höhe).

Shih Tzu

Ich möchte Ihnen anhand von zwei fehlerfreien, aber unterschiedlich ausgewogenen Shih Tzus demonstrieren, was ich meine. Von vorne und im Profil gesehen unterscheiden sich Hund A und Hund B nur hinsichtlich der Position des Ellbogens und der sich daraus ergebenden Höhe. Bei Hund A liegt der Ellbogen mit dem Brustbein auf einer Höhe, bei Hund B befindet sich der Ellbogen oberhalb des Brustbeins. Welcher Shih Tzu ist korrekt?

Leider schweigt der FCI-Standard zu diesem Detail, nicht so der AKC. Als der überarbeitete AKC-Standard am 9. Mai 1989 bewilligt wurde, enthielt er den folgenden zusätzlichen Satz: »Die Tiefe des Brustkorbs sollte sich bis gerade unter den Ellbogen erstrecken. Der Abstand zwischen Ellbogen und Widerrist ist ein bisschen größer als vom Ellbogen zum Boden.« Und: »Läufe gerade, mit kräftigen Knochen, gut bemuskelt, gut auseinander stehend, Ellbogen nah am Körper.« Durch diesen hinsichtlich der Länge der Vorderläufe besser verständlichen Standard des Shih Tzu ist wie beim Greyhound oder der Deutschen Dogge die Wahrscheinlichkeit größer, dass die Ausgewogenheit beibehalten wird. Hund A wäre die erste Wahl.

Der Siberian Husky

Im Standard des Siberian Husky werden die folgenden Anforderungen an die Vorderläufe gestellt: »Die Länge der Läufe vom Ellenbogen bis zum Boden ist etwas größer als der Abstand vom Ellenbogen zum Schulterblattkamm.« Doch eine Anforderung stellt noch lange keine Garantie dar. Allzu oft sind die Läufe des Siberian Huskys kurz. Mit kürzeren Läufen und guter Winkelung (bessere Winkelung als bei Siberian Huskys mit längeren Läufen) sehen diese Hunde, wenn sie durch den Ausstellungsring rennen (schnell traben), beeindruckend aus und es besteht keinerlei Gefahr, dass sie unter dem Körper übergreifen. Diese Variante mit kürzeren Läufen, die im Trab beeindruckend ist, verfügt über einen attraktiven Kopf und deutet auf einen neuen Trend hin. Kann die im Standard angegebene Forderung nach einem etwas langen Lauf diesen neuen Trend vereiteln? Ich bezweifele es. Die Bedeutung der Länge der Läufe bei einem Zughund wird sehr häufig zu Gunsten von Ausstellungsgewinnen außer Acht gelassen. Diese Proportionen des Siberian Huskys, besonders die Länge der Läufe, hat bei den Züchtern Zustimmung gefunden.

Siberian Husky

Teil III

Bewegung

Kapitel 18

Beurteilung des Körperbaus und der Bewegung

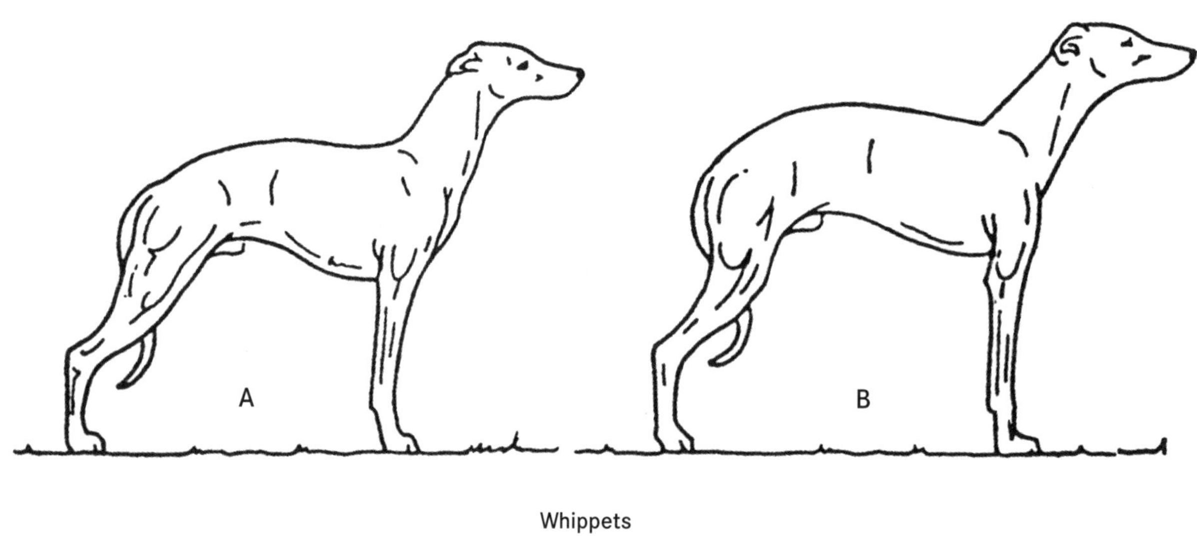

Whippets

In welchen acht sichtbaren Punkten ist der besser gebaute dieser zwei aufgebauten, tatsächlich existenten Whippets besser?

Im Stand verfügt der besser gebaute Whippet über:

1. eine sanfte oder natürlichere Oberlinie, bei der die Wölbung über der Lendenpartie beginnt und sich bis über die Kruppe erstreckt,
2. eine Wölbung zum Nacken hin,
3. einen Nacken, der sich anmutig zu gut zurückliegenden Schulterblättern verbreitert,
4. einen Oberarm, der so platziert ist, dass der Ellbogen direkt unterhalb des Widerrists sitzt,
5. eine tiefe Brust, die bis zum Ellbogenhöcker reicht,
6. ausreichende Vorbrust, die sich zwischen den Vorderläufen tief und gut abzeichnet,
7. einen kräftigen, flexiblen, leicht geneigten Vordermittelfuß und
8. einen Brustkorb, der sich gut nach hinten erstreckt.

Wenn man die beiden Hunde nebeneinander stellt, werden durch die körperlichen Fehler von Whippet B die körperlichen Vorzüge von Whippet A hervorgehoben. Zugegebenermaßen ist beim Whippet der Bauch weiter aufgezogen und die Wölbung über der Lendenpartie ist ausgeprägter als bei anderen Rassen, aber viele körperliche Fehler von Whippet B kann man auch auf andere Rassen übertragen.

Eine detaillierte Betrachtung

Bei dem langen, gut bemuskelten Nacken kann man ersehen, dass die leichte Wölbung, die von vielen Rassestandards gefordert wird, bei Whippet B nicht vorhanden ist. Der Übergang vom Nacken zum Widerrist ist abrupt statt sanft. Achten Sie darauf, dass der obere Teil des Schulterblatts sich weiter vorne, unterhalb des Ohrs, befindet. Manchmal, allerdings nicht in diesem Fall, kann dieser Grad der Steilheit des Schulterblatts dazu führen, dass der Nacken kurz wirkt. Bei manchen Rassen, die kein so dichtes Fell haben, kann man am Übergang vom Nacken zum Widerrist Falten erkennen.

Durch die fehlerhafte, vorwärts gerichtete Position der Vorderhand von Whippet B entsteht zwischen den Vorderläufen ein Hohlraum. Es sollte immer ein geringes Maß an Vorbrust vorhanden sein. Bei Whippet A erachte ich das Maß an Vorbrust für genau richtig. Erfreulicherweise wird im überarbeiteten AKC-Standard aus dem Jahre 1990 nun auch der Vorbrust Beachtung geschenkt.

Der nicht gestützte Abschnitt der Wirbelsäule zwischen der letzten Rippe und dem Becken ist bei Whippet B zu lang und bei Whippet A gerade richtig. Die extra lange Lendenpartie führt in Kombination mit einer steilen Vorderhand zur betonten, unnatürlichen Wölbung des Radrückens. Wenn das Becken steil ist, sind es normalerweise auch Ober- und Unterarm, doch nicht im Falle von Whippet B. Im Vergleich zu Whippet A sind Ober- und Unterarm zu lang, aber dennoch sind Knie- und Sprunggelenk gut gewinkelt.

Vergleich der Bewegung im Trab

Am besten kann man die Bewegung im Trab dieser beiden tatsächlich existierenden Whippets miteinander vergleichen, wenn man sich illustrierte Bildfolgen anschaut, die Bild für Bild aus mit speziellen Zeitlupenkameras aufgenommenen Filmen übertragen wurden. Ich musste nicht den vollständigen Gangzyklus (20 Phasen) zeichnen, denn beim Trab handelt es sich um eine diagonale Gangart und die zweite Hälfte des Zyklus ist das Spiegelbild der ersten Hälfte.

Um die jeweiligen Phasen miteinander vergleichen zu können, beginnt jeder Hund seinen Gangzyklus mit dem rechten Vorderlauf in Senkrechtstellung. Die Position der anderen drei Läufe in Phase 1 unterscheidet sich von Hund zu Hund, je nach ihrem individuellen Körperbau. Dies wird im Laufe der Bildfolge immer deutlicher und die Position aller vier Läufe unterscheidet sich bei den Hunden drastisch.

Um die Bewegung im Trab im Ausstellungsring beurteilen zu können, müssen Sie fünf grundlegende Anforderungen kennen. Im offiziellen Glossar des AKC werden nur die ersten drei aufgeführt.

1. Beim normalen Trab handelt es sich um eine diagonale Gangart. Das heißt, der rechte Hinterlauf und der linke Vorderlauf werden gleichzeitig nach vorne gesetzt, gefolgt vom linken Hinterlauf zusammen mit dem rechten Vorderlauf.
2. Der normale Trab ist eine rhythmische Zweitaktgangart. Das heißt, die diagonalen Laufpaare werden während jedes Gangzyklus zweimal auf den Boden aufgesetzt.
3. Die Pfoten der schräg gegenüberliegenden Körperenden werden gleichzeitig auf den Boden aufgesetzt.
4. Die Pfoten der schräg gegenüberliegenden Körperenden verlassen auch gleichzeitig den Boden, das heißt, sie sind nicht mehr stützend.
5. Und - was das Wichtigste ist, jedoch nur selten erwähnt wird - im normalen Trab gibt es eine kurze Schwebephase während des Wechsels von einem diagonalen Laufpaar zum anderen.

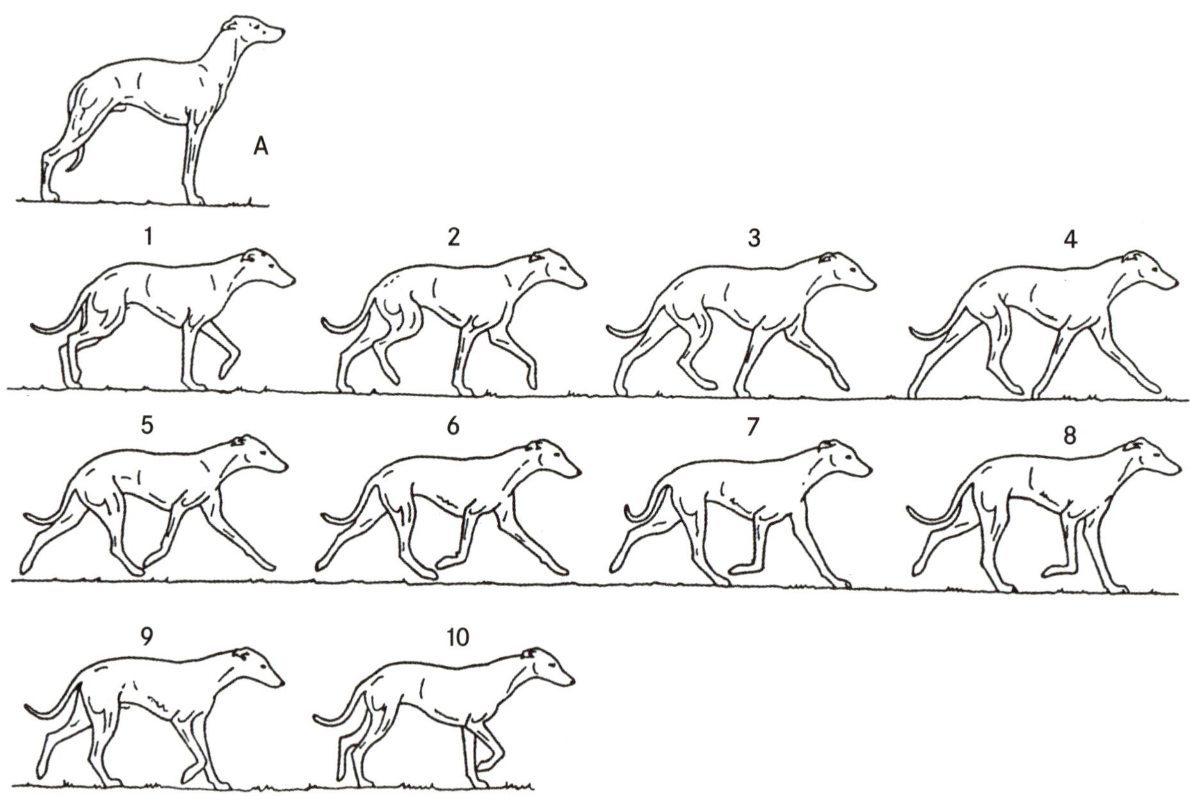

Whippet A im Trab

Der besser gebaute Whippet A kann all diese fünf grundlegenden Bewegungen besser ausführen. Whippet B hat bei allen vier grundlegenden Bewegungen Probleme und weicht außerdem noch in drei Punkten von der korrekten Trabbewegung des Whippets ab.

1. In Phase 7 setzen die Pfoten von Whippet B nicht gleichzeitig auf den Boden auf, sondern jeweils eine Pfote nach der anderen, sodass im gesamten Gangzyklus statt des vom AKC geforderten Zweitaktganges ein Viertaktgang vorherrscht.
2. In Phase 5 verlassen die Pfoten getrennt voneinander den Boden, statt zeitgleich als diagonal gegenüberstehende Paare.
3. In Phase 6 ist die Schwebephase aufgrund des schlechten Körperbaus zu einer einzigen Phase statt der längeren, doppelten Schwebephase des korrekt gebauten Whippets verkürzt.
4. In Phase 4 und 7 wird Whippet B nur von einem Lauf gestützt. Dies stellt eine Abweichung von der korrekten Gangart dar. Beim richtigen Zweitakttrab sind entweder zwei Läufe stützend oder keiner.
5. In Phase 1 wird die linke Vorderpfote höher geschwungen als das Vorderfußwurzelgelenk des stützenden rechten Vorderlaufs hoch ist.
6. In Phase 3 ist der Gang des Hundes steppend.
7. In Phase 7 ist der rechte Vordermittelfuß überbeugt. Mit diesen drei letzten fehlerhaften Bewegungen versucht der Hund, seinen mangelhaften Körperbau zu kompensieren.

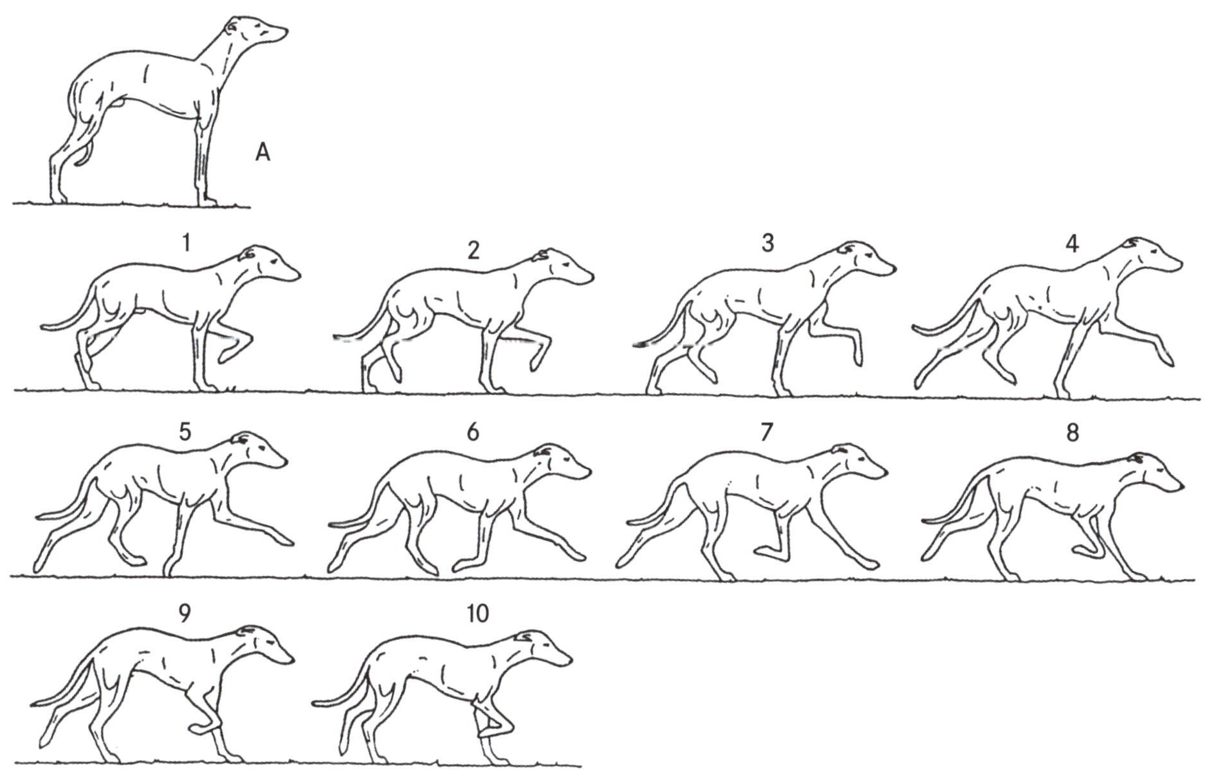

Whippet B im Trab

Kapitel 19

Drei Galopparten der Caniden

Was ist an dieser Zeichnung, die ein Pferd im Galopp zeigt, falsch? Wenn Sie die Antwort kennen, wissen Sie mehr über den Galopp der Pferde und mancher Hunderassen als die Künstler vor 1877.

Ein Pferd im Galopp

Edward Muybridge hat vor mehr als 100 Jahren mit mehreren primitiven Kameras die Hufe von Pferden aufgezeichnet und bewiesen, dass Pferde und viele Hunderassen nicht zu einer Schwebephase im Galopp, bei der die Vorderläufe vollständig nach vorne gebracht und die Hinterläufe vollständig nach gestreckt werden, fähig sind. Die acht unten gezeichneten Umrisse, die aus Muybridges Sofortbildkamera stammen, zeigen, dass der einzige Moment, in dem alle vier Läufe des Pferdes keinen Bodenkontakt haben, der ist, in dem sie unter dem Körper eingezogen sind (Phasen 4 und 5). Wenn die Läufe nach vorne gebracht oder nach hinten gestreckt werden, hat immer mindestens ein Huf des Pferdes Bodenkontakt (Phasen 1, 7 und 8).

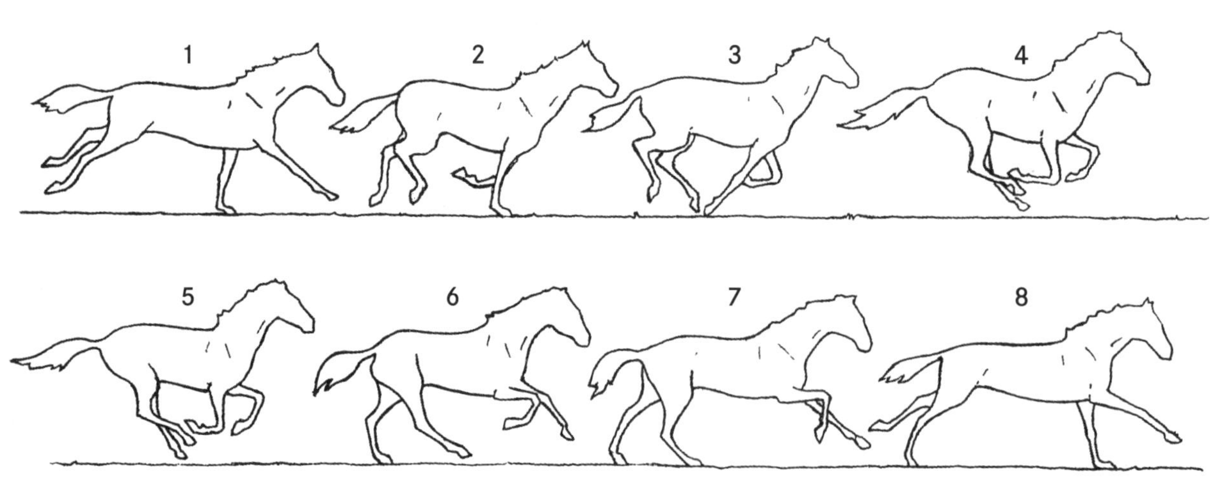

Detailansicht eines Pferdes im Galopp

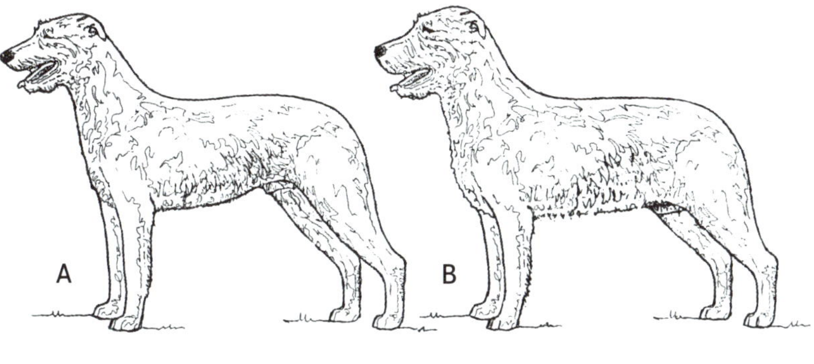

Irish Wolfhounds

Der Renngalopp

Alle Hunderassen sind zu einer Schwebephase fähig, bei der, wie in Phase 6 bis 8 des Irish Wolfhound A, die Läufe unter dem Körper eingezogen sind. Wie stark sie eingezogen sind, ist bei jedem Hund unterschiedlich und hängt von Schnelligkeit und Körperbau ab. Manche Hunderassen, vor allem Windhunde, sind zu einer zweiten Schwebephase fähig, welche der dem Pferd unmöglichen Position ähnelt, bei der die Vorderläufe vollständig nach vorne gebracht und die Hinterläufe vollständig nach gestreckt sind (siehe erste Zeichnung). Die zweite Schwebephase des Windhundes tritt im schnellen Galopp auf, wenn die Vorderläufe vollständig nach vorne gebracht und die Hinterläufe vollständig nach hinten gestreckt werden. Dies ist unten in Phase 16 bis 18 zu sehen. Um dazu fähig zu sein, muss ein Hund genau richtig gebaut sein und seine Hinterhand muss für Sprünge ausgerichtet sein, er muss einen flexiblen Rücken, eine kräftige Vorderhand, um sich nach oben abzustoßen, sowie einen kräftigen Nacken und brachyzephale Muskeln haben. Irish Wolfhound A ist genau richtig gebaut, B nicht. Können Sie die neun Gründe erkennen, warum das so ist?

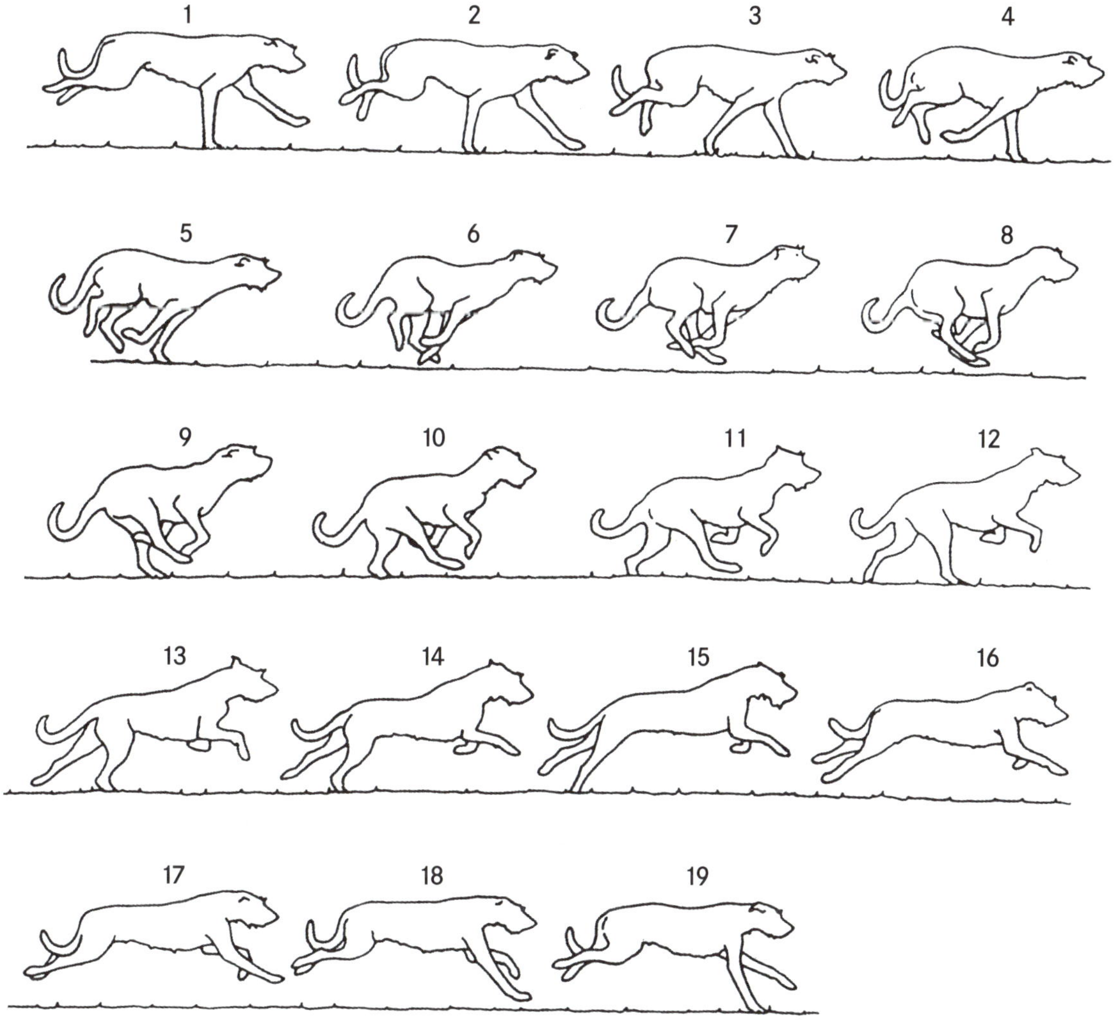

1 2 3 4 5 6 7 8 9 10 11 12 13 14 15 16 17 18 19

Illustrierte Bildfolge: Irish Wolfhound A im Galopp

Wie Sie in der vorigen illustrierten Bildfolge gesehen haben, ist Irish Wolfhound A zu einer zweiten Schwebephase fähig, die der ähnelt, zu der ein Pferd körperlich nicht in der Lage ist. Die erste Schwebephase findet in den Phasen 6, 7 und 8 statt. Die zweite Schwebephase finden in den Phasen 16, 17 und 18 statt. Jede der vier Pfoten berührt einzeln den Boden und in Phase 3 und 12 kommt es zu einer kurzen Überschneidung. Irish Wolfhound B wäre zu dieser Phase, in der sich die Läufe in der Luft nach vorne und hinten strecken, nicht in der Lage. Warum? Verglichen mit Hund A weicht Hund B vom typischen Irish Wolfhound ab und ähnelt Rassen, die nur zu der Schwebephase, bei der sich die Läufe unter dem Körper zusammenklappen, in der Lage sind. Er weicht in den folgenden neun Punkten ab:

1. längerer, schwerer Kopf
2. dickerer Nacken
3. schwerer Körper
4. gerade Oberlinie
5. stärkere Schulterschräglage
6. stärker gewinkelter Oberarm
7. stärker geneigter Vordermittelfuß
8. kürzere Läufe
9. weniger stark aufgezogene Bauchpartie

In dieser Detailansicht erreicht der schwerere Irish Wolfhound, Hund B, nur in Phase 6 eine Schwebephase, aber nicht wie Hund A in den Phasen 6, 7 und 8. Und statt den Phasen 15, 16, 17, 18 und 19, in denen alle vier Läufe in der Luft sind, sind bei ihm die Phasen 15 und 19 zu einer einzigen Phase kombiniert, bei der die rechte Vorderpfote auf den Boden aufsetzt, bevor der rechte Hinterlauf angehoben wird. Dies ähnelt der Phase 8 des Pferdes. Übrigens läuft das Pferd im diagonal transversalen Galopp, der Hund im rotatorischen Galopp.

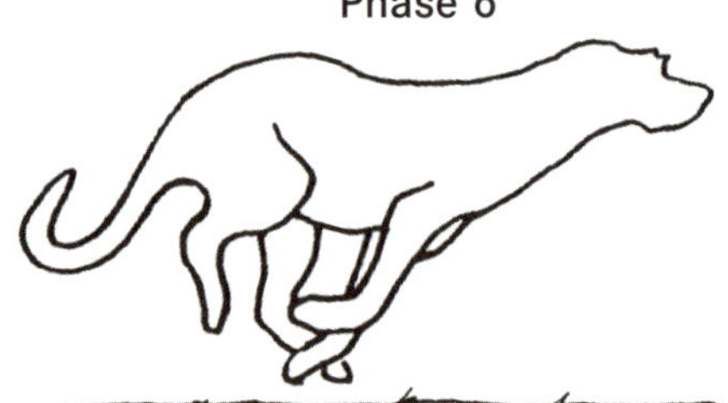

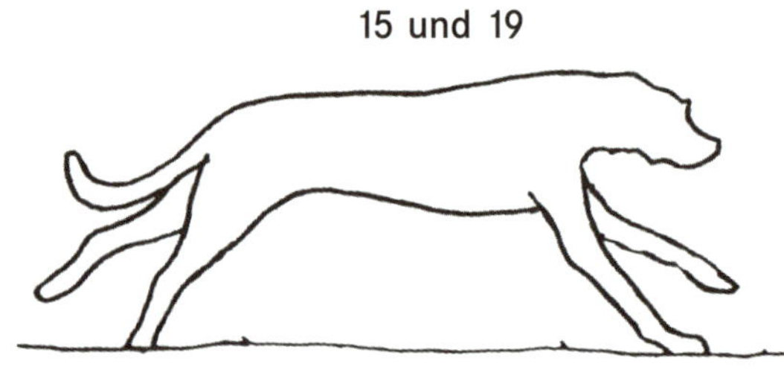

Irish Wolfhound B im Galopp

Der Halbsprung-Galopp

Der Bretonische Spaniel (nächste Seite) scheint die zweite Phase des Renngalopps der Windhunde zu zeigen. Doch dabei handelt es sich um einen Fehler, der häufig auftritt, wenn der Galopp einer bestimmten Rasse nur in dieser einen Phase fotografiert wird. Ich bezeichne den Galopp des Bretonen als Halbsprung. Ein gutes Beispiel für diese Art des Galopps findet man im »AKC Conformation Video«, das einen Bretonischen Spaniel bei der Feldarbeit zeigt. Der Halbsprung wird nicht unbedingt mit Hunden im Galopp assoziiert. In der Hundewelt wurde diese Gangart nicht häufig dokumentiert, meiner Meinung nach sogar gar nicht, auch wenn viele Rassen den Halbsprung anwenden. Der Hauptunterschied zwischen dieser Form des Renngalopps und dem der Windhunde liegt in der Schrittfolge der Hinterhand.

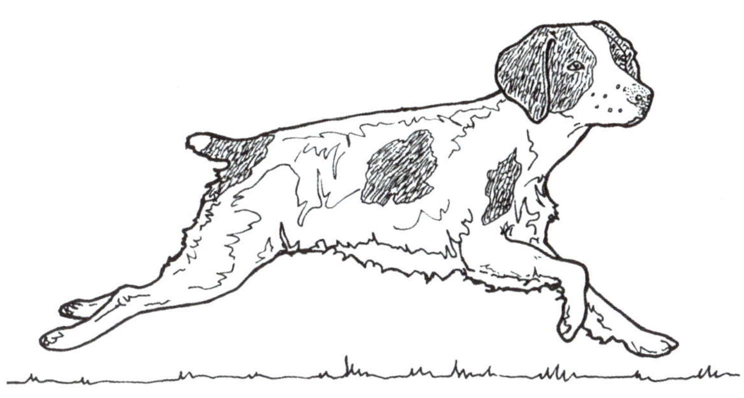

Bretonische Spaniel im Galopp

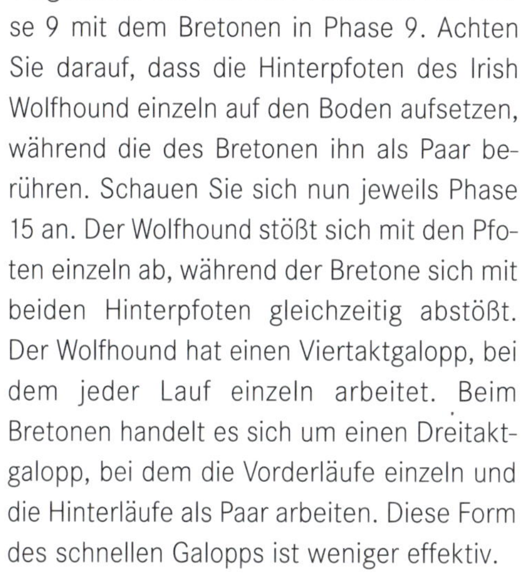

Vergleichen Sie den Irish Wolfhound in Phase 9 mit dem Bretonen in Phase 9. Achten Sie darauf, dass die Hinterpfoten des Irish Wolfhound einzeln auf den Boden aufsetzen, während die des Bretonen ihn als Paar berühren. Schauen Sie sich nun jeweils Phase 15 an. Der Wolfhound stößt sich mit den Pfoten einzeln ab, während der Bretone sich mit beiden Hinterpfoten gleichzeitig abstößt. Der Wolfhound hat einen Viertaktgalopp, bei dem jeder Lauf einzeln arbeitet. Beim Bretonen handelt es sich um einen Dreitaktgalopp, bei dem die Vorderläufe einzeln und die Hinterläufe als Paar arbeiten. Diese Form des schnellen Galopps ist weniger effektiv.

Vergleich zwischen Bretonischem Spaniel und Irish Wolfhound

Der gestreckte Galopp

Der Teckel und die niederläufige Variante des Jack Russell Terriers (aber soweit ich weiß nicht der Parson Jack Russell Terrier) sind, wie der Teckel, den Sie unten sehen, zu einem gestreckten Renngalopp mit doppelter Schwebephase fähig. Wie beim Windhund handelt es sich um einen Viertaktgalopp, bei dem die Pfoten einzeln auf den Boden aufsetzen. Doch da die Läufe des Teckels so kurz sind, scheint er über den Boden zu gleiten.

Teckel – der gleitende Galopp

Filmmaterial von Teckeln im Profil hat gezeigt, dass die Teckel, die zu einem hervorragenden gestreckten Galopp fähig waren, auch im Trab gut liefen. Diejenigen, die im dreitaktigen Halbsprung dahin glitten, liefen im Profil schlecht, denn ihre Hinterläufe (Hintermittelfußknochen) waren höchstens senkrecht gestreckt. Bei manchen waren sowohl Vorder- als auch Hinterhand nicht gut gewinkelt. Bei manchen Hunden mit guter Winkelung waren die Hintermittelfußknochen (Sprunggelenk bis Fuß) zu lang.

Kapitel 20

Der Trab im Profil

Vor ein paar Jahren sollte ich mehrere illustrierte Artikel über die Bewegung im Trab schreiben. Da Hunde seit über hundert Jahren im Trab bewertet werden, dachte ich, dass es ein Leichtes sein würde, veröffentlichtes Material zu diesem Thema zu finden. Doch ich hatte mich geirrt. Über die Bewegung der Hunde im Trab war fast nichts geschrieben oder gezeichnet worden, und das verfügbare Material entpuppte sich rückblickend als unvollständig oder falsch. Zu der Zeit bezogen sich meine Zeichnungen ausschließlich auf ein Foto eines Gruppengewinners, das in einer Hundezeitschrift veröffentlicht worden war. Ich merkte nicht, dass ich dadurch eher eine schlechte als eine gute Bewegung im Trab förderte.

Üblicherweise verlassen sich Zeichner auf eine einzige Zeichnung, anhand derer sie die typische Bewegung einer Hunderasse darstellen möchten. Mittlerweile bin ich der Ansicht, dass die ideale Zeichnung eine vollständige Schrittfolge beinhaltet - einen Zyklus, bei dem jeder Lauf einen einzigen Vortritt macht. Zu diesem Zweck benutzte ich nicht mehr eine Spiegelreflexkamera, sondern eine Hochgeschwindigkeitskamera (54 Bilder pro Sekunde), um den vollständigen Schritt aufnehmen zu können.

Der Basenji

Dieser fehlerfreie, wirklich lebende Basenji ist ein Beispiel für einen typischen, guten Läufer. Die illustrierte Bildfolge in diesem Kapitel wurde Bild für Bild von einem Zeitlupenfilm übertragen, der mit einer speziellen Filmkamera mit 54 Bildern pro Sekunde aufgenommen wurde. Der in den 20 Zeichnungen dargestellte Basenji macht einen kompletten Schritt - einen vollständigen Schrittzyklus, bei dem jeder der vier Läufe einen Vortritt macht. Die Bildfolge beginnt mit dem rechten Vorderlauf in Senkrechtstellung. So kann man den Bewegungsablauf einzelner Hunde Phase pro Phase miteinander vergleichen.

Dies ist ein Beispiel einer idealen Trabbewegung, wie sie im Glossar des Buches *The Book of Dogs,* einer offiziellen Veröffentlichung des Canadian Kennel Club, sowie des *The Complete Dog Book,* einer offiziellen Veröffentlichung des American Kennel Club, zu finden ist. Beide Glossare beschreiben den Trab als »rhythmischen, diagonalen Zweitaktgang, bei dem die diagonal gegenüberstehenden Laufpaare gleichzeitig auf den Boden aufsetzen«. Doch es steckt mehr, viel mehr, dahinter. Mit Hilfe dieses Beispiels werde ich die offizielle Erläuterung noch weiter ausführen.

Eine detaillierte Betrachtung

In Phase 1 ist der Vordermittelfuß gebeugt, um das Körpergewicht tragen zu können, wenn der Unterarm senkrecht steht. Der Hintermittelfuß (von Sprunggelenk bis Pfote) ist in Phase 1 ebenfalls gebeugt, und die rechte Pfote, die vorbeigezogen wird, wird nah am Boden nach vorne gebracht. Dasselbe gilt für die diagonal gegenüberstehende linke Vorderpfote.

In Phase 2 wird der rechte Hinterlauf, der immer noch gebeugt ist, nah am Boden nach vorne gebracht. Dasselbe gilt für den Vorderlauf, obwohl er ein wenig höher gehalten wird. Idealerweise sollten die Vorder- und Hinterläufe niemals über der Höhe des Mittelfußes in aufgebauter Position gehalten werden. Durch den diagonalen Schub der zwei stützenden Läufe wird der Körper nach vorne geschoben.

In den Phasen 3 und 4 wird durch die zwei stützenden Läufe weiterhin Schub entwickelt. Im Gegensatz zu Rassen mit längerem Rumpf, die hervorragende ausdauernde Traber sind und den Kopf tiefer tragen, hält der Basenji seinen Kopf im Trab hoch. In der Vergangenheit irrten wir uns dahingehend, dass wir dachten, die Hinterläufe würden den Schub entwickeln und die Vorderläufe hätten nur eine stabilisierende Funktion. Mittlerweile wissen wir, dass die Vorderläufe

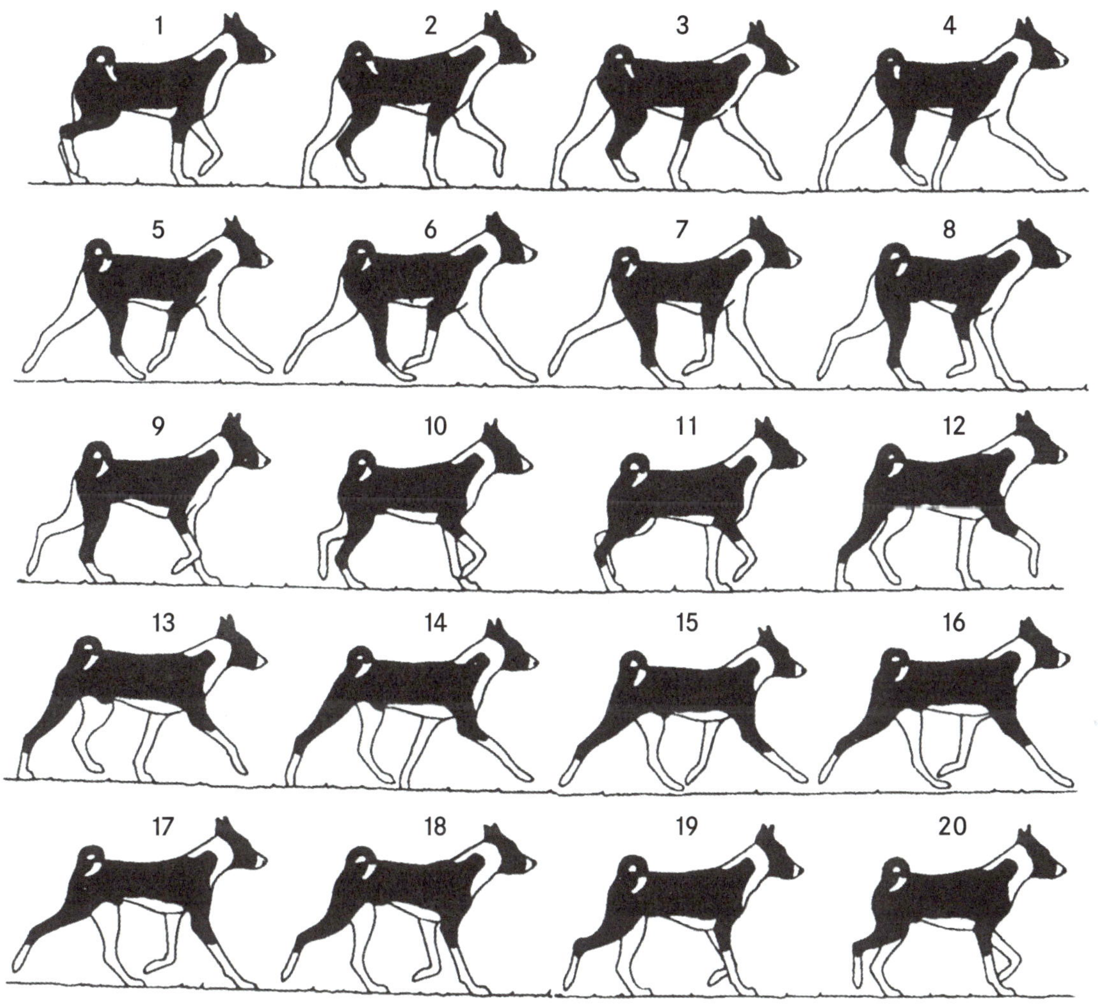

Der Basenji im Trab

des Hundes nicht nur eine Schub-, sondern auch eine Stützfunktion haben. Idealerweise arbeiten Hinter- und Vorderläufe so zusammen, dass sie, wie im Falle dieses ausgewogenen Beispiels, gemeinsam den Schub entwickeln.

Wie bereits erwähnt, wird in den offiziellen Beschreibungen des CKC und AKC nicht gesagt, dass zusätzlich dazu, dass die diagonalen Pfotenpaare gleichzeitig auf den Boden aufsetzen, die Pfoten dort auch noch in Phase 4 bleiben und dann in Phase 5 den Boden zur selben Zeit verlassen. Nur dann kann man sagen, dass bei einem Hund Vorder- und Hinterhand wirklich ausgewogen sind.

In Phase 5 werden der linke Hinterlauf und der linke Vorderlauf jeweils in gegensätzliche Richtungen, nach hinten und nach vorne, ausgestreckt. Beim rechten Hinterlauf zusammen mit dem rechten Vorderlauf verhält es sich genauso.

Die kurze Schwebephase in Phase 5, bei der keiner der vier Läufe Bodenkontakt hat, wurde jahrelang in den offiziellen Beschreibungen des Trabs nicht erwähnt. Erstmalig wurde diese Schwebephase vor fünfzig Jahren von dem bekannten Experten in Sachen Bewegungsabläufe bei Hunden, McDowell Lyon, dokumentiert. In seinem Klassiker *The Dog in Action* beobachtete er, dass normal gebaute Rassen während des Wechsels von einem diagonalen Laufpaar zum anderen eine kurze Schwebephase zeigen.

In Phase 6 kann man den maximalen Vortritt und die maximale Streckung aller vier Läufe sehen. Im Ausstellungsring wird auf die linken Vorder- und Hinterläufe geachtet. Eigentlich bewegen sich diese beiden Läufe in gegensätzliche Richtungen. Der rechte Hinterlauf bewegt sich mit dem linken Vorderlauf und der linke Hinterlauf mit dem rechten Vorderlauf in dieselbe Richtung. Die Schwebephase dauert in Phase 6 an. Die beiden Phasen, bei denen sich alle Läufe in der Luft befinden, machen zwei Fünftel der Zeit jedes halben Gangzyklus aus. Fast die gesamte Entfernung, die durch den Schub entsteht, wird in dieser kurzen Schwebephase zurückgelegt. Damit die Schwebephase zwei Fünftel des Gangzyklus ausmacht, müssen die diagonalen Läufe den Boden gleichzeitig, so wie in Phase 5, verlassen und gleichzeitig wieder aufsetzen, so wie in Phase 7.

Die diagonal gegenüberstehenden Pfoten verlassen in Phase 7 gleichzeitig den Boden. Der Vorderlauf setzt ungefähr unter dem Winkel des Fangs auf, wenn der Kopf hoch getragen wird. Der Hinterlauf setzt unter dem Nabel auf. In dieser Phase ist die Oberlinie fast gerade, senkt sich aber in der nächsten Phase, wenn die diagonalen Laufpaare wieder den Körper stützen. Der stützende Hinterlauf ist leicht gebeugt und der rechte Vordermittelfuß wird in Phase 8 gewinkelt, aber niemals parallel zum Boden nach vorne gebracht, wie es bei ausdauernden (länger als hohen) Rassen der Fall ist. Sowohl Vorder- als auch Hinterläufe werden nah am Boden nach vorne gebracht.

In den Phasen 9 und 10 sind die diagonalen Läufe noch immer stützend, während das andere Paar nach vorne gebracht wird. Um einen kompletten Schritt auszuführen, beginnt mit Phase 11 die zweite Hälfte des Schritts. Phase 11 ist ein Spiegelbild von Phase 1.

Der Teckel

Aus dem Filmmaterial, das ich über den Teckel besitze, habe ich einen korrekten Hund ausgewählt, der als Beispiel für die typische Trabbewegung im Profil dienen soll. Der von mir ausgewählte korrekte Kurzhaarteckel ist häufig Sieger und findet sowohl bei Spezialzuchtrichtern als auch bei Richtern, die mehrere Rassen bewerten, Anklang.

So wie der Basenji ist der gut gebaute Teckel auf 20 Zeichnungen auf der nächsten Seite festgehalten. Man sieht, wie er einen kompletten Schritt macht, bei dem jeder der vier Läufe einen Vortritt macht. Die Pfoten dieses Beispiels bewegen sich genau so, wie es im »Kennel Club (U.K.) Glossary of Terms« verlangt wird. Das aus dem rechten Hinterlauf und dem linken Vorderlauf bestehende diagonale Laufpaar setzt in Phase 7 gleichzeitig auf den Boden auf und das andere Laufpaar berührt in Phase 17 gleichzeitig den Boden. Also zeigt dieser Hund den gewünschten Zweitaktgang, bei dem die aufeinander abgestimmten Laufpaare bei jedem Schritt zweimal mit dem Boden in Kontakt kommen.

Zusätzlich dazu, dass die diagonalen Laufpaare gleichzeitig auf den Boden aufsetzen müssen, gibt es noch die bislang nicht genannte Anforderung, dass die diagonalen Laufpaare der gegenüberliegenden Körperenden gleichzeitig nicht mehr stützend sein dürfen (Phase 4 und Phase 14).

Dann folgt in den Phasen 5-6 und 15-16 eine Schwebephase. Jahrelang glaubte man, nur Rassen wie beispielsweise der Deutsche Schäferhund würden eine Schwebephase zeigen. Viele meinen immer noch, der Körper des Teckels würde im Trab immer von mindestens einem Lauf gestützt. Auch ich war der Meinung, dass der Teckel mit seinen kurzen Läufen und seinem langen, niedrigen Körper im Gegensatz zum schnell trabenden Deutschen Schäferhund wohl eher nicht in der Lage sei, über den von der Vorderpfote hinterlassenen Abdruck hinaus aufzusetzen, und daher auch keine Schwebephase zeigen könne. Nun bin ich vom Gegenteil überzeugt und kann mit Filmmaterial beweisen, dass gut gebaute Teckel im Trab eine Schwebephase haben, obwohl nicht die Gefahr des Übergreifens besteht.

Der Teckel hat pro Gangzyklus zweimal eine Schwebephase, wie Sie auf der Zeichnung in den Phasen 5-6 und wiederum in den Phasen 15-16 sehen können. In diesen zwei Phasen, in denen der Körper nicht gestützt wird, wird die größte Entfernung zurückgelegt. Gäbe es die Schwebephase nicht, würde die Distanz ausschließlich dadurch zurückgelegt, dass der Körper sich durch die stützenden Läufe vorwärts bewegt. Wenn man auf die Schwebephase, die ihr vorangehenden sowie die nachfolgenden Phasen achtet, kann man die Bewegung besser »sehen«.

Der Teckel im Trab

Eine detaillierte Betrachtung

Anhand einer illustrierten Bildfolge eines realen, vollständigen Gangzyklus beim Trab, die aus Zeitlupenfilmmaterial eines gut gebauten Teckels stammt, wird nun die Bewegung im Trab im Detail, Phase für Phase, erläutert. Nur die ersten zehn Phasen müssen erklärt werden, denn der Trab ist eine diagonale Gangart, und die zweite Hälfte des Schritts ist ein Spiegelbild der ersten Hälfte des Gangzyklus.

Wie beim Basenji ist der Vordermittelfuß in Phase 1 gebeugt, um das Körpergewicht zu tragen, wenn der Unterarm senkrecht steht. Der linke Hintermittelfuß ist am Sprunggelenk gebeugt, während die rechte Hinterpfote an der stützenden linken Hinterpfote vorbeigeführt wird. Die beiden nicht stützenden Pfoten werden nicht übermäßig hoch, sondern nah am Boden nach vorne gebracht.

Unabhängig von der Rasse ist der senkrecht stehende rechte Unterarm von besonderer Bedeutung, da in meinen illustrierten Bildfolgen immer mit ihm begonnen wird. Der rechte Unterarm steht in Phase 1 immer senkrecht. Abhängig vom jeweiligen Körperbau kann die Position der anderen drei Läufe von diesem korrekten Beispiel abweichen. Oftmals ist die einzige Gemeinsamkeit, dass der Unterarm des rechten Vorderlaufs senkrecht steht. Durch diese Gemeinsamkeit in Phase 1 kann man den Gang einzelner Hunde innerhalb einer Rasse miteinander sowie mit anderen Rassen Phase für Phase vergleichen.

In Phase 2 ist der rechte Hinterlauf, während er nach vorne gebracht wird, noch immer gebeugt. Der linke Hintermittelfuß ist vom Sprunggelenk zur Pfote fast senkrecht und stützt mit seiner haltenden Muskulatur die Hinterhand sowie, wenn auch in geringerem Maße, die Vorderhand. Der Körper wird über die diagonalen, tragenden Vorder- und Hinterläufe nach vorne getragen.

In Phase 3 befinden sich Schulter und Becken nun vor den senkrechten, stützenden Läufen, und der linke Hinterlauf hat zusammen mit dem rechten Vorderlauf damit begonnen, Schub zu entwickeln. Früher glaubten viele, die die Bewegung des Hundes beobachteten, dass im Trab allein die Hinterläufe für den Schub verantwortlich seien und die Vorderläufe nur als Stütze dienten. Nun wissen wir, dass der Schub sowohl aus der Vorder- als auch aus der Hinterhand kommt.

Phase 4 ist die letzte Stufe, in der die diagonalen Läufe Schub erzeugen. Der linke Hinterlauf beendet diese Stufe zeitgleich mit dem rechten Vorderlauf. Danach kommt es zur Schwebephase. Beachten Sie, dass bei diesem letzten Schub, bei dem die Läufe Bodenkontakt haben, die Kraft aus dem Becken und der Schulter kommt. Der gesamte Antrieb nach vorne entsteht an dem Punkt, an dem die Läufe direkt unter dem Becken und der Schulter platziert sind. Ein zu frühes Anheben der Läufe ist ein Zeichen von schlechterem Körperbau und, wiederum, funktioneller Unfähigkeit.

Wie oben bereits erwähnt, erwähnt der Kennel Club in seiner offiziellen Beschreibung des Trabs im Ausstellungsring die kurze Schwebephase nicht. Aber wie Sie sehen können, findet diese in den Phasen 5 und 6 statt. Sie findet bei jedem Schritt zweimal statt, und zwar während des Wechsels von einem diagonalen, stützenden Laufpaar zum anderen. Für den Teckel ist es zwar nicht so wichtig wie für Rassen mit längeren Läufen, aber die Schwebephase muss bei einer Geschwindigkeit stattfinden, in der die rechte Hinterpfote an die Stelle, welche die rechte Vorderpfote freigegeben hat, gleiten und dort zu liegen kommen kann, ohne dass die Pfoten gegeneinander schlagen.

Für den Teckel (so wie für alle Rassen) ist diese Schwebephase wichtig, denn ein Großteil der Gesamtentfernung wird in dieser Phase, in der kein Bodenkontakt vorliegt, zurückgelegt. Die kurze Schwebephase dauert in Phase 6 an, wenn die diagonalen Läufe eines gut ausgewogenen Beispiels koordiniert zusammenarbeiten. Dieser Hund verfügt über die nötige Vorder- und Hinterhandwinkelung. Die diagonalen Läufe werden mit derselben Geschwindigkeit nach vorne gebracht, mit der sich auch der Körper vorwärts bewegt. In dieser Phase kann der Beobachter - sofern er sich darüber im Klaren ist, dass er den seitlichen Bewegungsablauf (zwei Läufe derselben Körperseite) bewertet, und dass diese seitlichen Läufe sich in gegensätzliche Richtungen bewegen - beurteilen, wie weit sich die Hinterläufe nach hinten strecken und die Vorderläufe nach vorne gebracht werden. Der rechte Hinterlauf arbeitet mit dem diagonalen linken Vorderlauf zusammen als Paar, und man kann deren koordinierten (oder auch unkoordinierten) schnellen Bewegungsablauf, sofern man ihn versteht, eher erspüren als sehen.

Wenn Sie einige gute Teckel in der Bewegung gesehen haben und wissen, worauf es ankommt, können Sie einen korrekten Bewegungsablauf genauso gut erspüren wie sehen. Die Bewegungen der Läufe des Teckels sind schnell, aber in dieser Phase kann man einen Teil der Bewegung mit dem bloßen Auge erkennen. Es handelt sich um einen wichtigen Bestandteil der Bewegung, der, wenn überhaupt, nur selten genannt wird (und das trifft auf jede Rasse zu). Damit meine ich, wie weit sich der Vordermittelfuß beugt. Wie weit sich der Vordermittelfuß in dieser Phase beugt, hängt vom Längen-Höhen-Verhältnis, der Länge des Oberarms und dem Grad der Vorderhandwinkelung einer Rasse ab. Bei einem guten, fehlerfreien Teckel ist der Vordermittelfuß horizontal gebeugt. Ist er weniger als horizontal gebeugt, weicht er aufgrund eines schlechteren Körperbaus von der Norm ab.

Ein weiterer, leicht erkennbarer Bestandteil dieser Phase, der allerdings häufig übersehen wird, ist, dass das Sprunggelenk, wie in diesem Beispiel, völlig offen ist, und sich der zwischen Sprunggelenk und Pfote gelegene Hintermittelfuß nach hinten über die Senkrechte hinaus streckt. Wenn das Sprunggelenk sich nicht vollständig öffnet, ist auch meist die Vortrittlänge des Vorderlaufs eingeschränkt. Der häufigste Grund für geschlossene Sprunggelenke liegt an einem zu langen Hintermittelfuß (Sprunggelenke sind zu hoch).

Phase 7 wird in offiziellen Glossaren häufig als »rhythmischer, diagonaler Zweitaktgang, bei dem die diagonal gegenüberstehenden Laufpaare gleichzeitig auf den Boden aufsetzen« beschrieben. Das ist genau das, was dieser Hund macht. Weichen Teckel von diesem rhythmischen Zweitaktgang ab und zeigen sie stattdessen einen Viertaktgang, setzt normalerweise die diagonale Hinterpfote zuerst auf. Die diagonale Hinterpfote setzt etwas vor dem Becken und die Vorderpfote etwas vor der Schulter auf. Eine der weiter verbreiteten Abweichungen von der typischen Teckelbewegung ist, dass aufgrund mangelnder Winkelung der Vortritt eingeschränkt ist und die Pfoten ungefähr unter dem Becken und der Schulter aufsetzen.

In den Phasen 8-10 übernehmen die diagonalen Läufe dann wieder die Stützfunktion und der Körper wird über diese stützenden Läufe nach vorne geschoben. Das andere diagonale Laufpaar wird nah am Boden nach vorne gebracht und die Oberlinie waagerecht ausgerichtet. Bis einschließlich Phase 10 wird der Körper weiterhin gestützt und nach vorne geschoben.

Um es kurz zu sagen, ist ein Richter besser in der Lage, die Bewegung zu »sehen«, wenn er oder sie Folgendes weiß: Die diagonalen Pfotenpaare setzen zeitgleich auf den Boden auf; die Pfoten geben die Stützkraft gemeinsam als Paar ab; die Läufe erzeugen vorne und hinten als koordiniertes, diagonales Laufpaar den Antrieb; der Vordermittelfuß ist, wenn er nach vorne gebracht wird, horizontal gebeugt; die Hinterläufe sollten sich vollständig nach hinten und die Vorderläufe vollständig nach vorne strecken; die Haltung des Kopfes und die Ebenheit der Oberlinie vervollständigen das Bild.

Kapitel 21

Beurteilung von Zeichnungen des Trabs

Stellen Sie sich vor, der Verleger eines geplanten Buches hätte Sie gebeten, ein paar Zeichnungen, die einen guten Bewegungsablauf darstellen sollen, zu beurteilen und davon ein paar auszuwählen, die dem Leser vermitteln sollen, worauf er im Ausstellungsring achten muss. Die Zeichnungen wurden von Fotografien abgezeichnet, die eine gute Bewegung im Trab im Profil zeigen sollen. Die Besitzer sind der Ansicht, dass jedes Foto einen guten Bewegungsablauf korrekt widerspiegelt. Wenn sie sich irren, dann machen sie die gleichen Fehler, die Autoren und Zeichner in der Hundewelt seit fast 50 Jahren begehen.

Sie dürfen nicht vergessen, dass die offiziellen Glossare der Hundeterminologie in Kanada, den USA, Großbritannien und Australien den Trab wie folgt beschreiben: »Trab: eine rhythmische (ein Takt pro halber Gangzyklus), diagonale Zweitaktgangart, bei der jeweils das diagonale Beinpaar gleichzeitig auf den Boden aufsetzt (d.h. rechts hinten mit links vorne und links hinten mit rechts vorne).« Das ist auch schon alles. Eine grundlegende Bewegung. Tatsächlich beschreibt die offizielle Beschreibung nur die letzte Bewegung, welche die Pfoten des Hundes im Trab machen. Daher werden wir genau damit beginnen.

Bewertung von vier Hunden 1

Nun schauen wir uns einen Deutsch Kurzhaar, einen Golden Retriever, einen Deutschen Schäferhund und einen Alaskan Malamute genauer an. Achten Sie darauf, dass bei jedem Hund die Pfoten auf andere Art und Weise auf den Boden aufsetzen. Welcher dieser vier Hunde zeigt die letzte Zweitaktbewegung auf korrekte Art und Weise?

Bevor Sie eine Entscheidung treffen, sollten Sie wissen, dass die Trabbewegung im Profil komplexer ist als die Bewegung, die Sie sehen, wenn der Hund weggeht oder auf Sie zukommt. Außerdem ist sie für den Betrachter interessanter.

Deutsch Kurzhaar, Golden Retriever, Deutscher Schäferhund und Alaskan Malamute – Bewertung 1

Im Ausstellungsring muss der Richter im Profil auf acht Dinge achten:

1. Wie weit jeder Lauf nach vorne ausgreift bzw. nach hinten gestreckt wird.
2. Ob die Pfoten unter dem Körper gegeneinander stoßen.
3. Wie weit sich der Vordermittelfuß beugt und der Hintermittelfuß öffnet.
4. Wie hoch jede Pfote vom Boden abgehoben wird.
5. Wie der Kopf getragen wird.
6. Ob die Oberlinie gerade ist.
7. Wie die Rute getragen wird.
8. Die Koordinierung der diagonalen Laufpaare.

Der Besitzer des Deutsch Kurzhaar dachte, die Bewegung seines Hundes sei gut. Auf den ersten Blick - und wenn man nicht weiß, dass seine rechte Vorderpfote zusammen mit der linken Hinterpfote auf den Boden aufsetzen muss - könnte man meinen, das fehlerhafte Viertakttempo dieses Deutsch Kurzhaars sei korrekt. Doch die Tatsache, dass die Pfoten nicht gleichzeitig aufsetzen, lässt darauf schließen, dass die Ausgewogenheit zwischen Vorder- und Hinterhand nicht ausreichend ist. Das hat den nachteiligen Effekt, dass der Körper nach vorn kippt. Doch diese Unausgewogenheit hat auch einen ungewöhnlichen Vorteil: Der Vortritt des rechten Vorderlaufs wird vergrößert. Wenn Sie Ihre Aufmerksamkeit nur darauf lenken, wie weit die Ihnen abgewandten Läufe ausgreifen oder sich strecken, so wie es wohl der Besitzer getan hat, sieht der Bewegungsablauf sehr ansprechend aus.

Dieser Golden Retriever, dessen rechte Vorderpfote zeitgleich mit der linken Hinterpfote auf den Boden aufgesetzt hat, ist ein klassisches Beispiel für die letzte Bewegung, bei der die Pfoten auf den Boden aufsetzen. Seine Bewegungen entsprechen den Anforderungen der offiziellen Beschreibung. Es handelt sich um einen diagonalen Zweitaktgang, bei dem während der zweiten Hälfte des Gangzyklus die linke Vorderpfote zusammen mit der rechten Hinterpfote aufsetzt. Es ist nur verständlich, dass die Zeichner, bestärkt durch den offiziellen Wortlaut, diese letzte Bewegung des Aufsetzens verwenden, um einen guten Bewegungsablauf mit nur einer einzigen Zeichnung darzustellen.

Die diagonalen Pfotenpaare sollten nicht nur gleichzeitig aufsetzen, sondern auch vor dem Punkt, an dem die Läufe die Stützkraft übernehmen, aufsetzen (zum Beispiel die Vorderpfote). Die Pfote greift vollständig nach vorne und wird dann mit derselben Geschwindigkeit, mit der der Körper nach vorne geschoben wird, zurückgezogen. Man muss darauf achten, dass die anderen Pfoten aufsetzen, ohne zu trampeln. Wichtig ist, wo die Pfote aufsetzt. Das ideale Foto des Moments, in dem die diagonalen Pfoten aufsetzen, zeigt, dass sie vor der senkrechten Stützlinie aufsetzen. Nimmt die Kamera die Bewegung, die nach diesem Moment folgt, auf, würde man aufgrund des stützenden Vorderlaufes meinen, dass die Vorderhand an diesem Punkt aufgesetzt hätte.

Durch das Ziehen an der Leine bekommt man den falschen Eindruck, dass bei diesem Deutschen Schäferhund der Vortritt der Vorderhand und die Streckung der Hinterläufe größer sei als tatsächlich der Fall ist. Es könnte sich um einen Schäferhund mit gutem Gangwerk handeln, aber es ist wahrscheinlicher, dass der Hund darauf trainiert wurde, gegen die straff gezogene Leine anzuziehen. Meistens wird dies von einem Hundeführer dazu benutzt, um die Front eines Hundes zu verbessern. Der Besitzer dieses Deutschen Schäferhundes muss das Bild veröffentlicht haben, ohne zu wissen, dass das, was er als guten Vortritt und Schub ansieht, nur dadurch zustande kommt, dass zwei stützende Läufe sich in gegensätzliche Richtungen bewegten, bevor sie die Stützfunktion einnahmen. Würde dieser Hund nicht an der straffen Leine ziehen, wäre er vielleicht in der Phase aufgenommen worden, in der die Läufe keinen Bodenkontakt haben und in der er sich eigentlich befinden sollte. Das werden wir niemals erfahren. Beachten Sie, dass der linke Hintermittelfuß vollständig auf dem Boden aufliegt.

Kleinere, stark behaarte Rassen, die sich durch diese Form der Täuschung auszeichnen, sind beispielsweise der Malteser, Lhasa Apso und der Shih Tzu, deren Schultern steil sind und deren Bewegungsablauf teilweise durch langes, wallendes Fell verdeckt wird. Von diesen drei Rassen sind Lhasa Apsos und deren Hundeführer die erfolgreichsten Täuscher. Sie sind darauf trainiert, gegen eine hoch gehaltene, stramm gezogene (nicht nur gespannte) Leine zu ziehen. Und somit beginnt das Rennen und unter Umständen berühren die Vorderpfoten niemals den Boden. Wenn der Körper primär von den Hinterläufen gestützt wird, greifen die Vorderpfoten sehr weit nach vorne und die Hinterläufe strecken sich meist ebenfalls extrem weit nach hinten (mit minimalem Vortritt).

Die meisten Aussteller dieser kleinen, stark behaarten Rassen haben kundige Hände, die eine steile Schulter erkennen. Daher übernehmen sie es selbst, die Vorderhand zu »tragen«. Bei ausreichender Oberarmlänge, Unterarmlänge sowie Felllänge kann es so aussehen, als ob kleinere, stark behaarte Rassen quasi durch den Ausstellungsring schweben.

Für jede Rasse gibt es einen korrekten Neigungswinkel des Vordermittelfußes. Bei ausdauernden Trabern ist er vollständig, bei bestimmten Terriern (z.B. Lakeland Terrier) nur minimal geneigt. Wie weit er geneigt ist, steht in direktem Zusammenhang mit dem Bau der Vorderhand. Den besten, sichtbaren Hinweis darauf, wie weit der Vordermittelfuß sich im Trab beugt, gibt der Neigungswinkel des Vordermittelfußes des Hundes im Stand.

Die Pfoten des Alaskan Malamute setzen fehlerhaft eine nach der anderen auf und nicht gleichzeitig als diagonales Paar. Außerdem macht der Hund noch etwas anderes, was störend sein sollte, häufig jedoch nicht ist. Bei diesem Malamute macht der rechte Vordermittelfuß etwas Ungewöhnliches. Wenn sein gebeugter Vordermittelfuß nach vorne gebracht wird, überbeugt er. Wie weit sich der Vordermittelfuß beugt, hängt vom Körperbau der jeweiligen Rasse ab. Der Vordermittelfuß des Malamutes sollte sich nicht um mehr als 90 Grad (horizontal) beugen.

Beim Bernhardiner und Deutschen Schäferhund sind übermäßig gebeugte Vordermittelfüße keine Seltenheit (wahrscheinlich aufgrund von schwachen Sehnen), doch bei Malamutes ist das selten der Fall. Vielleicht hat dieser Hund einen schwachen Vordermittelfuß oder er beugt das Vorderfußgelenk zu stark, um die Zeit, in der der Vorderlauf in der Luft ist, zu verlängern. Dass er nur von einem Hinterlauf gestützt wird, lässt darauf schließen, dass seine Front mangelhaft ist.

Anhand einer einzigen Fotografie kann man schwer sagen, warum der Vordermittelfuß übermäßig gebeugt ist. Ich finde, dass dieses fehlerhafte Überbeugen ein wichtiges Thema ist. Bei meiner audio-visuellen Präsentation über den Körperbau und die Fortbewegung verschiedener Hunderassen halte ich in Seminaren den (auf Video übertragenen) Film an und erläutere jedes Beispiel eines übermäßig gebeugten Vordermittelfußes Bild pro Bild.

Bewertung von vier Hunden 2

Im vorigen Kapitel wurde bereits besprochen, dass die Schwebephase bei der Fortbewegung des Hundes sehr falsch verstanden wird. Das schauen wir uns anhand der nächsten vier Zeichnungen genauer an.

Anhand der Abbildung, die von einem Foto eines Schnauzers, der einen guten Bewegungsablauf zeigt, nachgezeichnet wurde, erkennt man eine Methode, die von Zeichnern verwendet wird, um dieses Problem zu umgehen - eine wichtige Information wird einfach ausgelassen! Wenn Zeichner eine Bewegung darstellen, lassen sie häufig, wie bei diesem Schnauzer, den Boden weg. Doch wenn der Boden nicht gezeichnet wird, umgehen sie das Problem der Schwebephase und verleihen dem Hund gleichzeitig mehr Vortritt und Raumgriff.

Ein falsches Verständnis der Schwebephase ist der Grund, warum viele Menschen Probleme haben, die Fortbewegung im Ausstellungsring zu verstehen und zu »sehen«. Dieses Missverständnis beruht auf der falschen Annahme, ein Hund würde nur dann eine Schwebephase zeigen, wenn er eigens dafür gezüchtet wurde. Wenn wir der Annahme Glauben schenken, für eine Schwebephase im Trab sei ein großer Vortritt nötig und der Hund müsse sich in einer schnellen Gangart bewegen, so ist die Wahrscheinlichkeit, dass dieser fehlerfreie Mops eine Schwebephase haben kann, gleich Null. Doch es wurde korrekterweise gesagt, dass er ein guter Läufer ist, und alle vier Läufe befinden sich in der Luft.

Der Zwergpinscher ist gewiss nicht für seinen großen Vortritt oder schnellen Gang bekannt. Aber hier zeigt ein Zwergpinscher beim Trab korrekterweise eine kurze Schwebephase. Er steppt zwar auch, aber das tut er, bevor die diago-

Schnauzer, Mops, Zwergpinscher und Windhund – Bewertung 2

nalen Pfotenpaare den Boden verlassen. Der Zwergpinscher zeigt vorne und hinten dann am stärksten einen steppenden oder Steppgang ähnlichen Gang, wenn seine stützenden diagonalen Läufe senkrecht stehen (Unterarm und Hintermittelfuß).

Alle gut ausgewogenen Hunde haben während des Wechsels von einem diagonalen Laufpaar zum anderen eine kurze Schwebephase. Achten Sie darauf, dass dieser ausgewogene Greyhound, dessen vier Pfoten in der Luft sind, seinen rechten Vordermittelfuß (Vorderfußwurzelgelenk) beugt, wodurch seine rechte Hinterpfote darunter gleiten kann und genau in der Fußspur der rechten Vorderpfote oder ein Stück vor dieser zu liegen kommt. Das kann nur aufgrund der kurzen Schwebephase während des Wechsels von einem diagonalen Laufpaar zum anderen erfolgen. Diese kurze Schwebephase ist absolut notwendig. Ohne eine solche Phase, in der alle Pfoten in der Luft sind, und wenn der rechte Vorderlauf den Körper weiterhin stützen würde, würde die rechte Hinterpfote gegen den rechten Vorderlauf schlagen.

Ein weiterer Grund für die kurze Schwebephase ist die Schwungzeit. Das ist die Zeit, welche die Hundepfote benötigt, um vom Boden abzuheben, sich im Gelenk zu beugen, nach vorne gebracht zu werden, sich zu strecken und wieder zurückgezogen zu werden, bevor sie auf den Boden aufsetzt. Im Schritt gibt es eine lange Stützphase, und der Hund hat genügend Zeit, jeden Lauf anzuheben und nach vorne zu bringen. Doch im schnelleren, normalen Trab ist die Stützphase von geringerer Dauer. Damit ausreichend Zeit bleibt, um den Lauf nach vorne zu bringen, muss die Dauer der Schwungzeit verlängert werden, um die verkürzte Stützphase wieder wett zu machen. Ein ausgewogener Hund erreicht dies im diagonalen Trab, indem er seinen Körper nach oben und nach vorne treibt und somit eine kurze Schwebephase einlegt. Durch diese kurze Schwebephase ist genug Zeit, um den Lauf nach vorne bringen zu können. Während dieser kurzen Schwebephase, in der der Körper entlang seiner Bewegungslinie ohne abbremsenden Bodenkontakt nach vorne getragen wird, wird die größte Entfernung zurückgelegt. Ohne eine solche Schwebephase würde der Hund sich nur über die diagonalen, stützenden Läufe, die mit dem Boden in Kontakt sind, nach vorn bewegen.

Whippet, English Setter, Welsh Corgi und Deutscher Schäferhund – Bewertung 3

Bewertung von vier Hunden 3

Die von diesem Whippet gezeigte kurze Schwebephase garantiert nicht, dass seine Bewegungen gut sind. Sie ist nur ein Hinweis darauf, dass dieser Whippet ausgewogen ist und seine vier Läufe nach vorne und nach hinten gleich weit ausgreifen. Achten Sie darauf, wie viel Licht der Hund unter dem Rumpf zeigt. Das liegt daran, dass er entweder im Rücken zu lang ist, vorne oder hinten nicht ausreichend gewinkelt ist oder er sich zu langsam bewegte, als das Foto aufgenommen wurde. Dieses Foto erinnert uns daran, dass man bei der Auswahl eines Bildes auf den Bereich unterhalb des Rumpfes achten muss.

Die Zeichnung des English Setters, dessen rechte Hinterpfote unter die rechte Vorderpfote gleitet, ist eine Kopie eines veröffentlichten Fotos, welches dem Leser fälschlicherweise verdeutlichen sollte, dass die zeitliche Koordinierung der Pfoten dieses Hundes hervorragend sei. Das ist falsch. In dieser Phase, in der die Pfoten unter andere Pfoten gleiten, sollten alle vier Pfoten vom Boden abgehoben sein. Bei diesem English Setter wurde das merkwürdige Paar (lateraler) stützender Läufe sicherlich in dem Moment aufgenommen, in dem der Hund zum Stillstand kam. Durch das Betrachten tausender Zeitlupenaufnahmen von Pfoten bin ich zu dieser Antwort gelangt. Achten Sie außerdem darauf, dass der rechte Vordermittelfuß übermäßig gebeugt ist. Das passiert häufig, wenn ein Hund zum Anhalten gezwungen ist oder am Ende des Ausstellungsringes eine ganze Kehrtwendung macht.

Hunde mit kurzen Läufen, auch diejenigen mit einem langen Körper oder einer Front, bei der die Vorderläufe sich um die Vorbrust »wickeln«, wie bei diesem fehlerfreien Pembroke Welsh Corgi, zeigen im Ausstellungsring im Trab eine kurze Schwebephase. Außerdem öffnen sie das Sprunggelenk und strecken den Hinterlauf vollständig nach hinten über die Senkrechte hinaus. Bei dieser Gelegenheit möchte ich mich dafür entschuldigen, dass bei dem Welsh Pembroke, den ich auf Seite 149 des informativen Buches von Curtis Brown *Dog Locomotion and Gait Analysis* gezeichnet habe, der Hinterlauf nicht gestreckt ist.

Dieser weit ausgreifende, sich schnell bewegende Deutsche Schäferhund, der länger als hoch ist, greift über. Laut dem Wortlaut des kanadischen und des amerikanischen Standards ist diese Bewegung korrekt (im britischen und im FCI-Standard wird dies nicht genannt). Übergreifen ist nicht korrekt, wenn der Deutsche Schäferhund schränkt, wenn also der Körper von der geraden Linie abkommt. Bei diesem Beispiel wird die linke Hinterpfote, während sie in der Luft ist, an der Innenseite der linken Vorderpfote vorbeigezogen.

In der zweiten Hälfte des Gangzyklus tritt das Gegenteil ein. Das Ergebnis ist ein ausgreifender, federnder, scheinbar müheloser, gleichmäßiger, rhythmischer Gang. Je besser die Koordinierung der diagonalen Laufpaare, desto länger ist die Schwebephase. Wir nennen dieses schnelle Übergreifen »fliegender Trab«.

Eine Bewertung von drei Hunden

Im diagonalen Trab können alle Rassen, so wie dieser Kuvasz, eine kurze Schwebephase einlegen, ohne überzugreifen. Durch diese Schwebephase

1. kann die Hinterpfote während des Wechsels von einem Laufpaar zum anderen unter der lateralen Vorderpfote aufsetzen,
2. wird, dadurch dass alle vier Läufe in der Luft sind, die größte Entfernung zurückgelegt und
3. ist ausreichend Zeit, um die Entfernung in der Luft zurückzulegen. Allerdings wird diese Tatsache in keinem Rassestandard (auch nicht beim Deutschen Schäferhund) bei der Beschreibung des Gangwerks erwähnt.

Die Länge des Rumpfes und der Läufe sowie die Winkelung haben einen großen Einfluss auf den Vortritt. Dieser fehlerfreie, ausgewogene Welsh Springer Spaniel hat einen mäßig langen Rumpf, er ist etwas länger als hoch, und hat mäßig lange Läufe. Sein geschmeidiger Gang wurde aufgenommen, als alle vier Läufe in der Luft waren. Er ist ein gutes Beispiel für den ausdauernden Trab.

Dieser quadratische Bretonische Spaniel (Rumpf- und Widerristlänge sind gleich) hat längere Läufe und greift über. Er greift über, weil er entweder zu stark gewinkelt ist oder zu schnell läuft. Manche Richter sind auf den quadratischen Standard des Bretonischen Spaniels konditioniert und erlauben bzw. fördern sogar das Übergreifen. In Europa ist das nicht der Fall. Der kanadische (1994) und der amerikanische Standard (1990) des Bretonen lautet wie folgt: »Im Trab soll die Fußspur der Hinterpfote des Bretonischen Spaniels in oder über derjenigen der Vorderpfote zu liegen kommen.« Manche, vielleicht sogar viele, interpretieren diesen Hinweis fälschlicherweise so, dass es in Ordnung ist, wenn ein Britanny im Trab übergreift.

Das ist jedoch nicht in Ordnung. Der ausgewogene Bretone mit mäßiger Winkelung läuft bei normaler Ausstellungsgeschwindigkeit so, dass er über die Fußspur der Vorderpfote hinaus tritt, ohne dass er übergreifen muss, da während der kurzen Schwebephase der Körper über die Fußspur der Vorderpfote hinaus nach vorne gebracht wird. Diese Meinung wird von denjenigen Kanadiern und Amerikanern, die für sich mit der Rasse beschäftigen, geteilt. Ob diese Ansicht dazu führen wird, dass weniger spektakuläre Bewegungen gezeigt werden oder dass Aussteller einen Gang zurückschalten oder Richter von Britannys einen langsameren Gang fordern, ist strittig.

Kuvasz, Welsh Springer Spaniel, Britanny

Hunde greifen im Ausstellungsring über, wenn

1. sie sich zu schnell bewegen,
2. sie einen zu kurzen Rumpf haben,
3. ihre Läufe zu lang sind,
4. ein Körperende stärker als das andere ist,
5. sie zu stark gewinkelt sind.

Der Deutsche Schäferhund ist die einzige Rasse, die übergreifen darf (ohne jedoch zu schränken). Was den Deutschen Schäferhund anbelangt, kann ich nur über den in Kanada und den USA sowie über ihre jeweiligen Standards sprechen. Beide fördern das Übergreifen. Der britische Standard verlangt nur, dass der Hinterlauf den Körpermittelpunkt erreicht. Der FCI-Standard verlangt nur, dass die Hinterläufe unter dem Körper gut nach vorne geschoben werden.

Eine Bewertung von fünf Hunden

Zusätzlich dazu, dass die diagonalen Pfotenpaare gleichzeitig auf den Boden aufsetzen müssen, müssen sie auch gleichzeitig vom Boden abgehoben werden. Hunde, die in dem Moment, in dem die diagonalen Laufpaare den Boden verlassen, mit einer Zeitlupenkamera aufgenommen wurden, können ein beeindruckendes Bild für die gute Bewegung eines Hundes liefern.

Es gibt keine offizielle Regel, die besagt, dass die diagonalen Pfoten den Boden gleichzeitig verlassen müssen. Es heißt nur: »Der Trab ist eine rhythmische, diagonale Zweitaktgangart (ein Takt pro halber Gangzyklus), bei der jeweils das diagonale Laufpaar gleichzeitig auf den Boden aufsetzt.« Es wäre jedoch nahe liegend, dass der Trab nicht wirklich rhythmisch sein kann, wenn die diagonalen Laufpaare im Viertakt angehoben, aber im Zweitakt aufgesetzt werden.

Drei dieser fünf Hunde wurden gefilmt, während die Läufe korrekt vom Boden abgehoben wurden. Doch nur einer ist ein guter Läufer. Welcher?

Dieser Barsoi hebt die diagonalen Läufe korrekt vom Boden ab. Die Oberlinie ist stramm und die Entfernung, mit der alle vier Läufe nach vorne greifen und sich nach hinten strecken, stimmt überein.

Wenn Ihnen gefällt, dass der Vorderlauf dieses Dalmatiners spektakulär weit nach vorne greift und sein linker Hinterlauf genauso weit nach hinten gestreckt wird, stehen Sie mit Ihrer Ansicht nicht alleine da. Vortritt und Raumgriff übertreffen die korrekte, aber weniger spektakuläre diagonale Bewegung des Barsoi. Das ist der Fall, weil dieser Dalmatiner fälschlicherweise nur von seinem rechten Vorderlauf gestützt wird. Dass er nur von einem Lauf gestützt wird, lässt darauf schließen, dass die Ausgewogenheit zwischen Vorder- und Hinterhand nicht korrekt ist und dass die diagonalen Läufe, statt gleichzeitig ange-

Dalmatiner, Glatthaar Foxterrier, Drahthaar Foxterrier, Teckel und Barsoi

hoben zu werden, einzeln angehoben werden. Diese Unausgewogenheit ist teilweise dafür verantwortlich, dass dieser Dalmatiner übergreift. Ich sage deswegen »teilweise«, weil es auch sein kann, dass er sich zu schnell bewegt hat.

Dieser Glatthaar Foxterrier wurde ebenfalls gefilmt, als er nur von einem Lauf gestützt wurde, und es sieht so als, als ob er auch übergreifen müsse. Eigentlich aber wurde dieser Terrier nicht im vollen Trab fotografiert, sondern in dem Moment, in dem er abrupt anhalten musste. Die Chancen stehen gut, dass dieser Hund fehlerfrei und ausgewogen ist.

Man muss nicht nur eine hohe Verschlussgeschwindigkeit benutzen und den Hund in niedriger Augenhöhe aufnehmen. Der Hund muss, in dem Moment, in dem er aufgenommen wird, auch in der für ihn besten Geschwindigkeit sowie quer zur Kamera laufen. Außerdem muss er immer von rechts nach links laufen, so wie im Ausstellungsring, und mit dem Trab rund sechs Meter rechts von der Kamera entfernt beginnen und rund sechs Meter links davon enden, damit er im entscheidenden Moment gleichmäßig läuft. Darüber hinaus müssen viele Fotos gemacht werden. Das Foto dieses Drahthaar Foxterriers zeigt, wie die diagonalen Pfotenpaare gleichzeitig angehoben werden, woraus man schließen kann, dass die Ausgewogenheit zwischen Vorder- und Hinterhand korrekt ist. Doch die Stellung seiner Läufe besagt noch nicht, dass er ein guter Läufer ist, denn sein Körperbau weist einen ernsthaften Fehler auf. Dieser Drahthaar beispielsweise ist säbelbeinig.

Einige Rassen haben das Problem, dass ihre Sprunggelenke sich nicht vollständig öffnen. Im Englischen spricht man nicht von »säbelbeinig«, sondern von »sickle hocked«, was wörtlich mit »sichelbeinig« zu übersetzen wäre. Dieser Ausdruck stammt von der Sichel, dem landwirtschaftlichen Gerät mit einem kurzen Griff und einer halbmondförmigen Klinge, mit dem Getreide und Gras geschnitten werden. Der linke Hinterlauf dieses Drahthaar Foxterriers hat diese Form. In diesem Stadium sollte sein linkes, hinteres Sprunggelenk aber vollständig geöffnet sein und die Pfote weiter hinten stehen als sie es tut. Der linke Hintermittelfuß des Hundes (zwischen Sprunggelenk und Pfote) darf sich nach hinten bis in eine vertikale Stellung strecken, aber niemals darüber hinaus.

Kann sich ein Hintermittelfuß nicht öffnen, kann der Hund, wenn die Pfote auf dem Boden ist, keinen Schub nach hinten erzeugen, oder den Hinterlauf nicht vollständig nach hinten strecken. Um die verringerte Streckung nach hinten zu kompensieren, heben manche Hunde den Hinterlauf zu stark an und bringen ihn zu hoch und rotierend nach vorne.

Dieser säbelbeinige Teckel, dessen Hintermittelfuß zu lang ist, kompensiert die Tatsache, dass er die linke Hinterpfote nicht über die senkrechte Stellung des Hintermittelfußes hinaus nach hinten strecken kann, auf andere Weise. Um die Zeit, während der die Hinterpfote sich in der Luft befindet, zu verlängern, macht sein rechter Hinterlauf einen »Stechschritt«, wodurch unnötig Kraft verschwendet wird.

Zusammenfassend kann man sagen, dass man für das beste Foto der Trabbewegung eines Hundes aus den Dutzenden geschossenen Fotos drei bestimmte Bewegungen auswählen muss. Am spektakulärsten kann man den Hund präsentieren, wenn sich alle vier Läufe in der Luft befinden. Als zweites kommt das Bild, das in dem Moment aufgenommen wurde, in dem die diagonalen Pfotenpaare gleichzeitig auf den Boden aufsetzen. Das dritte zeigt den Moment, in dem die diagonalen Pfotenpaare gleichzeitig vom Boden angehoben werden.

Auf dem Foto, das Sie auswählen, muss der Hund entweder von zwei diagonalen Läufen oder keinem Lauf gestützt werden. Wird er nur von einem Lauf gestützt, läuft er entweder zu schnell, kam zum Stehen oder die Ausgewogenheit zwischen Vorder- und Hinterhand ist nicht korrekt. Wird er von zwei Läufen gestützt, bei denen es sich jedoch nicht um ein diagonales Laufpaar handelt, wurde er irgendwie in seiner Vorwärtsbewegung behindert (beispielsweise durch eine straff gezogene Leine) oder er kam zum Stehen, als das Foto gemacht wurde. Immer mehr Leute halten ihre fehlerfreien Hunde im Bild fest, während sie korrekt traben. Und immer mehr Leser wissen, dass körperliche Schwächen der Grund sind, warum der Hund auf manchen veröffentlichten Fotos nur von einem Lauf gestützt wird. Und immer mehr Verlage von illustrierten Handbüchern weisen ihre Zeichner darauf hin, wie die gute Bewegung im Trab dargestellt werden soll.

Kapitel 22

Acht Trabarten

Nicht alle Rassen sind ausdauernde Traber, und es gibt auch keinen einheitlichen Trab. Allerdings gibt es einen Trab, den viele Rassen gemein haben. Ein gut laufender Golden Retriever stellt in dieser Hinsicht die Normalform dar. Zusätzlich zu dieser einen gemeinsamen Trabart gibt es noch mindestens sieben weitere anerkannte Arten, die Sie kennen sollten. Manche werden detailliert in den jeweiligen Rassestandards beschrieben, manche weniger ausführlich und andere sogar gar nicht. Richter, die diese Arten nicht kennen, könnten diese Rassen bei der Beurteilung des Ganges nachteilig bewerten.

Der Podenco Ibicenco

Der Trab einer Rasse wird häufig durch deren eigentliche Funktion bestimmt. Der Podenco Ibicenco ist dafür ein klassisches Beispiel. Dass er sich beim Trab auf eine bestimmte Art und Weise bewegt, liegt daran, dass er seiner Bauart nach ein Windhund ist, der zu einer zweiten Schwebephase im schnellen Galopp fähig ist.

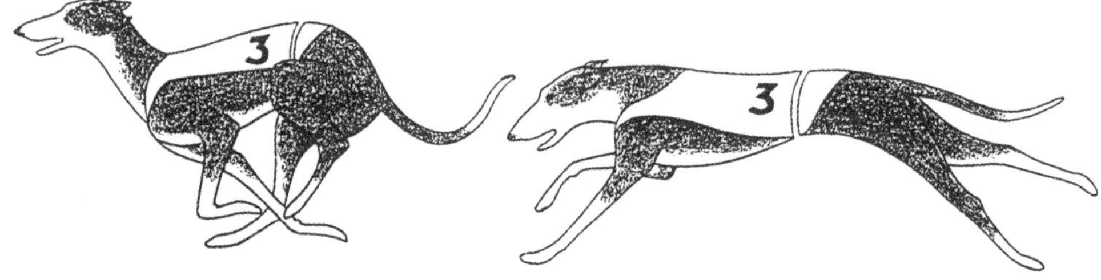

Podenco Ibicenco im Galopp

Der Name der Rasse stammt von der spanischen Insel Ibiza, die von Ägyptern, Arabern, Karthagern, Römern, Chaldäern und Vandalen beherrscht wurde. Dadurch, dass die Rasse jahrhundertelang isoliert lebte, hat sie sich sehr gut an ihre Umwelt angepasst. Im Gegensatz zu den meisten Windhunden verwendet der Podenco Ibicenco bei der Jagd nicht nur seinen Seh- und Geruchssinn, sondern auch sein Gehör. Sein Erscheinungsbild ist genauso ungewöhnlich wie seine Fähigkeiten.

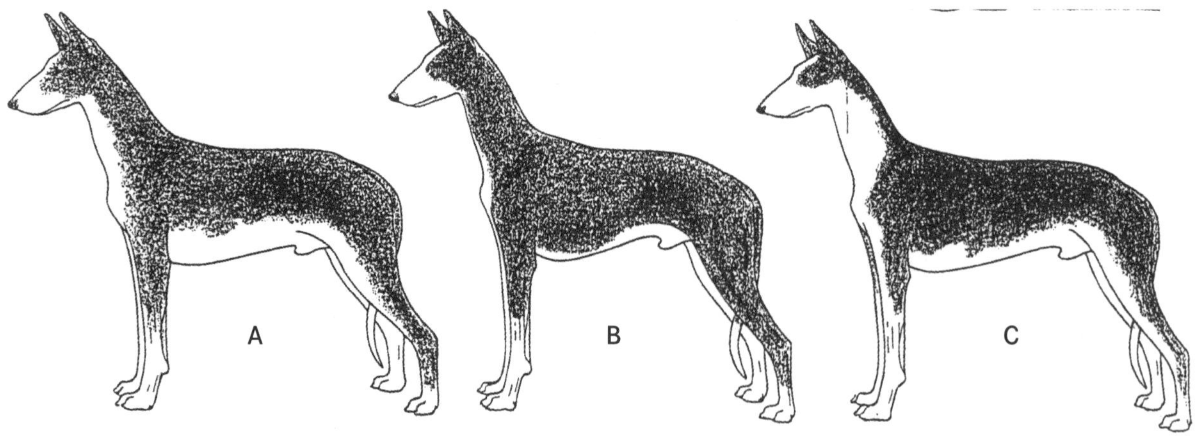

Podenco Ibicenco

Bevor ich darauf eingehe, inwieweit der Podenco Ibicenco von der Norm abweicht, zeige ich Ihnen drei Podencos, denen Sie die Plätze eins, zwei und drei zuordnen sollen. Ihre jeweiligen Erscheinungsbilder unterscheiden sich, und das hat etwas mit der Funktion zu tun. Welcher Podenco Ibicenco ist Ihrer Meinung nach der typischste?

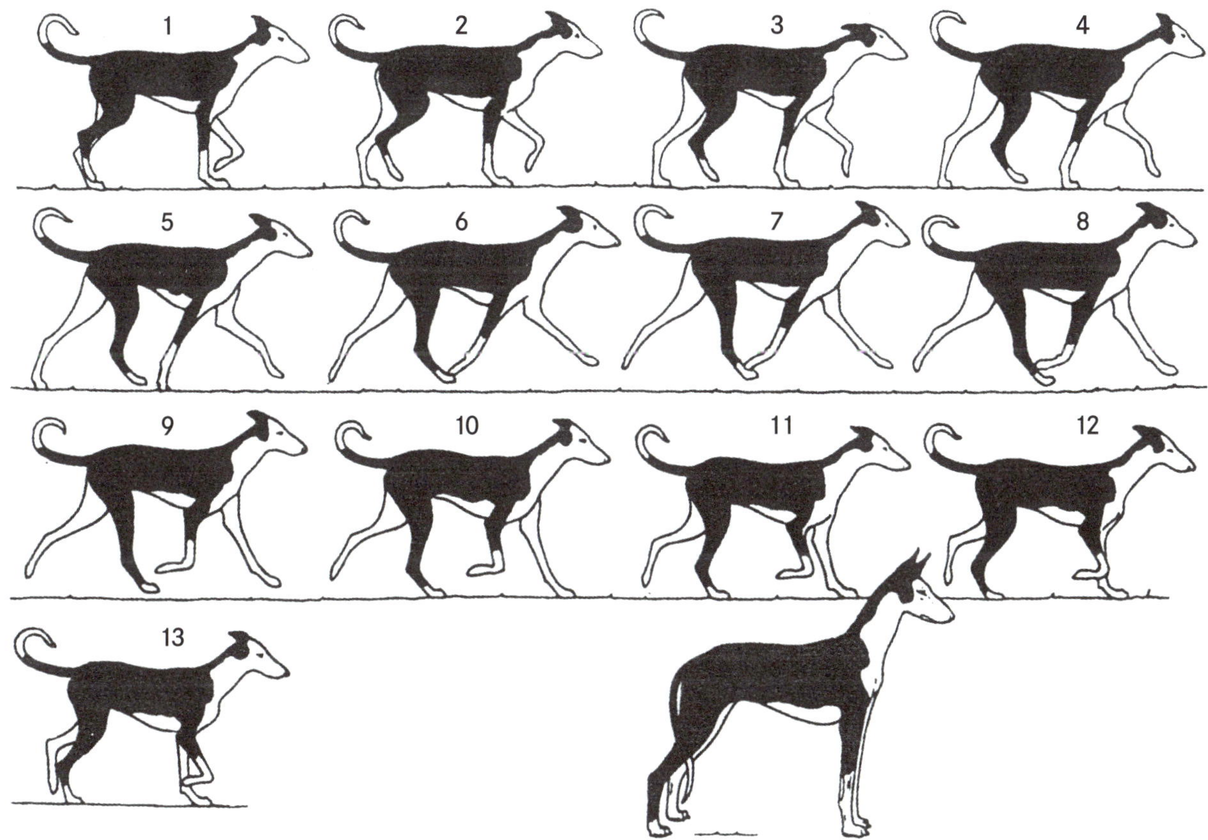

Podenco Ibicenco im Trab: eine illustrierte Bildfolge

Fiel es Ihnen schwer, zu entscheiden, dass Hund B der beste Podenco Ibicenco ist? Bei Hund A sind Nacken, Rumpf und Knochen zu schwer. Bei Hund C sind sowohl Brustkorb als auch Lendenpartie lang - der Rumpf sollte nur etwas länger als hoch sein.

Schauen wir uns nun die Gangart an. Der Podenco Ibicenco ist für Schnelligkeit und Gewandtheit gebaut. Aber er wird im Trab bewertet. Sie müssen wissen, dass diese Rasse im Trab einen »schwebenden« Gang zeigt, so wie in Phase 7 der illustrierten Bildfolge, in der der Vorderfuß dazu neigt, zu schweben, bevor er auf den Boden aufsetzt.

Der Chow Chow

Diese alte Rasse stammt aus Nordchina und wurde als »Allzweckhund« für die Jagd, als Hütehund, Zughund sowie als Wachhund eingesetzt. Heutzutage ist er vorwiegend Begleithund, darum darf man bei der Beurteilung des wahren Chow Chow-Typs nicht vergessen, dass es sich ursprünglich um eine Arbeitsrasse handelte. Der Chow Chow ist ein kräftiger, robuster, quadratisch gebauter und stattlicher Hund. Er gehört zu den nordischen Hundetypen, ist mittelgroß, stark bemuskelt mit kräftiger Knochensubstanz. Der Körper ist kompakt, kurzlendig, breit und tief, die Rute ist hoch angesetzt und wird über dem Rücken getragen. Der Körper wird von vier geraden und kräftigen Läufen getragen. Von der Seite ist kaum Winkelung der Hinterläufe zu erkennen, das Sprunggelenk und die Hintermittelfüße befinden sich direkt unter dem Hüftgelenk. Dieser Körperbau ist verantwortlich für den für diese Rasse einzigartigen, charakteristischen, kurzen und stelzenden Gang.

Chow Chows bewegen sich im Trab auf eine einzigartige Art und Weise, die man selten in Perfektion zu sehen bekommt. Der Hund muss fehlerfrei und sein Gang geradlinig, agil, kurz, schnell und kraftvoll, jedoch niemals tapsend sein. Die Gangart der Hinterläufe ist aufgrund einer ziemlich geraden Hinterhand kurz und steif, so wie bei Hund A. Vergleichen Sie den korrekt gebauten Hund A mit der stärkeren Winkelung von Hund B, der einen durchschnittlichen Hund repräsentiert. Von der Seite kann dieser einzigartige, steifbeinige Gang am besten beurteilt werden. Der Hinterlauf bewegt sich von der Hüfte in einer geraden, stelzenden Pendelbewegung (schwingend, als ob der Hund auf Stelzen stehen würde) nach oben sowie nach vorne, wobei das Hinterteil leicht wippt. Die Läufe werden weder zu weit nach vorne noch nach hinten ausgestreckt und der Hinterlauf beugt sich in Knie- und Sprunggelenk nicht wie bei Hund B. Der Hinterlauf übt einen starken Schub aus, der die Kraft direkt und aufgrund der minimalen Hinterhandwinkelung in fast gerader Linie auf den Rücken überträgt. Um diese Kraft effizient auf die Vorderhand übertragen zu können, muss der Abstand zwischen Vorder- und Hinterhand kurz sein und der Rumpf darf in der Bewegung nicht um die Längsachse rollen.

Chow Chow im Trab

Der Foxterrier

Die Trabbewegung des Foxterriers unterscheidet sich von der Bewegung ausdauernder Traberrassen, da er - wie der Drahthaar Foxterrier, Airedale Terrier, Lakeland Terrier, Irish Terrier und der Welsh Terrier - eine ähnliche, charakteristische Front eines Erdhundes hat, bei der die Schulter gut zurückliegend, der Oberarm kurz und eher senkrecht und die Vorbrust oder die Neigung des Vordermittelfuß nur gering ist.

Im AKC-Standard des Foxterriers ist die Beschreibung des Gangwerks scheinbar widersprüchlich. Widersprüchlich insofern, als dass es erst heißt, die Bewegung sei äußerst wichtig, aber anschließend Unausgewogenheit angedeutet wird, denn es wird gefordert, dass die grundlegende Antriebskraft aus der Hinterhand kommen soll (britischer FCI-Standard: »viel Schub aus der Hinterhand«). Dieser Hinweis im Standard wird von manchen Ausstellern als Rechtfertigung benutzt, die Front vom Boden anzuheben, indem stark an der Leine gezogen wird. Vielleicht bezieht der Stan-

Airedale Terrier und Glatthaar Foxterrier

dard den Kommentar, dass die grundlegende Antriebskraft aus der Hinterhand kommen soll, auf die Fähigkeit des Foxterriers mit Pferden und Füchsen Schritt halten zu können - allerdings im Galopp und nicht im Trab. Bill Dosset, der seit langem Foxterrier züchtet, schreibt im März 1994 in der AKC Gazette: »Schlechtes Gangwerk bei Hunden mit einer guten Hinterhand, aber einer weniger guten Vorderhand ... Wenn Sie sich anschauen, wo die Vorder- und Hinterpfoten des schlecht gebauten Foxterriers aufsetzen, werden Sie erkennen, dass die Hinterpfote nur 12 Millimeter hinter der Vorderpfote aufsetzt.« Beim Laufen ist, von vorne gesehen, der Abstand zwischen den Pfoten dieses Terriers (in diesem Fall eines Airedale Terriers), wenn sie nach vorne gebracht werden, derselbe wie zwischen den Ellbogen. In der Seitenansicht (siehe unten) greifen die Läufe des Glatthaar Foxterriers wie die eines Erdhundes nach vorne und nach hinten, und nicht wie bei einem ausdauernden Traber, wie beispielsweise dem Dalmatiner.

Dalmatiner und Glatthaar Foxterrier im Trab

Der Teckel

Einer dieser zwei Teckel im Stand und in der Bewegung ist korrekt gebaut, der andere nicht. Welcher ist korrekt?

Die ungewöhnliche Front des Teckels weicht insofern von der Norm ab, als dass der Ellbogen ein gutes Stück oberhalb des tiefsten Punkts des Brustbeins sitzt. Bei den meisten Rassen liegt der Ellbogen in Höhe des tiefsten Punkts des Brustbeins. Von vorne gesehen sind die Schulterblätter am Widerrist nah zusammen. Die Ellbogen liegen oberhalb der Brustunterseite, und der Unterarm zwischen Ellbogen und Vorderfußwurzelgelenk krümmt sich leicht um den niedrigen Körper. Dadurch stehen die Vorderfußwurzelgelenke beim korrekten Beispiel etwas näher beieinander als die Buggelenke. Bei dem korrekten Hund A ist der Vorderlauf erst ab dem Vorderfußwurzelgelenk abwärts gerade. Seine Pfoten sind korrekterweise leicht auswärts gedreht. Durch diese Front, bei der die Vorderläufe sich um die Vorbrust »wickeln«, ist der Gang geschmeidiger und kontrollierter als bei einem fehlerhaften kürzeren Oberarm und einer geraden Front wie bei Hund B.

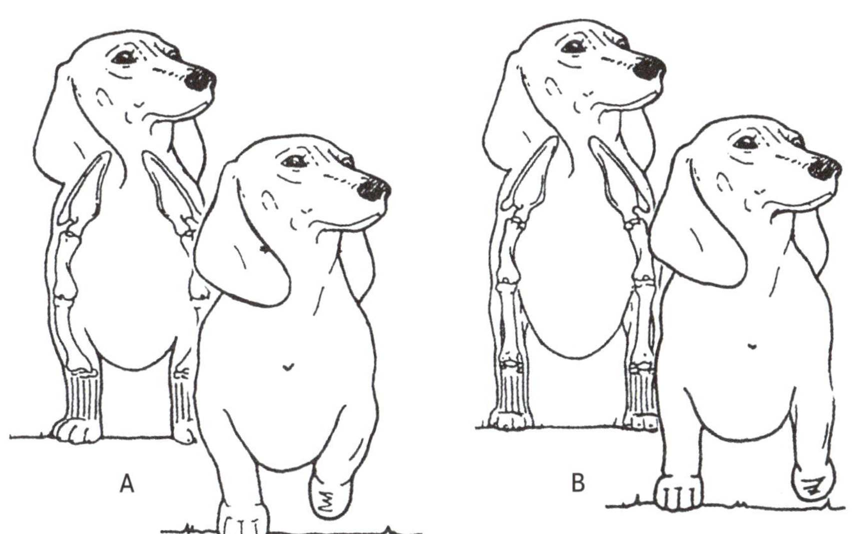

Teckel, im Stand und in der Bewegung

Der Deutsche Schäferhund

Ein gut gebauter Deutscher Schäferhund läuft mit der geschmeidigen, kräftigen und gleichmäßigen Bewegung einer gut geschmierten Maschine. Um die ausgreifende, federnde, scheinbar mühelose Bewegung des Deutschen Schäferhunds im fliegenden Trab zu zeigen, habe ich ihn neben einen mäßiger gewinkelten Tervueren gezeichnet. Der Unterschied zwischen normalem Ausgreifen und Übergreifen ist deutlich zu erkennen. Dass der Deutsche Schäferhund in der illustrierten Bildfolge übergreift, ist nicht fehlerhaft, sofern er nicht im Krebsgang läuft, im Fachjargon »schränken« genannt (d.h. der Körper des Hundes wird nicht in einer geraden Linie nach vorne gebracht).

Die Läufe des Deutschen Schäferhundes und des Tervueren sind leicht nach innen in Richtung Körpermittelpunkt gedreht, damit er ausgewogen ist. Der Tervueren ist eine der wenigen Rassen, deren Innenzehen eine Mittellinie unterhalb des Rumpfes berühren. Der Malinois, der Belgische Schäferhund, der Collie und der Shetland Sheepdog sind vier weitere Rassen, bei denen dies so ist.

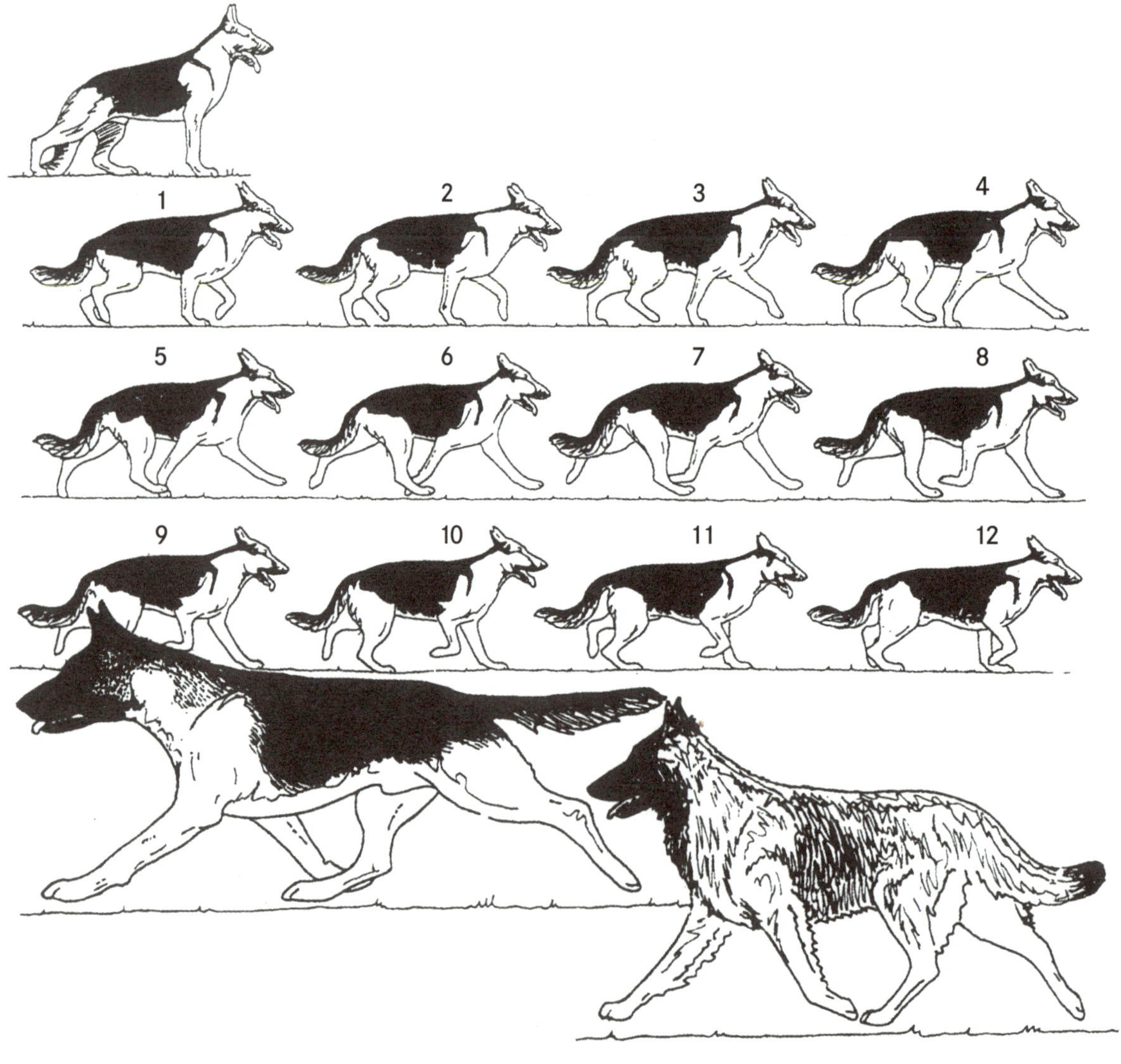

Deutscher Schäferhund im Trab und ein Einzelbild eines Tervueren

Der Golden Retriever

Dieser aufgebaute und im Profil laufende Golden Retriever repräsentiert in der Hundewelt die Normalform - den ausdauernden Traber. Ich möchte Ihre Aufmerksamkeit auf die Phasen 5 und 6 lenken, in denen es während des Wechsels von einem diagonalen Laufpaar zum anderen eine kurze Schwebephase gibt, also alle vier Läufe in der Luft sind. Man sollte diese Phase zeigen, wenn man die Fortbewegung in nur einem Bild festhalten muss.

Ausdauernde Traber sind normalerweise etwas länger als hoch und die Länge der Läufe entspricht der Brusttiefe. Der am besten laufende Hund, von dem ich Filmmaterial besitze, ist dieser Golden Retriever. Achten Sie darauf, dass die diagonalen Laufpaare gleichzeitig den Boden verlassen, dann gleichzeitig auf den Boden aufsetzen und es letztlich während des Wechsels von einem Laufpaar zum anderen zu einer kurzen Schwebephase kommt. Alle vier Läufe greifen genauso weit nach vorne wie sie sich nach hinten strecken.

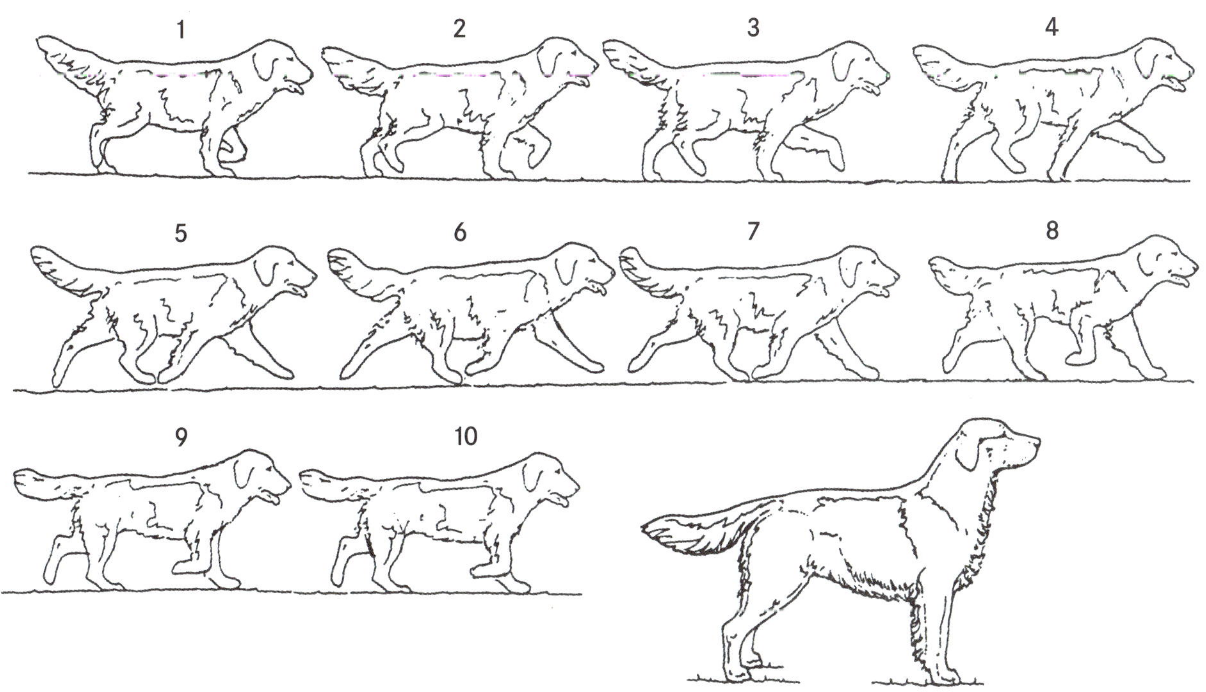

Der Golden Retriever im Trab

Die Englische Bulldogge

Aufgrund ihres ungewöhnlichen Körperbaus läuft die Englische Bulldogge auch auf ungewöhnliche Art und Weise. Das fällt einem weniger ins Auge, wenn sie auf einen zukommt, als wenn sie von einem wegläuft. Welche der zwei Bulldoggen auf der nächsten Zeichnung läuft sowohl kommend als auch weggehend korrekt?

Wenn eine Bulldogge im Trab auf einen zukommt, sollten die Vorderläufe sich einander leicht annähern und gerade nach vorne gebracht werden, und die Pfoten sollten geradeaus zeigen, so wie bei Hund A.

Im Stand können die Vorderpfoten gerade oder leicht nach außen gedreht sein. Von hinten gesehen sind die Kniegelenke von Hund D nach außen und vom Körper weg gedreht, so dass die Sprunggelenke einander angenähert sein müssen. Die Hinterhand der anderen Bulldogge wurde von einem Aussteller, der nicht weiß, dass leichte Kuhhessigkeit bei dieser Rasse kein Fehler ist, weiter auseinander platziert. Das tritt häufig auf. Der Aussteller möchte das Erscheinungsbild der Hinterhand verbessern, indem er die kuhhessigen Hinterläufe begradigt, dadurch aber zu einer Abweichung vom Typ beiträgt.

Die Englische Bulldogge im Kommen und im Gehen – welche ist korrekt?

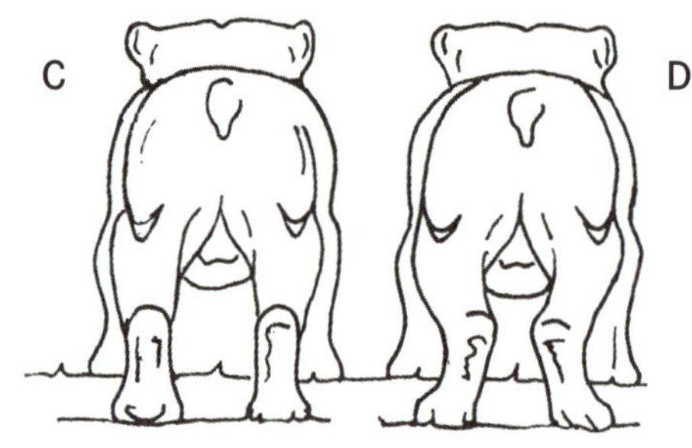

Die Englische Bulldogge im Stand, von hinten gesehen – welche ist korrekt?

Mein Versuch, die Fortbewegung von hinten gesehen zu zeichnen, ist nötig, denn man muss unbedingt wissen, dass der Hinterlauf an einem Körper, dessen Front breiter als die Hinterhand ist, vorbeigezogen werden muss. Aus diesem Grund ist das Kniegelenk nach außen und das Sprunggelenk nach innen gedreht, und der Hinterlauf wird halbkreisförmig um den stützenden Lauf nach vorne gebracht. Das »charakteristische Rollen« ist das Ergebnis dieser ungewöhnlichen Bewegungsart, die ich hier gezeichnet habe. Nach Studium dieser Informationen und Zeichnungen sollte es klar sein, dass Bulldogge D korrekt ist.

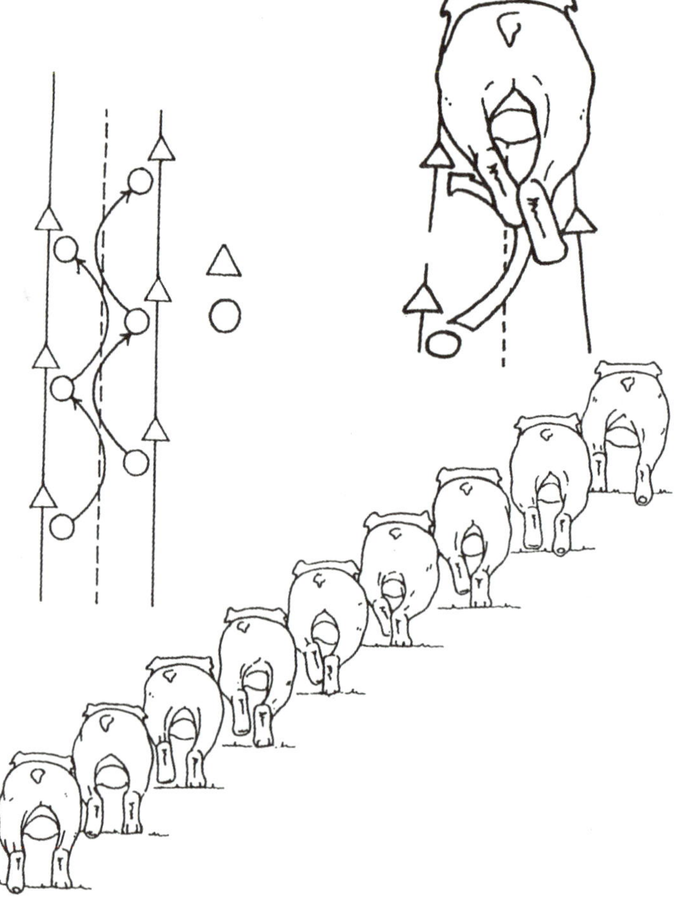

Die Englische Bulldogge im Gehen

Der Zwergpinscher

Anmerkung des deutschen Verlages. Warnung: Der für den FCI-Bereich allein gültige (deutsche) Standard zeigt, wie weit sich der AKC/CKC-Standard vom Ursprungsland hinweg entwickelt hat. Robert Coles Ausführungen sind für die FCI eher abwegig. Der FCI-Wortlaut sei deshalb hier wiedergegeben: »Gangwerk: Der Zwergpinscher ist ein Traber. Der Rücken bleibt in der Bewegung fest und relativ ruhig. Der Bewegungsablauf ist harmonisch, sicher, kraftvoll und ungehemmt, bei guter Schrittweise. Typisch für den Trab ist ein raumgreifender, gelöster und flüssiger Bewegungsablauf, mit kräftigem Schub und freiem Vortritt.« Der FCI-Standard verzeichnet im Bereich »Fehler« eigens: »Steppender Gang«.

Einer dieser fünf Zwergpinscher zeigt die für diese Zwergrasse korrekte Gangart. Welcher? Alle fünf wurden von illustrierten Bildfolgen, die mit 54 Bildern pro Sekunde aufgenommen wurden, abgezeichnet. Alle fünf zeigen in Phase 2, der für diese Rasse aussagekräftigsten Phase, eine andere Bewegung. In Phase 2 wird der Vorderlauf auf spektakuläre Art und Weise, jedoch übermäßig hoch, angehoben. Außerdem müssen noch einige andere Merkmale der Bewegung beachtet werden, um zu entscheiden, welcher Zwergpinscher die für diese Rasse typische Trabbewegung am besten repräsentiert.

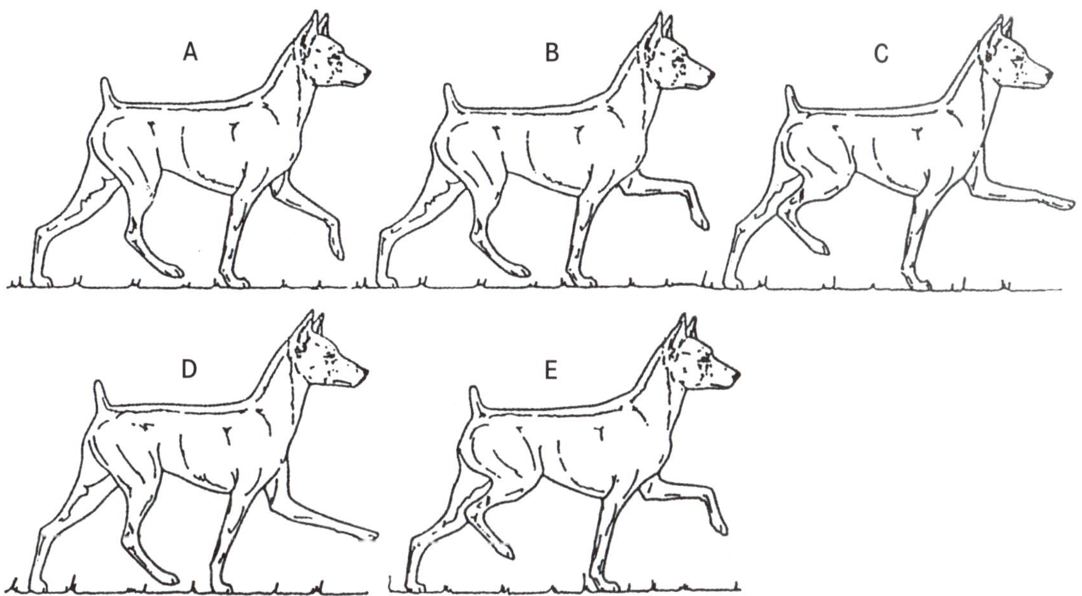

Fünf verschiedene Zwergpinscher in Phase 2 des Trabs

Die Rassebeschreibung des Zwergpinschers fordert einen »steppenden« oder »Steppgang ähnlichen« Gang. Der kanadische Standard des Zwergpinschers fordert einen »deutlich steppenden Gang«, während der britische Standard verlangt, dass die Bewegung »koordiniert ist, damit ein richtiger Steppgang möglich ist«. In den USA ist diese Anforderung so abgeändert, dass ein »Steppgang ähnlicher Gang« gefordert wird. Doch andere wichtige Gesichtspunkte werden näher ausgeführt, beispielsweise die Neigung des Vorderfußwurzelgelenks.
Im amerikanischen Standard (1980) wird die Neigung des Vorderfußwurzelgelenks wie folgt gefordert: »Die Steppgang ähnliche Gangart ist ein hochsteppender, ausgreifender, freier und leichter Gang, bei dem der Vorderlauf gerade nach vorne und vor den Körper gebracht wird und die Pfote sich am Vorderfußwurzelgelenk beugt. Der Hund erhält aus der Hinterhand gleichmäßigen und starken Schub. Kopf und Rute werden hoch getragen.«

Da der Steppgang bei den meisten Rassen ein Fehler ist, der durch eine steile Schulter verursacht wird, glauben viele Leute, dass der Zwergpinscher eine steile Schulter haben müsse, um sich mit einem kraftraubenden, aber ansprechenden Steppgang bewegen zu können. Doch das Gegenteil ist der Fall, auch wenn nicht alle Autoren dieser Meinung zustimmen. In seinem illustrierten Fachbuch *Canine Terminology* schürt Harry Spira diese Diskussion, indem er sagt: »Für den Steppgang des Zwergpinschers ist eine eher steile Schulterwinkelung sowie ein senkrechter Vordermittelfuß nötig.«

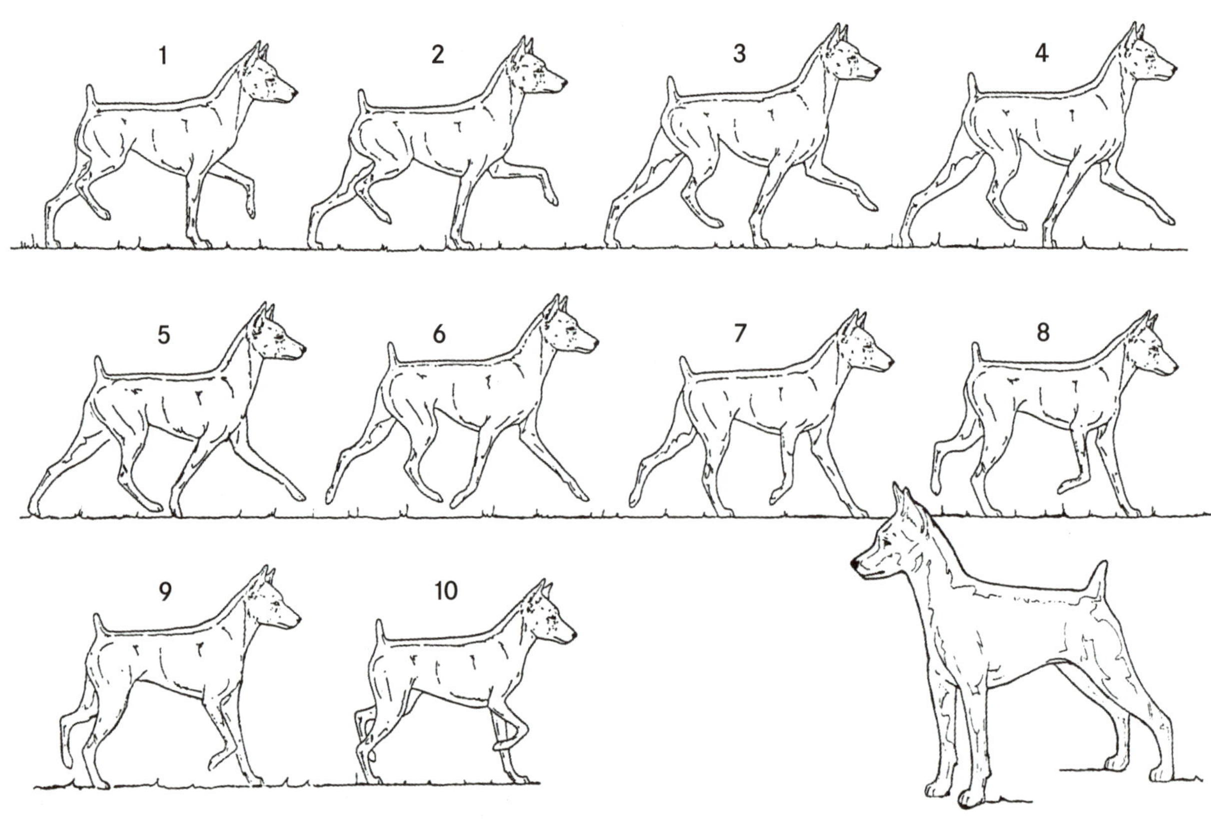

Der Zwergpinscher im Trab

In keiner der drei Rassebeschreibungen heißt es, dass der Hinterlauf hoch angehoben werden muss. Im britischen Standard wird dies allerdings indirekt gesagt, denn es heißt, die Bewegung müsse koordiniert sein, »damit ein richtiger Steppgang möglich ist«. Koordiniert bedeutet, dass die diagonalen Laufpaare gleichzeitig angehoben und aufgesetzt werden, weshalb auch der Hinterlauf hoch angehoben und genauso lang in der Luft gehalten werden muss wie der diagonale Vorderlauf. Damit der Hinterlauf hoch angehoben werden kann, muss der Bauch mäßig aufgezogen sein. Dies wird in jeder Rassebeschreibung des Zwergpinschers gefordert.

Wenn Sie entschieden haben, dass Hund E, dessen Vorder- und Hinterhand mäßig gewinkelt sind, typisch ist, sind wir derselben Meinung. Sein Hinterlauf ist am Kniegelenk gebeugt und sein Sprunggelenk wird hoch angehoben, sein Unterarm ist bis zur Horizontalen angehoben und das Vorderfußwurzelgelenk ist gebeugt. Den zweiten Platz nimmt bei mir Hund A ein. Seine Gangart wird von den meisten Rassen gefordert. Die Ausgewogenheit zwischen Vorder- und Hinterhand ist gegeben, doch ihm fehlt der spektakuläre Steppgang. Den dritten Platz habe ich Hund B zugeteilt. Er hat eine steile Schulter, und obwohl sein Vorderlauf einen Stechschritt zeigt und das Vorderfußwurzelgelenk nicht gebeugt ist, steppt er in der Hinterhand. Der vierte Platz geht an Hund C mit einer steilen Schulter. Vorne läuft er im Stechschritt (was oftmals fälschlicherweise als Steppgang angesehen wird) und er beugt das Vorderfußwurzelgelenk nicht. Außerdem wird sein Hinterlauf nicht gebeugt und nicht angehoben. Dieser Fehler wird häufig nicht bemerkt.

Die illustrierte Bildfolge zeigt die typische Trabbewegung des Zwergpinschers im Profil, die der der meisten Hunde ähnelt. Die Ausnahme stellt Phase 2 dar, in der der rechte Hinterlauf und der linke Vorderlauf sehr hoch angehoben werden. Die Bewegungen sind schnell, aber wenn man auf die Schwebephase sowie darauf, dass die diagonalen Laufpaare gleichzeitig vom Boden angehoben und wieder aufgesetzt werden, achtet, kann man das Gangwerk besser beurteilen.

Kapitel 23

Der Trab des Terriers

Es gibt sechs Terrierrassen, die aufgrund ihrer speziellen Vorderhand im Trab nicht genauso laufen wie normal gebaute Rassen. Bei den unten gezeigten Terrierrassen handelt es sich um: Airedale Terrier, Lakeland Terrier, Glatthaar Foxterrier, Drahthaar Foxterrier, Irish Terrier und Welsh Terrier.

Sechs Terrier mit besonderer Vorderhand. Im Uhrzeigersinn von oben links: Lakeland Terrier, Welsh Terrier, Drahthaar Foxterrier, Glatthaar Foxterrier, Airedale Terrier, Irish Terrier

In dieser illustrierten Abhandlung wird der spezielle Körperbau des Terriers beschrieben, mit einem normaleren Körperbau verglichen und anschließend werden die jeweiligen Trabbewegungen des Terriers, der ein Erdhund ist, mit denen von ausdauernden Trabern verglichen. Ich habe entschieden, dass der Glatthaar Foxterrier den speziellen Körperbau der Erdhunde, den alle sechs Terrierrassen gemein haben, repräsentieren soll. Der ebenfalls glatthaarige Dalmatiner vertritt den normalen Körperbau, den viele ausdauernde Traber besitzen.

Spezieller Körperbau des Terriers vs. normaler Körperbau

Wir beginnen mit den Gemeinsamkeiten, wenn die Hunde im Profil aufgebaut sind. Beide Rassen haben gut zurückliegende Schulterblätter und gerade Unterarme, die Länge der Vorderläufe entspricht der Brusttiefe, der Ellbogen sitzt auf derselben Höhe wie das Brustbein, die Oberlinie ist gerade, der Bauch mäßig weit aufgezogen, oberhalb des Sitzbeinhöckers gibt es einen Vorsprung, die Hinterhand ist mäßig gewinkelt und der Hintermittelfuß ist kurz. Zwischen

Foxterrier und Dalmatiner ist der wichtigste Unterschied, der Körperbau, Funktion, Ausgewogenheit und Fortbewegung beeinflusst und den man im Profil leicht erkennen kann, die Länge und die Winkelung der Oberarmknochens (lateinische wissenschaftliche Bezeichnung: humerus).

Glatthaar Foxterrier im Vergleich zum Dalmatiner

Der Dalmatiner soll im Trab über weite Entfernungen Ausdauer zeigen. Daher ist die Rumpflänge von der Vorbrust zum Sitzbeinhöcker rund zehn Prozent größer als die Widerristhöhe, die Oberlinie ist gerade, mit Ausnahme eines leichten Bogens über der Lendenpartie, der Vorderlauf ist genauso lang wie der Körper von Widerrist zu Brustbein tief ist, die Rute wird mit der Wirbelsäule auf einer Ebene getragen, der Ellbogen ist mit der Unterseite der Brust auf derselben Höhe, die Knochen sind mittelschwer und Vorder- und Hinterhand sind gut gewinkelt. Im Gegensatz dazu soll der Foxterrier kein ausdauernder Traber sein, sondern in Erdlöcher hineinkriechen. Gemessen von der Vorbrust zum Sitzbeinhöcker entspricht die Rumpflänge der Höhe vom Widerrist zum Boden. Der ebene Rücken ist kurz, die Lendenpartie muskulös und ganz leicht gewölbt, die Rute ist eher hoch angesetzt und wird fröhlich getragen, und die Vorderhand unterscheidet sich ziemlich von der des Dalmatiners.

Vorderhand

Auf dieser Zeichnung der Vorderhand des Dalmatiners zeigt sich, dass der schräg liegende Oberarm ungefähr genauso lang ist wie das Schulterblatt, was wiederum dazu führt, dass der Ellbogen ziemlich weit hinten am Körper sitzt. Dieser schräge Winkel zwischen Schulterblatt und Oberarm sorgt für eine gute Vorbrust. Damit der Körper statisch im Gleichgewicht ist, sind die Vordermittelfüße des Dalmatiners leicht geneigt, wodurch die Pfote direkt unter der Stützlinie positioniert wird. Dies fördert die Ausdauer im Trab und dadurch unterscheidet sich die Vorderhand stark von der des Foxterriers.

Der Oberarm des Foxterriers unterscheidet sich von der Norm insofern, als dass er kürzer und der Winkel steiler ist. Durch diesen kurzen und steilen Oberarm sitzt der Vorderlauf weiter vorne am Körper und die Vorbrust wird verringert. Außerdem wird die Position des Ellbogens verändert und der Vordermittelfuß nimmt eine vertikale Position ein, sodass der Vorderlauf sich weiter unterhalb der Stützlinie der Vorderhand befindet. Durch diesen verkürzten und steilen Oberarm kann sich der Ellbogen oberhalb der Brustlinie nach vorne und nach hinten bewegen, was einen gewissen Vorteil mit sich bringt, wenn der Hund in einen Bau kriecht, um einen Fuchs hinauszujagen oder, wie der Jäger sagt, »zu sprengen«. Hinsichtlich des Erscheinungsbildes zielten die Züchter früher darauf ab, dass vor dem Hals bis nach unten zu den Zehen eine senkrechte Linie gezogen werden konnte und fast keine Vorbrust zu erkennen war. Diese gerade Linie führt dazu, dass der Hund gespannt aussieht und auf den Zehenspitzen zu stehen scheint. Allerdings geht dies auf Kosten des Vortritts.

Der Trab im Profil

Ich habe den Dalmatiner vor den Glatthaar Foxterrier gezeichnet. Die Zeichnung zeigt eine einzige Phase des Trabs und man kann sehen, dass der Vortritt des Dalmatiners größer ist. In dieser einzigen Phase hat die Filmkamera während des Wechsels von einem diagonalen Laufpaar zum anderen die kurze Schwebephase aufgezeichnet, in der der Körper nach vorne getragen wird und sich alle vier Läufe in der Luft befinden.

Bei beiden Hunden sind Vorder- und Hinterhand ausgewogen und ihre jeweiligen diagonalen Laufpaare setzen gleichzeitig auf den Boden auf. Während des gesamten Gangzyklus sind in jedem Moment entweder zwei diagonale Pfoten auf dem Boden oder gar keine. Glücklicherweise wurde in der neuesten Überarbeitung des AKC-Standards des Dalmatiners der falsche Hinweis, dass »der Gang gleichbleibend im Rhythmus 1, 2, 3, 4 wie der Gleichschritt beim Militär« zu sein hat, gestrichen. Soldaten marschieren auf zwei Beinen, Hunde traben auf vier Läufen. Bei einem Dalmatiner, der im Viertaktgang läuft, bei dem jede Pfote einzeln auf den Boden aufsetzt, kann man davon ausgehen, dass die Ausgewogenheit zwischen Vorder- und Hinterhand nicht gegeben ist.

Glatthaar Foxterrier im Vergleich zum Dalmatiner im Trab

Bei beiden Rassen ist das Schulterblatt von guter Länge und gut zurückgelegt. Doch der Vortritt des Dalmatiners ist größer. Dass beim Dalmatiner der Vortritt der Vorderläufe im Trab größer ist, liegt daran, dass sein Oberarm länger ist. Um in Tierbauten hineinkriechen zu können, haben der Foxterrier und die anderen fünf Terrierrassen (obwohl der Airedale Terrier für diese Aufgabe etwas zu groß ist) einen kurzen, steilen Oberarm, durch den der Vortritt eingeschränkt wird.

Sie können sich die Mühe sparen, in den Rassebeschreibungen dieser sechs Terrier danach zu schauen, dass ein kurzer und steiler Oberarm oder ein eingeschränkter Bewegungsablauf gefordert wird, denn dies wird nicht angegeben. Die Terrierzüchter sahen es früher entweder als selbstverständlich an, dass wir wüssten, was sie beabsichtigten, oder sie dachten, dass die Vorderläufe aller Rassen »wie ein Uhrpendel schwingen«. 1986 wurde das Wort »schwingen« aus der britischen Rassebeschreibung gestrichen (leider auch beim späten Tom Horner), aber es sagt viel über den Trab des Terriers und worauf man achten soll aus. Erstens dürfen Sie nicht nach dem Vortritt Ausschau halten, den Sie bei einem Dalmatiner oder einem Kerry Blue Terrier erwarten würden. Zweitens müssen Sie davon ausgehen, dass die Pfoten nahe am Boden nach vorne und hinten gebracht werden (das nennt man »Daisy Clipping«, wörtlich: »Gänseblümchen mähen«). Drittens dürfen Sie nicht überrascht sein, dass sich der Vordermittelfuß im Gelenk kaum beugt (vergleichen Sie die Zeichnung mit dem maximal horizontal gebeugten Vordermittelfuß des Dalmatiners).

Aber in allen Rassebeschreibungen des Foxterriers gibt es zwei indirekte Hinweise darauf, dass ein kurzer, steiler Oberarm gefördert werden soll. Der erste Hinweis lautet: »Ellenbogen lotrecht zum Körper«, der zweite, dass die Vorderläufe »gerade bis hinunter zu den Pfoten und am Vordermittelfuß gerade« sein sollen. Mit anderen Worten bedeutet dies, dass der Ellbogen vorne unter dem Rumpf und fast unter dem Buggelenk sitzt und der Vordermittelfuß im Stand kaum geneigt ist, wodurch er sich im Trab kaum beugt.

Unter dem Rumpf

Auf der vorherigen Zeichnung konnte man sehen, dass die rechte Hinterpfote des Dalmatiners unter die gebeugte rechte Vorderpfote gleitet, um an der von ihr freigegebenen Stelle aufzusetzen. Beim Foxterrier ist das anders. Beim korrekt gebauten Foxterrier kann die rechte Hinterpfote nicht unter die rechte Vorderpfote gleiten, da dafür weder die rechte Hinterpfote weit genug nach vorne ausgreift noch die linke Vorderpfote weit genug nach hinten reicht. Außerdem wird der rechte Vordermittelfuß nicht hoch genug gebeugt, damit die rechte Hinterpfote darunter gleiten könnte, selbst wenn sie so weit nach vorne ausgreifen würde.

Die Betrachtung eines Zeitlupenfilms zeigt, dass die Hinterpfote des gut gebauten Glatthaar Foxterriers A nicht in der Fußspur der Vorderpfote zu liegen kommt, sondern etwas mehr als einen Zentimeter dahinter aufgesetzt wird. Der Rasseexperte Bill Dossett aus New River, Arizona, hält diesen Abstand, mit dem die Pfoten aufgesetzt werden, bei einem gut gebauten Foxterrier korrekt. Wenn der Abstand zwischen der Vorder- und der Hinterpfote derselben Seite mehr als 1,25 cm beträgt, ist der Rumpf entweder zu lang, die Vorder- und die Hinterhand nicht ausreichend gewinkelt, die Läufe zu kurz oder die Hinterhand aufgrund steiler und oftmals kurzer Schulterblätter besser ausgebildet als die Vorderhand.

Leider wird in den aktuellen Rassebeschreibungen des AKC und des CKC für den Foxterrier angedeutet, dass die Hinterhand besser ausgebildet als die Vorderhand sein und somit eine Unausgewogenheit zwischen Vorder- und Hinterhand herrschen solle. Denn es heißt: »Der hauptsächliche Schub kommt aus der Hinterhand.« Vielleicht ist dieser Hinweis der Grund, warum viele Aussteller ihre Foxterrier mit schwachen Fronten an einer straffen Leine »tragen« müssen, so wie bei Hund B. Im Jahr 1986, fünf Jahre, bevor die Rassebeschreibungen des AKC und CKC überarbeitet wurden, wurde im britischen Standard die Unausgewogenheit zwischen Vorder- und Hinterhand gestrichen. Stattdessen heißt es dort nun: »Die geschmeidige Hinterhand entwickelt viel Schub.«

Glatthaar Foxterrier im Trab

Von vorne – im Stand und in der Bewegung

Ziel dieser Vorderansicht eines Glatthaar Foxterriers und eines Dalmatiners ist, die jeweilige Rumpftiefe sowie die Wirkung, die diese Rumpftiefe und der Körperbau auf die Trabbewegung haben, gegenüberzustellen.

Glatthaar Foxterrier und Dalmatiner im Stand, von vorne gesehen

Der Rumpf des Foxterriers sollte eher schmal als tief sein, während der Rumpf des Dalmatiners tiefer als der des Foxterriers ist, wenngleich nicht so tief wie der eines Bullterriers. Dies bedeutet wiederum, dass die Vorderläufe des Foxterriers näher beieinander stehen als die des Dalmatiners. Dazu kommt, dass der Oberarm des Foxterriers kürzer und steiler ist, wodurch sich sein Gang, wenn er auf einen zukommt, stark von dem des Dalmatiners unterscheidet.

Der Dalmatiner ist ein ausdauernder Traber. Durch diesen Körperbau neigen die Vorderläufe bei der im Ausstellungsring geforderten Geschwindigkeit dazu, sich einer Mittellinie unter dem Körpermittelpunkt anzunähern (»Konvergenz«), um maximale Stabilität zu erhalten. Je schneller dieser Hund trabt, desto größer ist die Annäherung. Durch den Körperbau eines Erdhundes werden die Vorderläufe des Foxterriers gerade und parallel nach vorne gebracht. Mit anderen Worten: Wenn er auf einen zukommt, ist der Abstand zwischen den Pfoten derselbe wie zwischen den Ellbogen. Während also ein kürzerer Oberarm bei den meisten Rassen ein ernster Fehler ist, wird er bei diesen sechs Terriern gefordert: Airedale Terrier, Lakeland Terrier, Glatthaar Foxterrier, Drahthaar Foxterrier, Irish Terrier und Welsh Terrier.

Airedale und Glatthaar Foxterrier mit kürzerem Oberarm

Kapitel 24

Der fliegende Trab

Der Deutsche Schäferhund

Der fliegende Trab des Deutschen Schäferhundes ist eine der schönsten, aber am wenigsten verstandenen Gangarten des Hundes. Die Schönheit liegt zum einen im Vorgriff der Vorderhand und der Streckung der Hinterhand nach hinten sowie einer langen Schwebephase, während der alle vier Läufe in der Luft sind. Zum anderen liegt sie darin, dass die Hinterläufe an den Vorderläufen vorbei geführt werden, ohne dass der Hund im Krebsgang läuft, sowie im geraden, scheinbar mühelosen, bodennahen Gang.

Zum besseren Verständnis dieser Gangart habe ich zwei illustrierte Bildfolgen des Trabs gezeichnet. Eine zeigt das Profil eines guten Deutschen Schäferhundes sowohl im Stand als auch in der Bewegung. Die andere stellt einen Deutschen Schäferhund dar, wie man ihn vor fünfzig Jahren sah, aber auch heute noch vorfindet.

Ich bin mir sicher, dass es Ihnen nicht schwer fiel, zu entscheiden, welcher dieser beiden Deutschen Schäferhunde in der offenen Klasse gewinnen würde. Den Gewinner festzulegen war leicht. Aber nun kommen wir zu folgender Frage: In welchen vier Hauptpunkten unterscheidet sich der Gang des stärker gewinkelten Hundes B im fliegenden Trab von dem des altmodischen Hundes A im normalen Trab? Diese beiden illustrierten Bildfolgen wurden von einem Zeitlupenfilm abgezeichnet, und man kann die beiden unterschiedlichen, aber fehlerfreien Deutschen Schäferhunde Phase pro Phase miteinander vergleichen. Anhand dieser illustrierten Bildfolgen kann man alle vier Hauptunterschiede in der Gangart identifizieren. Welche sind es?

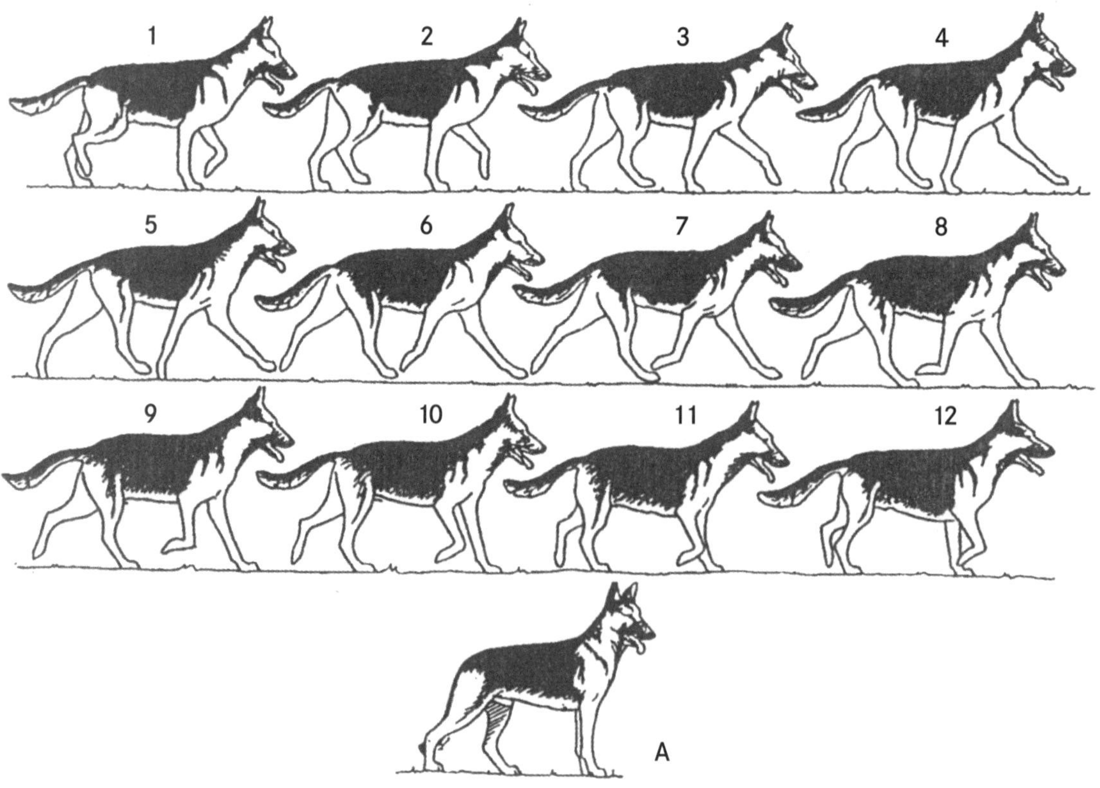

Illustrierte Bildfolge des Deutschen Schäferhundes im normalen Trab – Hund A

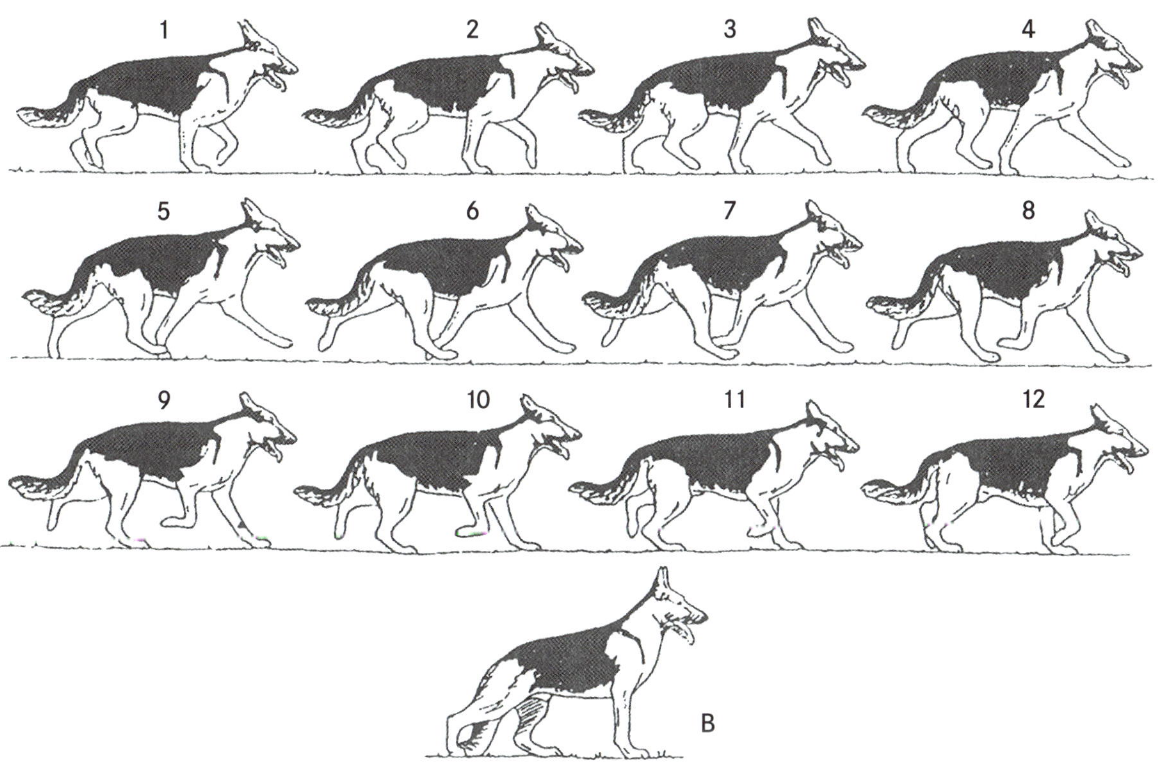

Illustrierte Bildfolge des Deutschen Schäferhundes im Trab - Hund B

Eine genauere Betrachtung

Die vier Hauptunterschiede zwischen dem stärker gewinkelten Hund B und Hund A sind: 1) längere Schwebephase, 2) Übergreifen unter dem Rumpf, 3) niedriges Profil und 4) größere Schrittlänge. Von diesen vier Unterschieden abgesehen ähneln die Bewegungen im fliegenden Trab von Hund B denen des mäßig gewinkelten Hundes A im normalen Trab. Beide laufen im diagonalen Zweitaktgang.

Sowohl der normale Trab als auch der fliegende Trab sind eine Zweitaktgangart, d.h. das erste diagonale Laufpaar setzt gleichzeitig auf den Boden auf, dann berührt das zweite diagonale Laufpaar gleichzeitig den Boden - zwei Takte pro Gangzyklus. Bei dem altmodischen Hund A setzt in Phase 8 die linke Hinterpfote gleichzeitig mit der rechten Vorderpfote auf. Bei dem stärker gewinkelten Hund B setzt dasselbe diagonale Pfotenpaar eine Phase später, in Phase 9, auf, da seine Schwebephase, in der alle vier Läufe in der Luft sind, länger ist.

Manche Liebhaber Deutscher Schäferhunde sind der Meinung, ihre Rasse sei die einzige, die im Trab eine Schwebephase zeigt. Doch sie liegen falsch. Zeitlupenbilder haben gezeigt, dass alle Hunderassen eine Schwebephase, bei der alle vier Läufe in der Luft sind, haben. Doch diese Phase ist unterschiedlich stark ausgeprägt. Der altmodische Hund A repräsentiert die Bewegung im normalen Trab mäßig gewinkelter, normal gebauter Rassen. Diese Rassen können große Entfernungen am besten im Trab zurücklegen, da dieser die am wenigsten ermüdende Gangart ist.

Damit Sie erkennen, dass alle Hunde im normalen Trab eine kurze Schwebephase einlegen müssen, sollten Sie Folgendes beachten: Wenn beim mäßig gewinkelten Hund A in den Phasen 6 und 7 während des Wechsels von einem diagonalen Laufpaar zum anderen nicht alle vier Pfoten in der Luft wären, könnte die rechte Hinterpfote nicht problemlos unter die rechte Vorderpfote gleiten, ohne dass diese sich gegenseitig behindern würden. Der zweite Grund für die Schwebephase liegt darin, dass dadurch die Schrittlänge des Hundes vergrößert wird. Der dritte Grund für die Schwebephase ist, dass dadurch ausreichend Zeit (Schwungzeit) bleibt, um die Läufe vollständig nach vorne zu bringen.

Dass die Schwebephase des stärker gewinkelten Hundes B länger ist, liegt daran, dass er schneller läuft. Seine Pfoten müssen länger in der Luft sein, damit die Schwungzeit lang genug ist. Durch die schnellere Geschwindigkeit müssen die Läufe übertreten.

Alle normal gebauten Rassen fallen vom normalen in den fliegenden Trab, wenn sie zu schnell laufen. Doch dann treten sie über und das führt meistens zum Krebsgang. Heutzutage ist der Deutsche Schäferhund so gebaut, dass er im fliegenden Trab übergreift, ohne im Krebsgang zu laufen (unten sehen Sie die krebsähnliche Bewegung eines weggehenden Hundes).

Der stärker gewinkelte Hund B greift in den Phasen 5, 6, und 7 über. Würde er die rechte Hinterpfote in diesen Phasen nicht an der rechten Vorderpfote vorbei aufsetzen, würden die Pfoten zusammenstoßen. Dadurch wären die meisten Rassen gezwungen, wie ein Krebs zu laufen. Aber nicht der Deutsche Schäferhund. Der derzeitig ideale Deutsche Schäferhund ist so gebaut, dass es nicht zum Krebsgang kommt. Dazu wird seine rechte Hinterpfote an der Außenseite der rechten Vorderpfote vorbeigeführt, und in der zweiten Hälfte des Gangzyklus wird seine linke Hinterpfote an der Innenseite der linken Vorderpfote vorbeigeführt. Wenn man den Hund betrachtet, wie er von einem wegläuft, ist diese Gangart nicht fehlerhaft, sofern er nicht im Krebsgang und somit seitlich läuft und von der normalen geraden Bewegungslinie abweicht.

Der typische Deutsche Schäferhund zeigt beim fliegenden Trab ein niedriges Profil. Wenn man dies einmal in Perfektion gesehen hat, vergisst man es niemals. Damit das Profil niedrig ist (die Oberlinie gerade und stramm) und der Hund im gewünschten gleitenden Gang läuft, klappen die Gelenke der Läufe stark ein. Erwünscht ist ein weiter Vorgriff, die eindrucksvolle Streckung aller vier Läufe sowie maximale Beugung der Gelenke. Das Endergebnis ist ein spektakulärer, gleichmäßiger, scheinbar müheloser Gang, der schön anzusehen und für den Richter eine wahre Freude ist.

Beim Deutschen Schäferhund handelt es sich um einen Traber. Sein Körperbau entspricht dieser Anforderung. Sein Schritt (die Entfernung, die in einem Zyklus zurückgelegt wird) entspricht der maximalen Entfernung, die mit einer minimalen Vortrittzahl zurückgelegt werden kann. Dazu greifen alle vier Läufe vollständig nach vorne, wobei die Vorderläufe nah am Boden nach vorne gebracht werden, so dass es in Harmonie mit der ausgewogenen bewegten Hinterhand zu bester Schrittweise kommt.

Wenn man weiß, dass es sich sowohl beim fliegenden Trab als auch beim normalen Trab um eine diagonale Zweitaktgangart mit einer Schwebephase während des Wechsels von einem diagonalen Laufpaar zum anderen handelt, und dass entweder zwei Pfoten Bodenkontakt haben oder keine, kann das Auge die Bewegung »sehen«, egal um welche Rasse es sich handelt.

Um die Gangart des Deutschen Schäferhundes im fliegenden Trab zu »sehen«, müssen Sie einfach nur darauf achten, ob er übergreift, eine längere Schwebephase zeigt, das Profil niedrig und der Schritt lang ist.

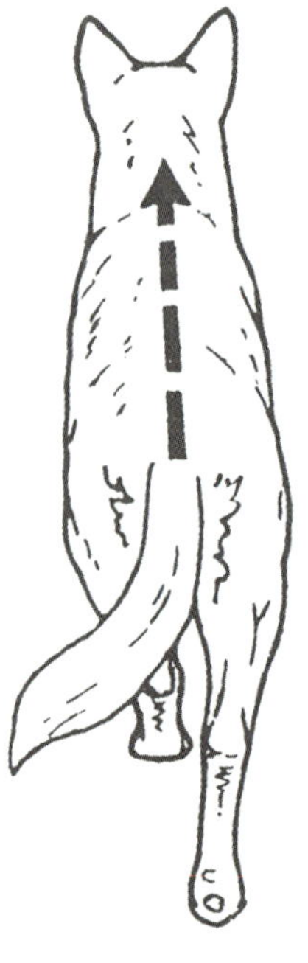

Kein Krebsgang

Krebsgang

Teil IV

Fehler und optische Täuschungen

Kapitel 25

Wenn Fehler gefördert werden

Bei der Beurteilung von Hunden muss man aufpassen, dass man keine Fehler fördert - oder Fehler bestraft, die in Wahrheit Vorzüge sind. Oftmals muss man sein Wissen über das fragliche Merkmal aus anderen Quellen als den veröffentlichten Richtlinien schöpfen. In diesem Kapitel werden wir uns einige Beispiele anschauen.

Der Collie

Zwei dieser Collies haben den für die Rasse korrekten Körperbau. Welche? Achten Sie darauf, dass Sie nicht versehentlich einen Fehler der Hinterhand verurteilen, der als Vorzug angesehen werden sollte. In den Unterlagen eines AKC-Seminars mit dem Titel *Observations … Hocks and Stifles* von John Buddie wird dieses Merkmal in einem Schaubild dargestellt, der von Text begleitet wird, so wie in *Illustrations of the Collie, His Character and Conformation* von Lorraine B. Still aus dem Jahre 1961.

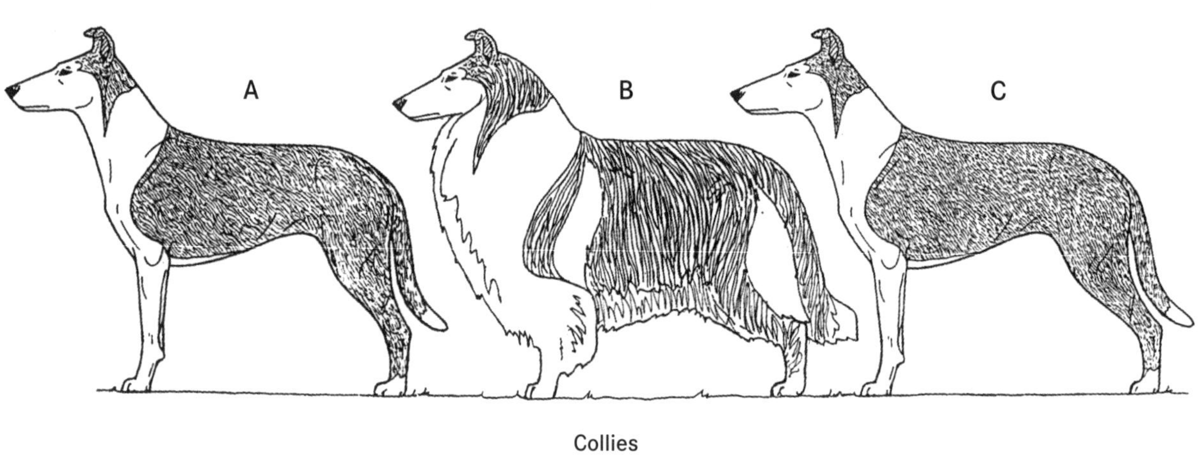

Collies

Jeder, der diese Hütehundrasse beurteilen soll, sollte genau wissen, inwiefern sich die Ausgewogenheit des Collies von der anderer Rassen unterscheidet, damit das fragliche Merkmal nicht versehentlich als Fehler angesehen wird. Bei dem fraglichen Merkmal handelt es sich um die Stellung des Hinterlaufs im Stand, wie man es hier im Profil sehen kann. Der Hinterlauf sollte weiter unter dem Rumpf stehen als bei Collie C. Laut dem Schaubild von Still sind Collie A und Collie B korrekt, denn vom Sitzbeinhöcker kann eine Linie bis zum vorderen Punkt des Hintermittelfußes gezogen werden. Buddie sagt: »Die Hintermittelfüße stehen etwas hinter dem Becken.«

Die charakteristische Ausgewogenheit des mit dichtem Fell bedeckten Langhaarcollie B rührt daher, dass seine Hinterhand genauso mäßig gewinkelt ist wie die des Kurzhaarcollies A. Ich gebe zu, dass die Hinterläufe nur ein Merkmal sind, aber hinsichtlich der Funktion der Rasse ist es ein wichtiges Merkmal. Ich möchte einen anderen Experten zitieren: »Beim Gang des Collies soll mühelose Geschwindigkeit mit den Hüteeigenschaften des Hundes kombiniert sein. Aufgrund seiner Hüteaufgabe muss er seine Richtung sofort wechseln können.« Stehen die senkrechten Hintermittelfüße weiter hinten als die von Collie A und Collie B, ist der Hund dazu eher nicht in der Lage.

Der Pointer

Der nächste Hund stammt aus einem Videoclip, den ich in Seminaren erfolgreich benutzt habe, um zu zeigen, wie der Rassetyp verloren geht. Pointer A sollte Sie an eine andere Rasse erinnern - an einen Deutsch Kurzhaar. Pointer A sollte niemals als Beispiel für den typischen Rassevertreter genommen werden. Es ist wichtig, dass ein Richter ein deutliches Bild eines guten Pointers vor Augen hat.

Pointer C ist ein guter Pointer und stellt den typischen Vertreter seiner Rasse dar. Pointer B ist ein guter Deutsch Kurzhaar. Pointer A hat mehr Ähnlichkeiten mit dem guten Deutsch Kurzhaar als mit einem guten Pointer. Wenn ein Richter mit einem fehlerhaften Bild des typischen Rassevertreters in den Ausstellungsring geht, werden Fehler oftmals als Vorzüge gehandelt.

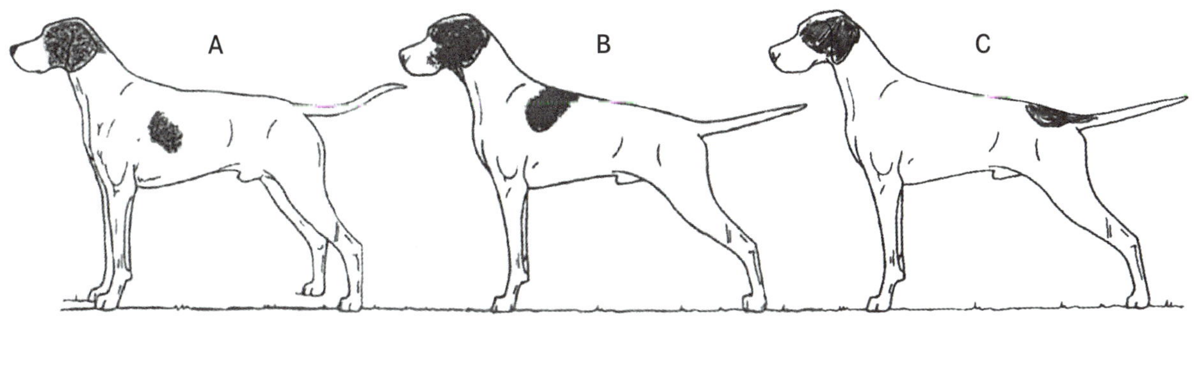

Pointer

Der Bullmastiff

Man kann Rassen leicht an den Köpfen erkennen. Den Kopf eines Bullmastiffs kann man nicht mit dem einer anderen Rasse verwechseln. Allerdings gibt es innerhalb dieser Rasse viele unterschiedliche Kopfausprägungen, was teilweise auf die Kreuzung zwischen Bulldogge und Mastiff zurückzuführen ist. Der Kopf ist nicht nur ein eindeutiges Merkmal einer Rasse, seine Kopfausprägung muss auch ansprechen. Wie auch beim Menschen gibt es beim Bullmastiff zahlreiche unterschiedliche Kopfausprägungen. Manche sind hübsch, andere weniger. Zu entscheiden, was beim Bullmastiff ein »schöner« Kopf ist, ist eine interessante Herausforderung.

Sie dürfen nun entscheiden, welcher dieser drei Köpfe, die jeweils zu einem Champion gehören, am »schönsten« ist. Alle drei Hunde haben den gleichen Körper. Wie würden Sie jeden Kopf verbessern?

Würde es Ihnen helfen, wenn Sie den Abschnitt über den Kopf (noch mal) lesen würden? Der FCI-Standard aus dem Jahre 1992 lautet:

KOPF: Breit und tief.

OBERKOPF:
Schädel: Der Schädel ist von allen Seiten betrachtet groß und quadratisch; zeigt leichte Stirnfalten, sofern sein Interesse geweckt wird. Diese Falten sind in Ruhestellung jedoch nicht sichtbar. Schädelumfang darf der Schulterhöhe entsprechen.

Stop: Betonter Stop.

Bullmastiffs

GESICHTSSCHÄDEL:
Nasenschwamm: Die Nase ist breit mit weit geöffneten Nasenlöchern.

Fang: Der Fang ist kurz; die Distanz von Nasenspitze bis Stop beträgt ungefähr ein Drittel der Gesamtlänge von Nasenspitze bis Hinterhauptstachel. Der Fang ist unter den Augen breit und behält in etwa die gleiche Breite bis zur Nase hin. Er ist stumpf und quadratisch geschnitten, bildet mit der Fangoberlinie einen rechten Winkel und ist im richtigen Verhältnis zum Schädel. Der Fang ist im Profil weder spitz noch aufgebogen, sondern flach.

Lefzen: Die Lefzen sind nicht hängend, sie dürfen niemals tiefer als bis zur Unterkante des Unterkiefers reichen.

Kiefer/Zähne: Der Unterkiefer ist bis zum Ende breit. Zangengebiss erwünscht, geringer Vorbiss gestattet, jedoch soll dieser nicht bevorzugt werden. Die Fangzähne sind groß und weit auseinanderstehend, die übrigen Zähne sind kräftig, gleichmäßig und gut im Kiefer gebettet.

Backen: Gut ausgefüllte Backen.

Augen: Dunkel oder haselnussbraun, sie sind mittelgroß, soweit voneinander eingesetzt wie der Fang breit ist, dazwischen die Mittelfurche. Helle oder gelbe Augen höchst unerwünscht.

Ohren: V-förmig, zurückgefaltet, weit und hoch, in einer Höhe mit dem Hinterhauptbein angesetzt und geben damit dem Schädel ein quadratisches Aussehen; dies ist von größter Bedeutung. Sie sind klein und ihre Farbe ist dunkler als die des Haarkleides am Körper. Die Ohrspitzen befinden sich mit den Augen in einer Höhe, sofern die Aufmerksamkeit eines Bullmastiffs erregt wird. Rosenohren sind höchst unerwünscht.

ERWEITERTER STANDARD: In keinem Standard des Bullmastiffs und auch in keinem Buch über diese Rasse wird die Form der dunklen Augen beschrieben. Die einzige Ausnahme ist *The Mastiff and Bullmastiff Handbook* von Douglas F. Oliff, worin die Augen als mandelförmig beschrieben werden. Außerdem sollte nach seinen Ausführungen der breite Fang in etwa die gleiche Breite bis zum Ende der Nase beibehalten, der Unterkiefer sollte bis zum Ende breit sein und die Augen sollten weit voneinander eingesetzt sein.

Diese Beschreibung des Bullmastiff-Kopfes und die Erweiterung sind nur wenig wert, wenn sie allein gelesen werden, man aber nicht gleichzeitig in der Realität vorzufindende Köpfe betrachtet. Diese drei, aus dem Leben gegriffenen Köpfe sind zwar bei weitem nicht ideal, aber dennoch kann man sich anhand ihrer ein Bild des Ideals machen. Gleichzeitig wird die Wahrscheinlichkeit verringert, dass die Vorzüge des Bullmastiff-Kopfes als Fehler angesehen werden. Teilen Sie diesen drei Köpfen die Plätze eins bis drei zu. Überlegen Sie vorher oder hinterher, welche Merkmale Sie verändern würden, um dem Ideal näher zu kommen.

Der runde Schädel von Hund A muss quadratisch gemacht und die Ohren weiter vorne angesetzt werden. Außerdem müssen sie verkleinert werden und die Innenseite muss an der Wange anliegen. Der breite Fang ist beeindruckend. Genauso wie der starke Unterkiefer. Die Wangen sollten stärker entwickelt sein und die lockere Haut am Hals muss straffer sein. Die schlaffen Augenlidränder müssen auch gestrafft werden, und die Augen müssen mandelförmig sein. Die Wangen haben zu viele Falten und die Lefzen sind zu schwer (lang).

Die Ohren von Hund B sind zu groß und oben auf dem Schädel zu nah beieinander angesetzt. Die Augen sollten weiter auseinander stehen und die Augenlidränder müssen gestrafft werden. Die schlaffen Wangenfalten müssen weiter auseinander liegen, und die Augenlidränder müssen gestrafft werden. Der Fang muss oben etwas verbreitert werden.

Bei Hund C sollten die üppigen Wangenfalten entfernt werden und die Wangen und Kieferknochen müssten unter den Wangen ausgeprägter sein. Die Augen sind in Ordnung und der Fang ist breit. Doch die Lefzen sind zu stark und die Haut an der Kehle muss entfernt werden.

Kopf C kommt bei mir auf den ersten, Kopf A auf den zweiten und Kopf B auf den dritten Platz.

Der Labrador Retriever

Anmerkung des deutschen Verlages: Der (britische) Rassestandard der FCI aus dem Jahre 1999 glänzt durch nationaltypische Kargheit, die bei weitem nicht so klare Vorgaben macht wie der AKC-Standard. Persönlichen Vorlieben des Betrachters sind daher Tür und Tor geöffnet. Gleichwohl führt der »Konsens der Kundigen« zu ähnlichen Ergebnissen wie sie Robert Cole beschreibt.

Bevor 1994 der AKC-Standard für den Labrador anerkannt wurde, konnte jeder dieser drei gelben Labrador Retriever als typisch angesehen werden. Doch jetzt hat laut der 1994 geänderten Rassebeschreibung nur eines der drei Beispiele den für den Labrador korrekten Körperbau. Entscheiden Sie, welcher Labrador korrekt ist und platzieren Sie die anderen zwei.

Der Satz in der Überarbeitung aus dem Jahre 1994, der festlegt, dass nur einer dieser drei Labradore korrekte Proportionen hat, lautet: »Abstand vom Ellenbogen zum Boden gleich halbe Widerristhöhe. Der Brustkorb sollte sich bis zu den Ellenbogen ausdehnen, aber nicht wesentlich tiefer« und »kurzläufige Einzeltiere sind für die Rasse untypisch.«

Der Rumpf von Labrador A ist zu tief, der Brustkorb ist unterhalb des Ellbogens. Labrador C ist kurzläufig. Labrador B stellt den typischen Rassevertreter dar. Labrador A belegt bei mir den zweiten und Labrador C den dritten Platz. Wenn man weiß, dass der Ellbogen auf der Hälfte der Widerristhöhe sitzen und mit dem Brustbein auf derselben Höhe sein soll, wird gewährleistet, dass weder ein Brustkorb, der sich fälschlicherweise bis unter den Ellbogen ausdehnt, noch ein kurzläufiger Hund gefördert wird. Wie bereits gesagt, kann es leicht vorkommen, dass Fehler als Vorzüge angesehen werden, wenn ein Richter mit einem fehlerhaften Bild des typischen Rassevertreters in den Ausstellungsring geht.

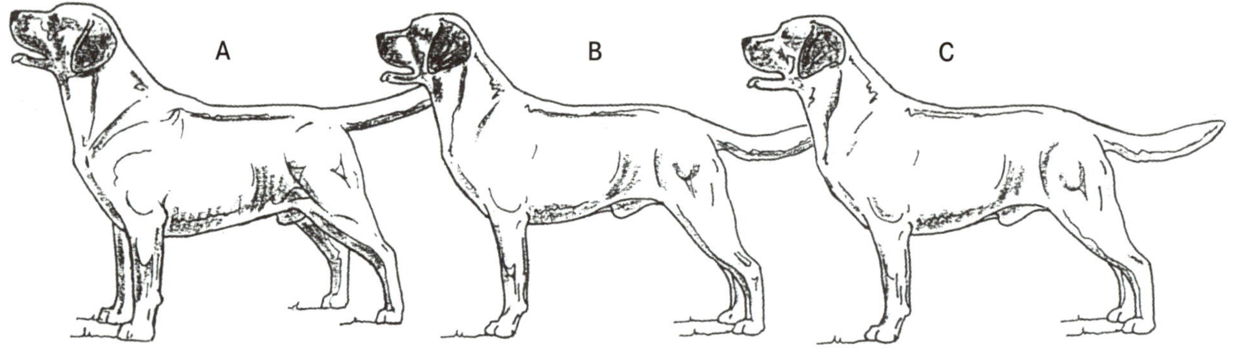

Labrador Retriever

Kapitel 26

Fehlerminimierung

Fehler eines Hundes zu verdecken ist das gute Recht des Ausstellers. Dieser sollte seinen unvollkommenen Hund so gut wie möglich und zum Vorteil des Hundes präsentieren. Die Richter, von denen manche bei der Vorführung ihrer eigenen Hunde möglicherweise mit denselben Tricks arbeiten, müssen versuchen, diese Täuschungen zu durchschauen, um den wahren Hund zu sehen.

Der Basenji

Welcher dieser zwei im Profil aufgebauten Basenjis ist besser? Sie wurden beide am selben Tag, auf dem selben Tisch und in der Bewegung im Profil gefilmt. Sie werden ihre Bewegungsabläufe später in diesem Kapitel noch zu sehen bekommen. Jetzt dürfen Sie den Rüden A mit der Hündin B vergleichen und entscheiden, welchen Sie bevorzugen, und warum.

Falls Sie sich für den besseren Hund A entschieden haben, kennen Sie wahrscheinlich die zwei Fehler, die der listige Aussteller bei Hündin B nicht vertuschen konnte, und fragen sich möglicherweise, ob es noch einen dritten Fehler gibt - unabhängig von den Maßnahmen, die der Aussteller ergriffen hat, um diese Fehler zu minimieren. Wissen Sie, was der Aussteller getan hat, um das Erscheinungsbild von Hündin B zu verbessern? Können Sie, unabhängig von den Tricks, die zwei Fehler erkennen? Einer befindet sich in der Vorderhand, der andere in der Lendenregion.

Der erste Fehler von Hündin B ist eine lange Lendenpartie. Damit Sie diesen Fehler erkennen können, habe ich eine weiße Linie an die Stelle gezeichnet, an der sich die letzte Rippe befindet. Der zweite Fehler ist, dass die Vorderhand steil ist. Der Aussteller hat diesen Basenji, der körperliche Schwächen aufweist, sehr gut aufgebaut, kann aber den Ellbogen nicht mit dem Brustbein auf eine Höhe bringen. Da der Rumpf über die erforderliche Tiefe verfügt und der Oberarm die richtige Länge hat, muss der Fehler in einem steilen Oberarm liegen, wodurch der Ellbogen unterhalb des Brustbeins sitzt.

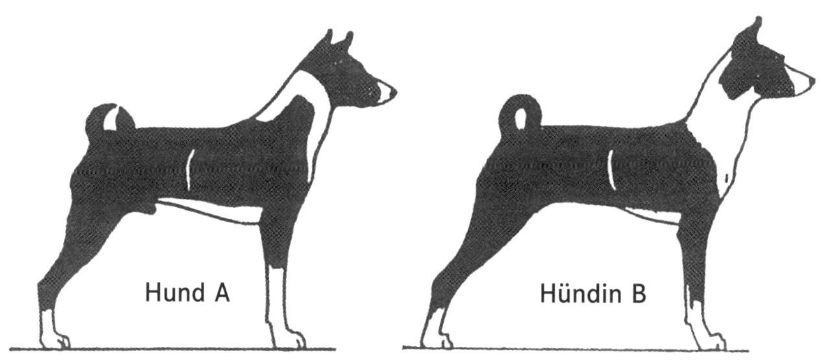

Basenjis Hund A und Hündin B

Zufälligerweise konnte ich die fehlerhafte Hündin B auf dem Tisch in einer natürlichen Haltung und dann eine Sekunde später, wie sie verbessert aufgebaut war, filmen. Das sehen Sie auf der Zeichnung auf der nächsten Seite. Der Aussteller hat Hündin B mit einer einzigen Bewegung verbessert, indem er einfach die Hinterpfote fünf Zentimeter nach hinten gesetzt und dann mit zwei Fingern am Rutenansatz Druck nach vorne ausgeübt hat. Die Verbesserung des Äußeren war und ist spektakulär.

In der »Vorher«-Position auf der nächsten Zeichnung ist die Oberlinie deutlich abfallend, was teilweise auf eine lange, nicht gestützte Lendenpartie zurückzuführen ist. Der Unterschenkel könnte länger sein. Oder der Oberschenkel oder beide. Der Vordermittelfuß könnte weniger geneigt sein und die Vorderhand sollte nicht so weit vorne am Rumpf angesetzt sein. Dadurch, dass der Kopf zu hoch getragen wird, entsteht keine gute Vorbrust und lässt auf eine weniger als wünschenswerte Schulterwinkelung schließen.

Basenji B, vor und nach der Korrektur auf dem Tisch

Abgesehen davon, dass der Ellbogen tief unter dem Brustbein sitzt, wurden die meisten dieser Fehler in der »Nachher«-Position minimiert. Natürlich stehen die Hintermittelfüße nicht mehr senkrecht, doch diese Form der Täuschung bleibt meist sogar auf den Fotos der Gewinner unbemerkt.

So wichtig es auch ist, den weggehenden und kommenden Hund anzuschauen, vermittelt doch die Betrachtung des Profils ein vollständigeres Bild. Die Betrachtung des Profils verrät Folgendes: die Form der Oberlinie, die Haltung von Kopf und Hals, Vortritt und Raumgriff aller vier Läufe, Neigung des Vordermittelfußes, Schritt der diagonalen Läufe sowie die Maßnahmen, die ein nicht fehlerfreier Hund verwendet, damit Vorder- und Hinterhand ausgewogen sind.

Nun vergleichen wir anhand der Zeichnung auf der nächsten Seite die Profile dieser zwei Basenjis im Trab miteinander. Damit Sie die Bewegungen dieser zwei unterschiedlich gebauten Hunde Phase für Phase miteinander vergleichen können, beginnt jede illustrierte Bildfolge mit dem rechten Vorderlauf in senkrechter Stützposition. Die Stellung der anderen drei Läufe ändert sich, je nachdem wie gut der Hund gebaut ist. Der Hund im Trab dient als Norm für diese Rasse.

Bei Hündin B ist die Ausgewogenheit zwischen Vorder- und Hinterhand nicht korrekt, wie man bereits in Phase 1 erkennt. Der rechte Hinterlauf, der zu weit vorne ist, ist dafür ein verräterisches Zeichen. Achten Sie darauf, dass der linke Hinterlauf in Phase 1 nicht stützend ist, sondern Druck nach hinten ausübt. Die Oberlinie fällt nach unten zu einem tief getragenen Kopf ab und der linke Vorderlauf wird übermäßig hoch angehoben. Aufgrund der Unausgewogenheit wird in Phase 3 der linke Vorderlauf nicht gleichzeitig mit dem rechten Vorderlauf angehoben - der rechte Vorderlauf ist noch immer stützend. Ironischerweise kann dadurch, dass der Hund noch vom rechten Vorderlauf gestützt wird, der linke Vorderlauf weiter nach vorne greifen, als die steilen Schultern es normalerweise zulassen würden.

Auch wenn in Phase 4 die Hinterläufe nicht ausreichend gewinkelt sind, muss die rechte Hinterpfote aufgrund einer schlechten zeitlichen Koordinierung an der rechten Vorderpfote vorbei greifen, um nicht mit ihr zusammenzustoßen. Es kommt zu einer sehr kurzen Schwebephase, doch diese ist verfrüht und sehr kurz. In Phase 5 wird die Schwebephase abgebrochen, wenn die linke Vorderpfote früher als die rechte Hinterpfote auf den Boden aufsetzt. Es kommt zu einem Viertaktgang statt des erforderten Zweitaktganges der beim gesamten Gangzyklus vorherrschen sollte. Da die Front tief und die zeitliche Koordinierung schlecht ist, kann die rechte Hinterpfote in Phase 5 nicht unter die gebeugte rechte Vorderpfote gleiten und in deren Fußspur aufsetzen.

In Phase 6 wird der Hund zu früh vom rechten Vorderlauf gestützt. Dadurch, dass drei Läufe in der Luft sind und einer auf den Boden aufsetzt, sieht es so aus, als ob der Hund von einer Anhöhe herab liefe. Schließlich setzt die rechte Hinterpfote in Phase 7 auf den Boden auf und dadurch biegt sich die Hinterhand nach oben und nach vorne, denn der stützende diagonale Vorderlauf ist nun zu nah. Zu diesem Zeitpunkt sollte der Abstand zwischen den stützenden diagonalen Läufen ungefähr so groß sein, wie wenn der Hund steht.

Als Hündin B im Ausstellungsring war, konnte der Richter ihre normale Haltung oft genug sehen. Ein hervorragender Zeitpunkt war, als sie nicht mehr wegging. Bei einer großen Hundegruppe liegt der Trick darin, sich ein richtiges Bild vom Hund zu machen, wenn er natürlich steht, und dieses dann im Zusammenhang mit seinem Profil zu sehen. Beim letzten Blick auf die Hunde können Hunde, wie zum Beispiel Hündin B, so aufgebaut werden, dass der letzte Eindruck weitaus besser ist.

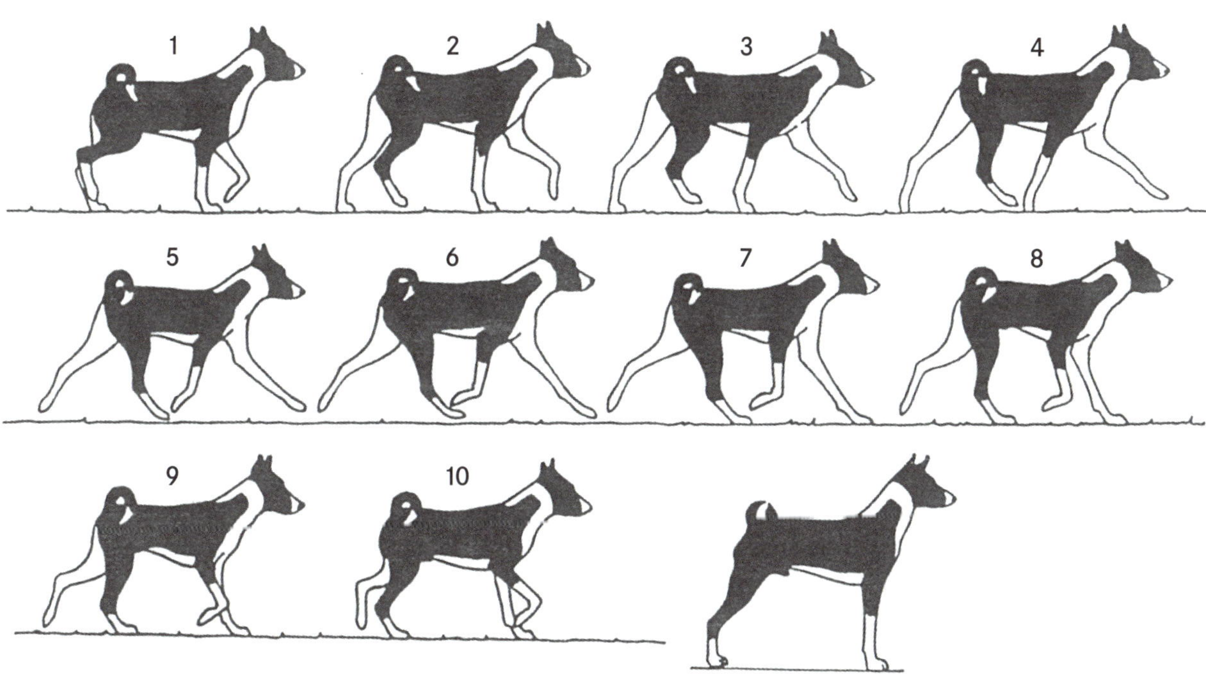

Basenji, illustrierte Bildfolge von Hund A

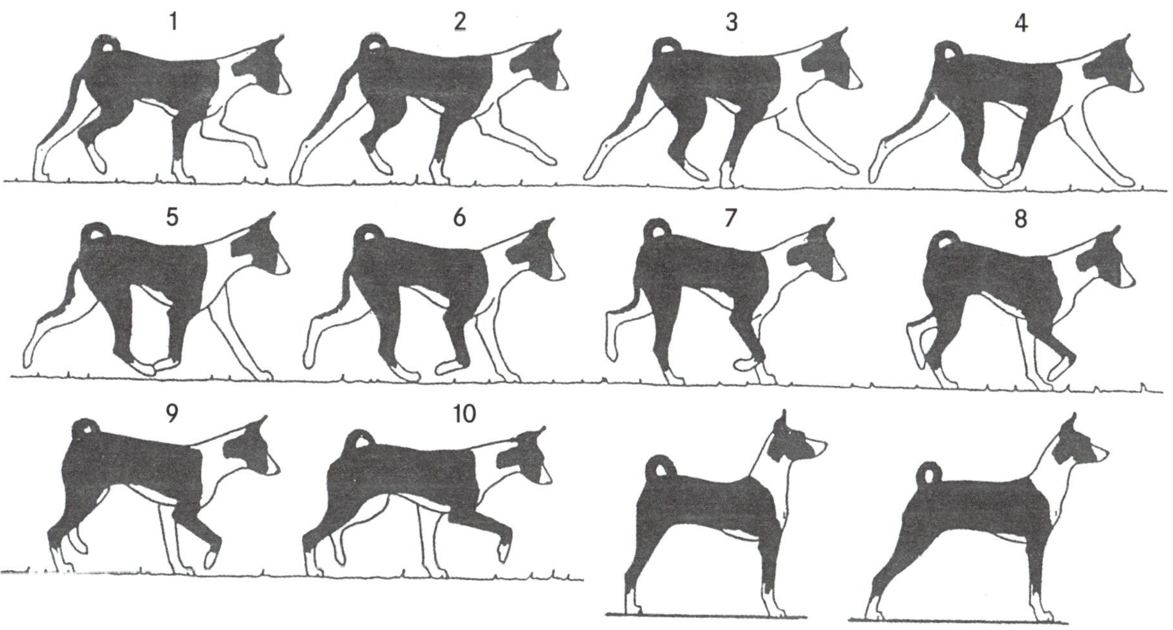

Basenji, illustrierte Bildfolge von Hündin B

Kapitel 27

Täuschende Fellzeichnung

Was haben Sie zuerst gesehen?

Was haben Sie zuerst gesehen? Die Obstschale oder die Köpfe der zwei Deutsch Kurzhaar? Schwarzweißzeichnungen und geometrische Würfel, die sich in der Wahrenehmung spontan verändern, üben nicht nur eine besondere Faszination aus. Sie sollen auch zeigen, dass in der Hundewelt die Dinge nicht immer so sind, wie sie zu sein scheinen. Das trifft vor allem auf die Fellzeichnung von Hunden zu. Anhand des Whippets, der Deutschen Dogge und des Dalmatiners werde ich versuchen zu zeigen, wie unachtsame Richter durch solche Fellabzeichen getäuscht werden können.

Whippets A und B

Der Whippet

Hier sehen Sie zwei identische Whippets. Einer ist weiß, der andere schwarz. Sie sind gleich hoch, aber der Schwarze wirkt kleiner. Im *Extended Breed Standard of the Whippet,* der von Ann Mitchell erstellt wurde, liest man im Abschnitt über die Farbe Folgendes: »Wie bei vielen Rassen können die Fellabzeichen das Auge täuschen, manchmal zum Vorteil des Hundes, manchmal nicht. Schwarze und blaue wirken häufig sehr dürr.«

Whippets C und D

Der Schein kann trügen. Bei C und D handelt es sich um ein und denselben Hund. Diese Zeichnung zeigt, wie ein weißer Hund mit dunklen Fellabzeichen zum Nachteil des Hundes präsentiert werden kann, wenn die Farbe der Kleidung des Ausstellers ähnlich ist. Wie wir alle wissen, kann die Form durch unterschiedlichste Täuschungen verfälscht werden. Objekte werden visuell primär durch ihre Konturen wahrgenommen. Für den unachtsamen Richter könnte es so aussehen, als wäre der Rücken von Hund C eingefallen.

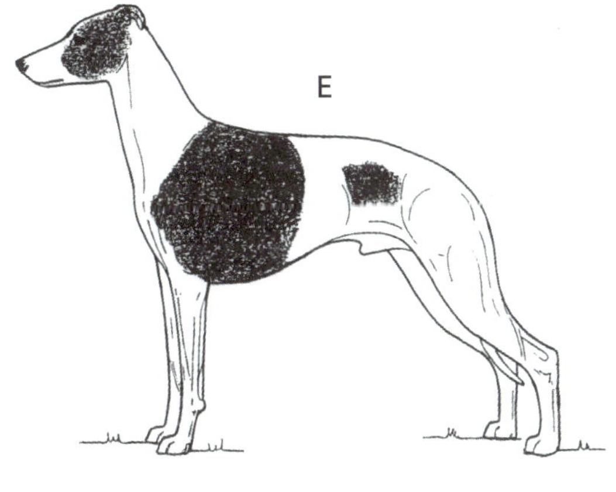

Ich verwende weiterhin den Whippet, um die Wirkung der Fellzeichnung zu erläutern. Achten Sie darauf, dass der Fang von Hund E weiß ist, wodurch er länger wirkt. Sein langes, gut zurückliegendes Schulterblatt und der Oberarm werden durch die Fellzeichnung betont, genauso wie die gut gewölbten Rippen. Dieselbe Fellzeichnung verbindet auch den Ellbogen mit dem tiefen Brustbein. Durch das Abzeichen in der Lendenregion wirkt die Lende kurz.

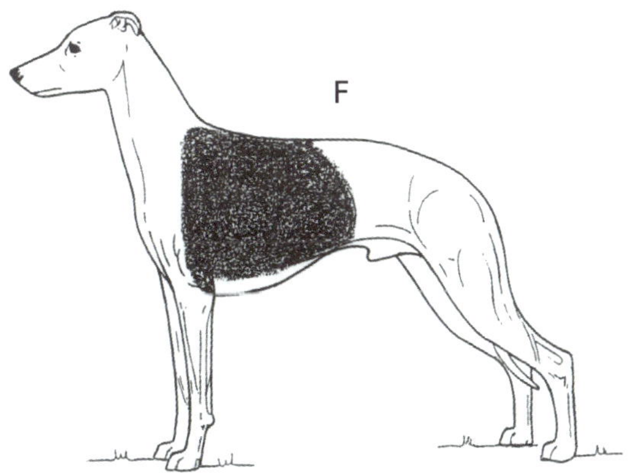

Bei Hund F wird durch die senkrechte Fellzeichnung vor der Schulter eine Illusion geschaffen. Durch dieses Muster wirken Schulterblatt und Oberarm steiler als sie tatsächlich sind. Dadurch, dass die Farbe sich bis zum Ellbogen zieht, aber der untere Teil der Brust weiß geblieben ist, sieht der Rumpf flach aus. Da sich auf dem Kopf keine Fellabzeichen befinden, sieht der Schädel nicht wie gewünscht lang oder dünn aus und der Ausdruck wird nicht verbessert.

Whippets E und F

Hund G ist ein fast einfarbiges Beispiel, bei dem durch drei weiße Fellabzeichen der Eindruck entsteht, er hätte nicht ausreichend Vorbrust, der Rumpf sei flach und er hätte nicht genügend Unterkiefer. Einfarbige Köpfe sind nicht sehr ausdrucksstark.

Bei Hund H sind zwei Drittel des Vorgesichts von starken Abzeichen bedeckt. Dadurch wirkt der Fang kürzer als er tatsächlich ist. Der dunkle Strumpf am linken Vorderlauf stört das Auge, wenn der Hund steht und im Trab auf einen zukommt. Durch das Fellabzeichen auf dem linken Hinterlauf wirkt es so, als sei das Kniegelenk nicht gut gewinkelt.

Die starken Fellabzeichen auf dem Hals von Hund I erwecken den Eindruck, als sei der Hals kurz und dick. Durch die Abzeichen links auf dem Hinterteil wird die Form der Oberlinie verändert und der Sitzbeinhöcker wirkt steiler, wodurch die Hinterhand weniger kräftig wirkt.

Hund J ist weiß um die Augen und hat eine dunkle Kapuze. Das trägt nicht zur Schönheit des Kopfes bei, sondern wirkt störend. Der Kopf scheint nicht den korrekten »aufgeweckten, intelligenten und wachsamen Ausdruck« zu haben. Das Abzeichen auf dem Vorderlauf könnte das Auge verwirren, wenn der Hund im Trab auf einen zukommt. Dahingegen macht das Abzeichen auf dem Hinterlauf den Unterschenkel optisch länger, er wirkt schwächer und weniger gut gewinkelt.

Wir haben nun gesehen, wie schnell das Auge durch die Fellzeichnung getäuscht werden kann. Untersucht ein Richter einen Hund nicht sorgfältig und weiß er nicht, welchen Einfluss Form und Verteilung der Fellabzeichen haben können, kann er falsche Schlussfolgerungen ziehen. Manchmal geschieht das genau im letzten Moment, in dem die Entscheidung getroffen wird. Das kann sowohl zum Vorteil als auch zum Nachteil des Hundes sein. Ich möchte meinen Freund, den verstorbenen Tom Horner zitieren. 1985 schrieb er in *U.K. Dog World:* »Es wundert mich nicht, dass die Richter am Rand des Ausstellungsrings und die im Ring sich nicht einig sind, da doch schon kleine Unterschiede hinsichtlich Größe und Platzierung der Fellabzeichen so leicht einen falschen Eindruck dessen erwecken können, inwieweit der Hund richtig gebaut und ausgewogen ist.«

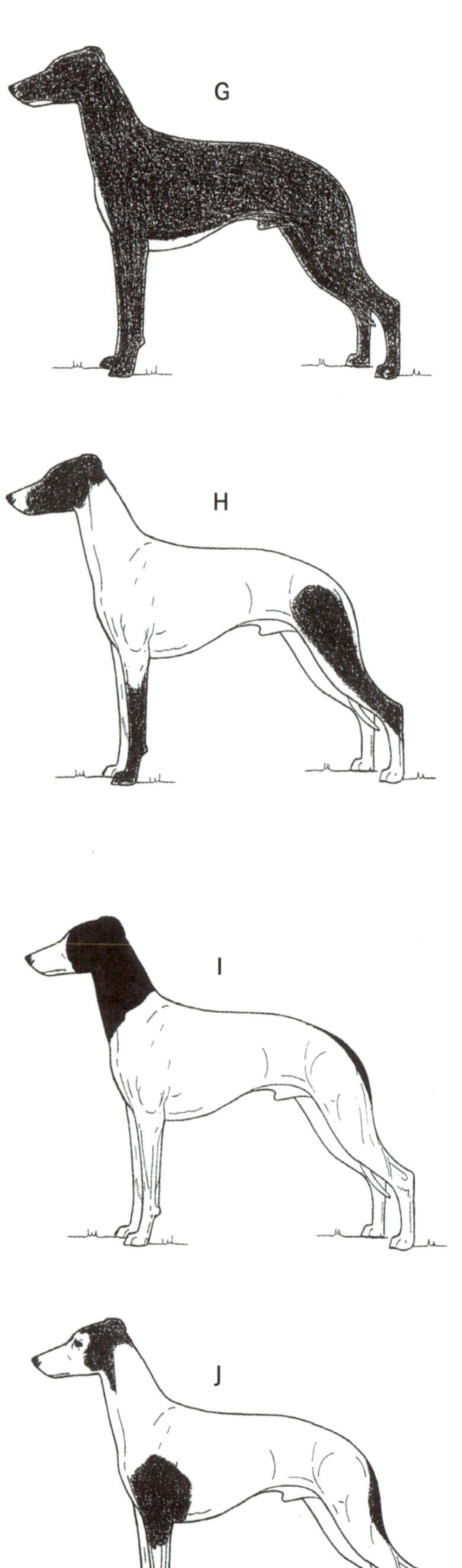

Whippets

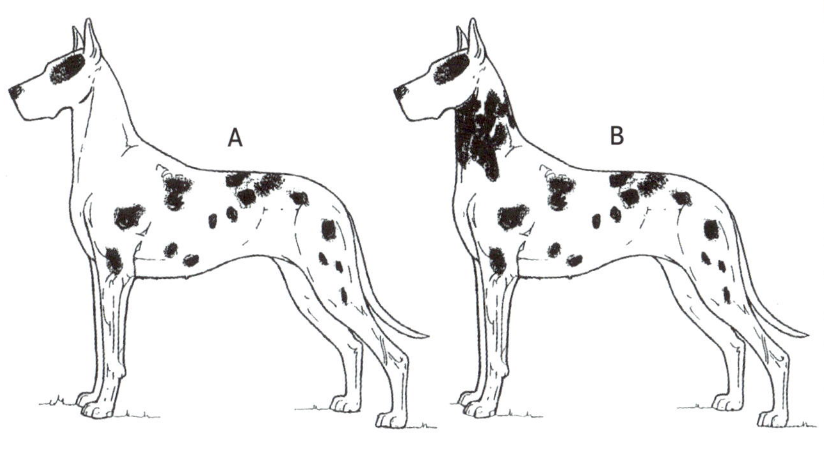

Deutsche Doggen

Die Deutsche Dogge

Abgesehen von den Fellabzeichen sind diese beiden gefleckten Doggen identisch. Welche dieser beiden Doggen sollte als Gewinner aus dem Ausstellungsring gehen? Der AKC/CKC-Standard sagt im Gegensatz zum (deutschen) FCI-Standard, der keine Fleckungsvorgaben macht, über die gefleckte Deutsche Dogge: »Ein rein weißer Hals wird bevorzugt.« Daher müsste Hund A gewinnen. Warum? Wahrscheinlich, weil Abzeichen am Hals verwirrend sein können und zu der optischen Täuschung führen können, dass der Hals kurz oder schwer ist.

Der Dalmatiner

Die weiße Fläche auf Hund B nennt man »Fenster«. In diesem Fall handelt es sich um ein rundes Fenster. Beim Dalmatiner ist dies - aber nur im Bereich des AKC und des CKC - ein Fehler, denn »die Fellabzeichen sowie deren Verteilung über den ganzen Körper sind ein wichtiger, zu bewertender Punkt.« Bei Hund A sind die Fellabzeichen fast perfekt. Aber vielleicht ist Ihnen aufgefallen, dass sein Rumpf circa fünf Zentimeter zu lang ist. Ansonsten sind sich die beiden Hunde sehr ähnlich.

Sie haben nun die Wahl. Es besteht kein Zweifel, dass die weiße Fläche störend wirkt. Vielleicht sogar mehr als der lange Rumpf von Hund A. Doch im Standard heißt es außerdem: »Als früherer 'Kutschenhund' sind Gang und Ausdauer des Dalmatiners äußerst wichtig« und »die Gesamtlänge des Rumpfes gemessen von der Vorbrust bis zum Sitzbeinhöcker entspricht in etwa der Widerristhöhe.«

Im Ausstellungsring begutachtet der Richter nun auch die andere Seite des Hundes, die er nur selten zu Gesicht bekommt. Möglicherweise haben beide Hunde viele schwarze oder weiße Flächen. Bei der Begutachtung stellte sich heraus, dass bei beiden Hunden auf der anderen Seite die Tupfen korrekt verteilt sind und die richtige Größe haben. Ich habe mich für Hund B entschieden.

Dalmatiner

Kapitel 28

Säbelbeinigkeit

Im Englischen stammt der Ausdruck »sickle hocked« von sickle = Sichel, dem landwirtschaftlichen Gerät mit einem starren Winkel zwischen Griff und Klinge. Im Deutschen spricht man allerdings von »säbelbeinig«. Um dies bildlich darzustellen, habe ich die Hinterläufe eines Hundes neben eine Bauernsichel gezeichnet. Der Mittelfuß des Hundes ist vom Sprunggelenk bis zum Pfotenballen nach vorne gewinkelt. Im Trab wird das Sprunggelenk nicht vollständig geöffnet und der Hinterlauf kann nicht durchschwingen. Jeder, der schon mal einen Golf- oder Baseballschläger geschwungen hat, weiß, wie wichtig es ist, ihn ganz durchzuschwingen. Das Durchschwingen beendet den Bewegungsablauf. Bei der Fortbewegung des Hundes stellt die Säbelbeinigkeit die Ausnahme dar. Die säbelbeinige Fortbewegung ist starr und eingeschränkt. Das Sprunggelenk ist an der Vorwärtsbewegung kaum beteiligt. Manchmal steht ein Hund säbelbeinig, kann aber im Trab das Sprunggelenk dank einer starken Achillessehne öffnen. Meistens jeoch ist der Gang eines Hundes, der säbelbeinig steht, gestelzt und kraftraubend.

Säbelbeinigkeit

Der Teckel

Der Teckel in der illustrierten Bildfolge eins auf der nächsten Seite ist nicht säbelbeinig. Wäre er säbelbeinig, würde sich der fehlerhafte Gang in den Phasen 4, 5 und 6 zeigen. Stattdessen wird der linke Hintermittelfuß in den Phasen 5, 6 und 7 nach hinten über die Senkrechte hinaus gebracht. Aufgrund ihrer kurzen Läufe und dem niedrigen Körper und der Tendenz der Hintermittelfüße, sich zu strecken, sind Teckel perfekte Kandidaten für Säbelbeinigkeit.

Der schlecht gebaute Teckel in der illustrierten Bildfolge zwei steht und läuft säbelbeinig. Jede Bildfolge beginnt mit dem rechten Vorderlauf in Senkrechtstellung. Die Stellung der anderen drei Läufe ist bei jedem Hund anders und hängt vom jeweiligen Körperbau des Hundes ab. Vergleicht man den Bewegungsablauf Phase für Phase mit dem des besser gebauten Teckels in der illustrierten Bildfolge eins, zeigt sich, dass die Säbelbeine dieses Hundes in den Phasen 4, 5 und 6 nicht hinter die Senkrechte greifen. Die Läufe werden fast nicht durchgeschwungen. Bei der Beschreibung des Schubs der Hinterläufe warnt der Teckelstandard des AKC/CKC vor diesem eingeschränkten Gang. Es heißt: »Der Schub der Hinterläufe hängt davon ab, ob der Hund den Hinterlauf vollständig nach hinten führen kann. Im Profil gesehen wird der Hinterlauf genauso weit nach vorne gebracht, wie er vorher nach hinten geführt wird.« In diesem Beispiel wird der linke Hinterlauf nicht so weit nach hinten gestreckt wie der rechte Hinterlauf nach vorne gebracht wird. Der (deutsche) FCI-Standard macht den korrekten Bau der Hinderhand wie folgt klar: »Relativ lang, gegen den Unterschenkel beweglich, leicht nach vorn gebogen.«

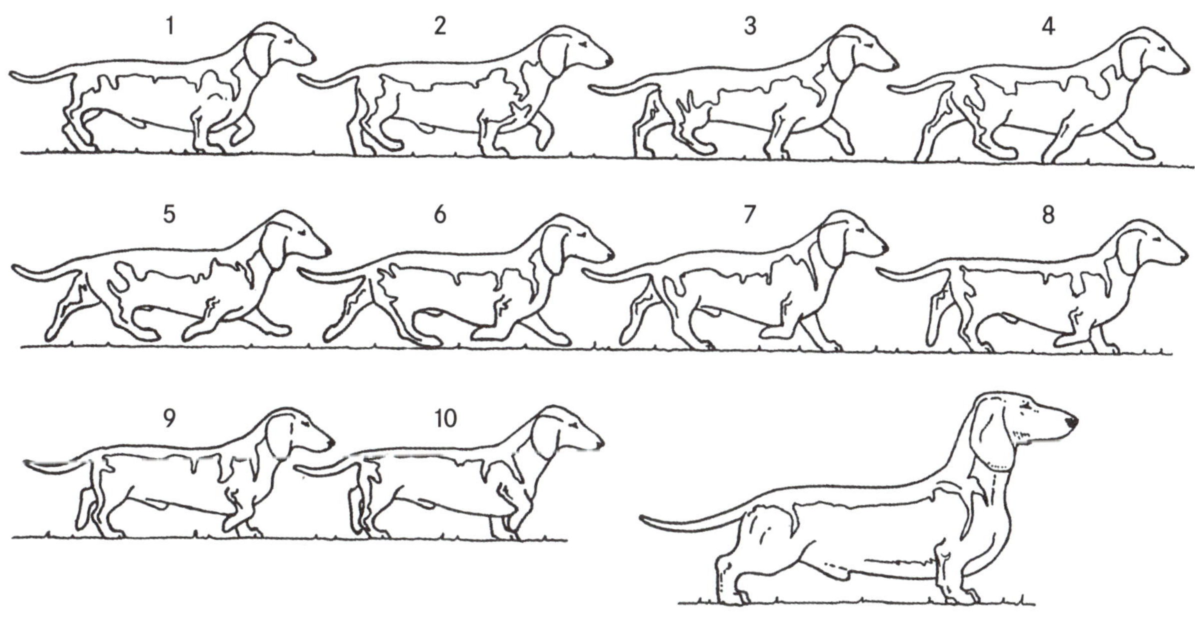

Illustrierte Bildfolge eins – nicht säbelbeinig

Illustrierte Bildfolge zwei – säbelbeinig

Der Drahthaar Foxterrier

Bei Drahthaar Foxterriern tritt das Problem der Säbelbeinigkeit häufiger auf als bei Glatthaar Foxterriern, weil die Züchter den Drahthaarfox auf einen längeren Unterschenkel hingezüchtet haben. Um nicht aus der Balance zu kommen, werden die Pfoten oft säbelbeinig unter dem Rumpf nach vorne gebracht. Die säbelbeinigen Läufe sind jedoch teilweise durch fast vier Zentimeter langes Drahthaar verdeckt. Außerdem strecken Foxterrier ihre Hinterläufe nicht so weit nach vorne und nach hinten wie die meisten anderen Rassen. Ihre Läufe hängen senkrecht und schwingen parallel nach vorn und hinten, wie ein Uhrpendel, und der Vordermittelfuß beugt sich, wenn er nach vorne gebracht wird, nur leicht. Der säbelbeinige Drahthaarfox in dieser Bildfolge kann den Hinterlauf nicht nach hinten strecken.

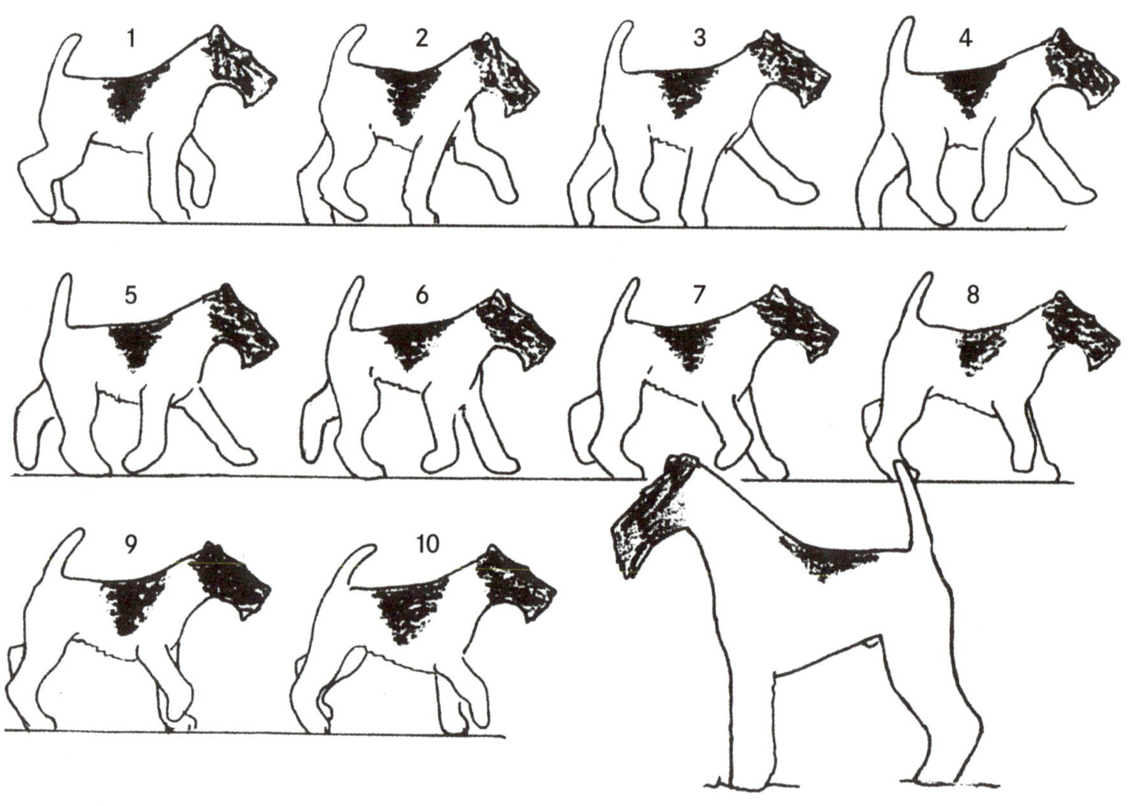

Illustrierte Bildfolge drei – Drahthaar Foxterrier

Der Glatthaar Foxterrier

Im Gegensatz zum Drahthaar Foxterrier läuft der Glatthaar Foxterrier in Bildfolge vier auf der nächsten Seite an einer lockeren Leine. Bei diesem Drahthaar wurde die mangelhafte Front durch eine straff gezogene Leine verbessert. Seine Vorderpfoten berühren nur selten den Boden. Aussteller von Foxterriern mit steilen Schultern werden versuchen, Sie davon zu überzeugen, dass diese Rasse naturgemäß lebhaft und eine straff gezogene Leine somit ein Muss ist. Anhand dieses gut gebauten Glatthaar Foxterriers, dessen vier Läufe auf den Boden aufsetzen, soll gezeigt werden, wie diese Rasse im Trab meiner Meinung nach laufen soll. Zuerst können Sie anhand seines Profils im Stand sehen, dass seine Läufe weder zu lang noch zu kurz sind - und das ist wichtig. Zweitens hat er eine sogenannte »Foxterrier-Front« und keine Terrier-Front. Die Foxterrier-Front verläuft in einer fast geraden Linie vom Buggelenk nach unten zu den Pfoten. Die Vorbrust ist nur wenig ausgeprägt. Der korrekte, kurze Oberarm ist leicht und der Vordermittelfuß sehr leicht gewinkelt. Diese Form der Front trägt zu nicht allzu großem Vortritt, mäßiger Streckung der Hinterläufe nach hinten bei. Doch der Vortritt ist da, und somit auch die Streckung nach hinten.

Illustrierte Bildfolge vier – Glatthaar Foxterrier

Zeigen der Pfotenballen

Mir ist bei einigen Rassen aufgefallen, dass man bei ihnen besonders darauf achten muss, ob die Hinterläufe ausreichend weit nach hinten geführt werden. Dabei handelt es sich, um nur ein paar Rassen zu nennen, um den Pembroke Welsh Corgi, den Cardigan Welsh Corgi, den Schipperke, den Teckel und den English Cocker. Bei diesen sowie vielen weiteren Rassen müssen wir darauf achten, ob man die hinteren Pfotenballen sehen kann, wenn die Hunde von uns weglaufen. Ein Teckelzüchter schreibt Folgendes: »Korrekten Schub erkennt man daran, dass die Ballen der Hinterpfoten deutlich zu sehen sind, wenn die Hinterläufe nach hinten geführt werden« Das stimmt zwar, aber man kann sich darauf nicht immer verlassen. Denn sowohl der Teckel als auch der English Cocker, die beide im Lauf von hinten gezeichnet sind, sind säbelbeinig, und dennoch kann man ihre Pfotenballen sehen. Ein Hund muss schon sehr stark säbelbeinig sein, damit man seine Pfotenballen nicht mehr sehen kann. Bei Teckeln nennt man einen solchen Hund »belly thumper«, wörtlich übersetzt »Bauchtrommler«.

Achten Sie bei manchen Rassen auf die Pfotenballen

Rennende Teckel

Ein rennender Teckel

Was haben säbelbeinige Läufe mit dieser Zeichnung eines rennenden Teckels zu tun? Nun, dieser schnelle Hund wurde gefilmt, als er die für Windhunde typische zweite Schwebephase im Galopp zeigte. Diese Bewegung zeigen eigentlich nur schnelle Windhunde. Und, so scheint es, schnelle Teckel. Auf einem Foto eines Artikels von Alan Dalton im *The Dachshund Reporter* zeigen drei weitere Teckel während eines Rennens im Cow Palace in San Francisco vor einem begeisterten Publikum von 900 Zuschauern eine ähnliche Pose. Anschließend filmte ich mehrere Teckel im Trab und dann im Galopp. Meine Mühe wurde belohnt. Ich fand heraus, dass nur die Hunde, die ihre Hintermittelfüße über die Senkrechte hinaus nach hinten führen konnten, in der Lage waren, alle vier Läufe nach vorne und nach hinten zu führen, ohne dabei Bodenkontakt zu haben. Dies habe ich hier gezeichnet.

Der English Cocker

Falls Sie vorher noch nichts über fehlerhafte Säbelbeine wussten, haben Sie nun einiges gelernt. Es scheint nun ein Leichtes zu sein, dieses Wissen auch im Ausstellungsring anwenden zu können. Stellen Sie sich vor, Sie würden nun vor einer Gruppe aus drei Hündinnen stehen, von denen jede einen sichtbaren Fehler aufweist. Weisen Sie ihnen die Plätze eins bis drei zu.

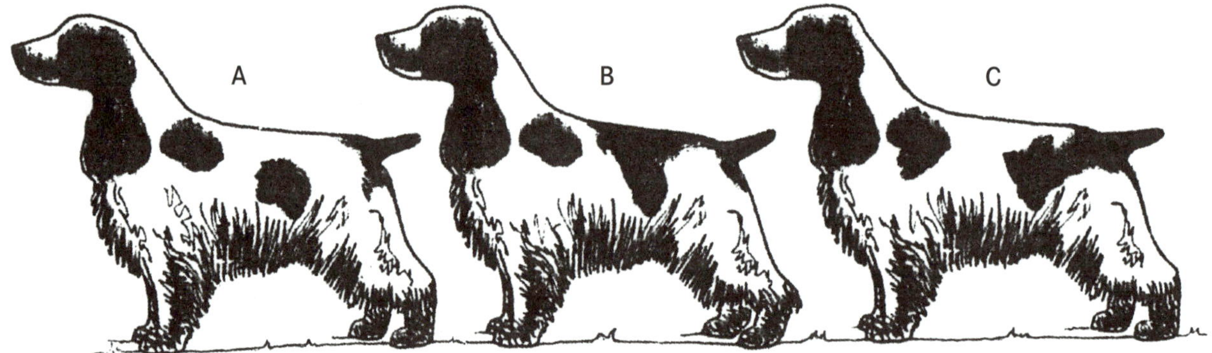

English Cocker Spaniels

Hündin A hat einen mangelhaften Kopf, Hündin B ist säbelbeinig und Hündin C hat einen zu langen Rumpf. Aber ansonsten sind sie fast identisch. Es gibt potentiell Dutzende von Fehlern, die man gegen Vorzüge abwägen kann, aber diese drei Hündinnen haben jeweils nur einen Fehler. Einfach? Es könnte einfach sein, aber wenn Sie nicht für jede Rasse bestimmte Prioritäten setzen, ist es meist nicht einfach! Es gibt Züchter/Richter, die die Hunde bereits platzieren, bevor sie diesen Abschnitt lesen. Nun sind Sie dran. Wie würden Sie diese Hunde platzieren? Wer ist auf dem ersten, dem zweiten und dem dritten Platz? Ein Züchter meinte: »Einen schlechten Kopf kann ich innerhalb einer Generation korrigieren. Die anderen Fehler zu korrigieren ist schwieriger.« Meiner Meinung nach könnte jede dieser drei Hündinnen die Gewinnerin sein. Das hängt vom Richter ab. Daher liegen Sie richtig, egal wie Sie sich entscheiden. Ich würde Hündin A auf den ersten, Hündin C auf den zweiten und Hündin B auf den dritten Platz setzen.

English Cocker Spaniels

Jetzt schauen wir uns noch eine weitere Gruppe aus drei Hündinnen an. Abgesehen von der Fellzeichnung ist Hündin E dieselbe wie die säbelbeinige Hündin B im vorigen Beispiel. Könnten Sie ihr die Säbelbeine verzeihen und sie auf Platz eins setzen? Dieses Mal hat ihre Konkurrentin, Hündin D, nicht nur einen mangelhaften Kopf, sondern noch einen zweiten sichtbaren Fehler. Um welchen handelt es sich? Hündin F nimmt auch am Konkurrenzkampf teil, auch wenn sie sogar noch länger ist als die anderen Konkurrentinnen. Die Frage lautet: Ist sie zu lang, um für den ersten Platz in Betracht zu kommen? Wie steht es um Hündin D mit dem mangelhaften Kopf? Ist Ihnen aufgefallen, dass ihr zweiter Fehler die kurzen Läufe sind? Sind diese Abweichungen gravierend genug, damit die säbelbeinige Hündin E auf den ersten Platz kommt? Am Rand des Ausstellungsrings ist sich die Hälfte der Leute nicht darüber bewusst, dass Hündin E säbelbeinig ist. Und die andere Hälfte sieht dies als keine große Sache an. Wie werden Sie sich entscheiden?

Wie ich mich entscheiden würde

Eine interessante Frage. Dies ist einer der Fälle, in dem der Richter die Wahl zwischen Pest und Cholera hat. Und Richter befinden sich häufig in einer solchen Situation. Ich war bei vielen Spezialzuchtschauen für English Cocker Spaniel, sowohl in den USA als auch in anderen Ländern, und war auch als Richter für diese Rasse tätig. Fast immer verziehen die Spezialzuchtrichter die Säbelbeine. Wenn ich mich den meisten Spezialzuchtrichtern anschließe, bin ich bereit, Hündin E ihre Säbelbeine zu verzeihen und mich für sie zu entscheiden. Hündin F bekommt von mir den zweiten und Hündin D den dritten Platz.

Kapitel 29

Überraschende Gebisse

Stellen Sie sich vor, Sie bewerten die Gebrauchshundeklasse und erleben eine Überraschung, wenn Sie das Maul eines Boxers untersuchen. Sie haben nicht alle Boxer bewertet, wissen aber, dass zwölf Boxer angemeldet sind. Sie sind vom Typ, der Ausgewogenheit, Fehlerfreiheit und dem Gang des rassebesten Boxers, der hier unten gezeigt wird, beeindruckt. Er ist der Kandidat für den ersten Platz, doch nachträglich haben Sie ein Problem bei seinem Gebiss bemerkt.

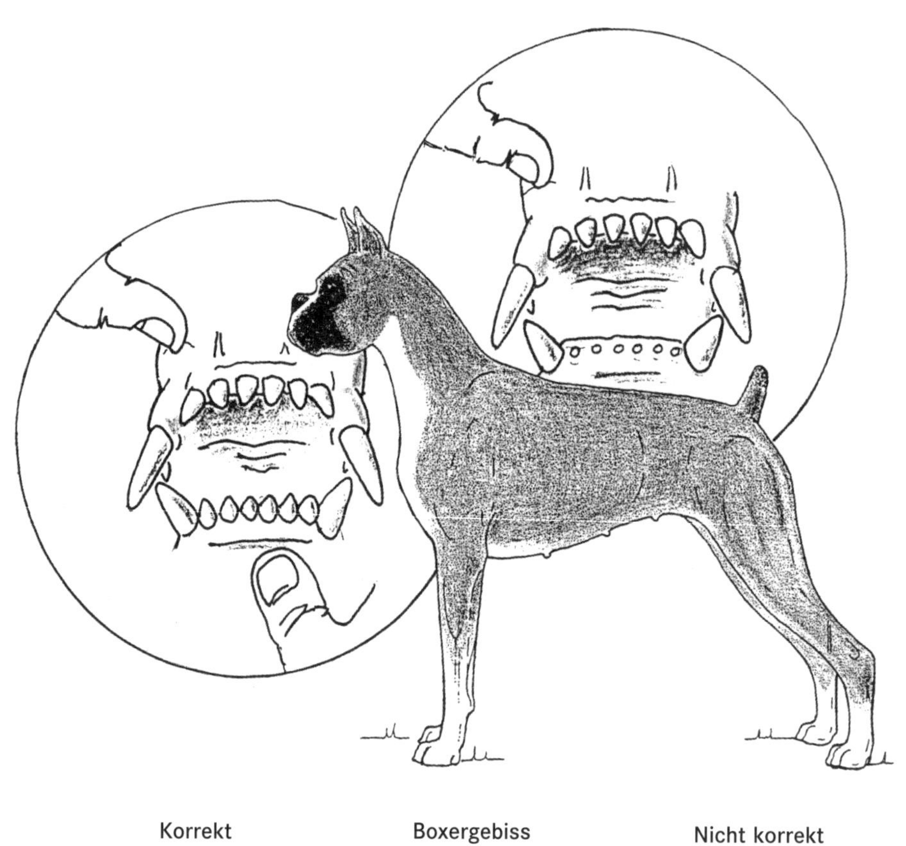

Korrekt Boxergebiss Nicht korrekt

Der Deutsche Boxer

Bei der Begutachtung der unteren Schneidezähne dieses Deutschen Boxers bekommen Sie einen Schreck. Der oben rechts gezeigte Biss ist korrekt, doch jeder der sechs unteren Schneidezähne ist nur so groß wie ein halbverdeckter, kleiner, weißer Stecknadelknopf. Von vorne gesehen und bei zurückgezogenen Lefzen können sie im Maul die sechs kleinen, weißen Stecknadelköpfe genau erkennen. Die Detailansicht auf der linken Seite zeigt das korrekte Gebiss eines Boxers, dessen große untere Schneidezähne eine gerade Linie und dessen große obere Schneidezähne eine leicht gebogene Linie bilden.

Überraschung! Falls Sie vorher noch nicht in einer solchen Lage waren, sind Sie jetzt bestimmt genauso überrascht wie ich es war. Bis Sie das Gebiss überprüften, hatten Sie diesen Boxer als den Gruppenbesten angesehen. Und was tun Sie jetzt? Hat die Person, die diese Gruppe bewertet hat, die Stecknadelköpfe übersehen oder wollte sie sie dem Hund verzeihen? Erweisen Sie der Rasse einen schlechten Dienst, wenn Sie dem Hund den ersten Platz zuweisen? In solchen Situationen gehen manchen Richtern zwei weitere Gedanken durch den Kopf: Erstens: Wenn dieser Boxer nicht auf Platz eins kommt, wie reagieren dann die Leute am Rand des Ausstellungsrings auf meine Entscheidung, da die meisten Beobachter nicht wissen, dass das Maul des Hundes nicht korrekt ist? Und zweitens: Wie reagiert der Richter des Ausstellungsbesten, wenn der das Maul öffnet? Wie würden Sie entscheiden?

Meine Entscheidung

Ich habe diesen ansonsten hervorragenden Boxer nicht als Gruppenbesten platziert. Ich konnte die sechs weißen Stecknadelköpfe einfach nicht übersehen. Später hatte ich die Gelegenheit, mehrere Boxerzüchter und -richter zu dieser ungewöhnlichen Abweichung zu befragen. Manche sagten, sie wüssten nichts von einem solchen Problem, andere kannten es und zeigten sich besorgt. Manche meinten, es läge am Zahnfleischrückgang, andere sahen es als genetisches Problem an, und wieder andere meinten, es sei abnutzungsbedingt. Egal, worin die Ursache dieser Zähne liegt – falls Sie jemals mit einer solchen Abweichung konfrontiert werden sollten, werden Sie nun keine Überraschung mehr erleben.

Die Oberkieferzähne

Warnung des deutschen Verlages: Der Deutsche Boxer ist eine der Rassen, die im englischsprachigen Bereich ihre Gestalt entscheidend verändert hat. Die Zielvorstellung des idealen Boxers weicht dort von der im FCI-Bereich deutlich ab. Auch die Vorgabe des (deutschen) FCI-Standards für den Gebissschluss ist anders, ein Reibevorbiss des Unterkiefes wird hier nicht gefordert.

Wir bleiben noch ein bisschen beim Boxer. Nachdem ich beim Boxer etliche schlechte Gebisse gesehen habe, frage ich mich, ob die Aussteller die Beschreibung des korrekten Gebisses im AKC/CKC-Boxerstandard wirklich lesen, verstehen und nach ihr züchten. Ein Scherengebiss ist beim Boxer nicht korrekt – achten Sie darauf, dass die Fangzähne sich berühren. Im Standard heißt es, der Boxer habe einen Vorbiss. Doch achten Sie auf die hier gezeigte Form des Vorbisses, bei dem die oberen Schneidezähne die Rückseite der unteren Schneidezähne berühren. Beim korrekten Boxergebiss berühren die oberen Schneidezähne die Rückseite der unteren Fangzähne, die idealerweise mit den Schneidezähnen in einer Reihe stehen. Die leicht gewölbte Reihe der oberen Schneidezähne liegt auf jeder Seite dicht hinter den unteren Fangzähnen. Es ist schwer, auf diese Form des Vorbisses hinzuzüchten. Meistens liegen die Oberkieferzähne alles andere als genau hinter den unteren Zähnen.

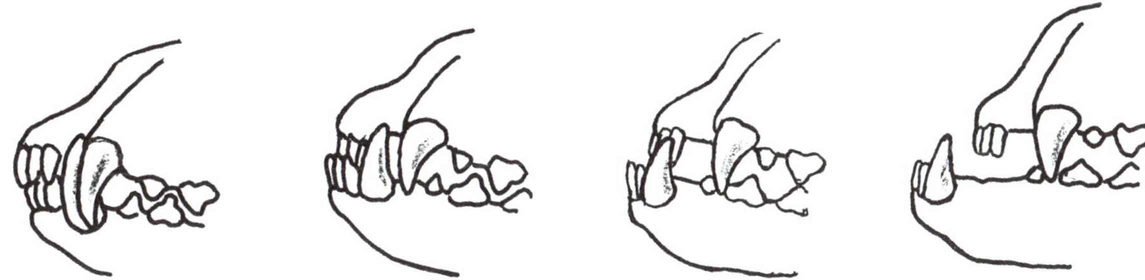

Oberkieferzähne des Boxers, von links nach rechts: Scherengebiss, Vorbiss, korrekt*, starker Vorbiss

**siehe obige Anmerkung »Warnung des deutschen Verlages«*

Statt dass die oberen Zähne gut hinter die unteren Fangzähne passen, die vorzugsweise neben den unteren Schneidezähnen stehen, sitzen sie bei vielen Boxern ein paar Zentimeter hinter den unteren Zähnen, wodurch eine große Lücke entsteht. Oberflächlich betrachtet fällt diese Abweichung vielen Züchtern nicht auf. Vielleicht, weil die dicke Oberlefze, unabhängig von der Stellung des Oberkiefers, die Lücke zwischen den zwei unteren Fangzähnen ausfüllen kann. Wenn eine gute Passform bevorzugt wird, stellt sich die Frage, ab welchem Abstand zwischen oberen Schneidezähnen und unteren Fangzähnen das Gebiss nicht mehr akzeptabel ist.

Der Shar Pei

Aber nun genug über Boxergebisse. Der hier gezeigte Shar Pei hat ein ungewöhnliches Problem mit dem Unterkiefer, von dem man nur selten hört. Dabei handelt es sich um straff anliegende Lefzen. Die untere Lefze rollt sich dabei über die sechs unteren Schneidezähne und umschließt diese fest. Schließlich kann diese Abweichung zu einem Vorbiss statt des erwünschen Scherengebisses führen. In der Vergangenheit nahmen Richter, wenn sie das Gebiss nicht erkennen konnten, einfach an, dass die oberen die unteren Schneidezähne berühren, was bei straff anliegenden Lefzen aber nur selten der Fall ist.

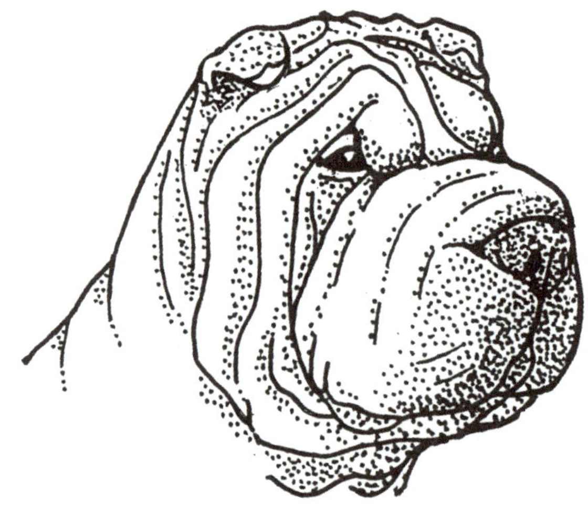

Chinesischer Shar Pei mit Kieferproblemen

Ich habe mich, ebenso wie auch andere Menschen, mit dieser ungewöhnlichen Abweichung schon früher beschäftigt. Ich dachte, die Autoren des überarbeiteten Standards vom 12. Januar 1998 hätten vor dieser Möglichkeit gewarnt und versucht, den Unterkiefer, der früher nicht berücksichtigt worden war, genauer zu beleuchten. Leider haben sie es nicht getan und stattdessen heißt es weiterhin: »Abweichung vom Scherengebiss ist ein gravierender Fehler.« *Anmerkung des detuschen Verlages: Die beschriebene Rolllippe ist keineswegs selten und nicht nur beim Shar Pei zu beobachten. Der (chinesische) FCI-Standard von 1999 geht jedoch auf diese Missbildung ein: »Die Unterlefze soll nicht so übermäßig gepolstert sein, dass sie den Gebissschluss beeinträchtig.«*

Der Irish Wolfhound

Als der Standard des Irish Wolfhound geschrieben wurde, blieb das Gebiss unerwähnt. Die, die vor rund 60 Jahren den Standard schrieben, hielten dies für überflüssig, da es sich beim Irish Wolfhound um einen Jagdhund handelt. Es war so offensichtlich, dass der Irish Wolfhound ein komplettes Scherengebiss haben muss, dass es unnötig war, dies zu erwähnen. Doch sie hätten es erwähnen sollen, denn mittlerweile ist es häufig der Fall, dass dem Irish Wolfhound, wie hier gezeigt, Zähne fehlen und große Lücken entstehen.

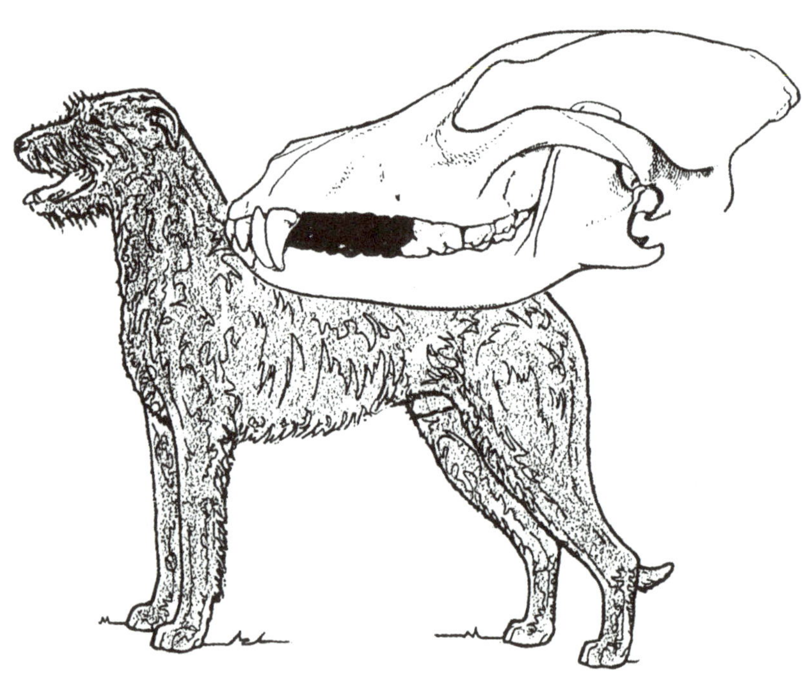

Irish Wolfhound mit Lücke zwischen den Zähnen

Da die Zähne im Standard nicht erwähnt wurden, waren manche Richter der Ansicht, es sei unnötig, den Hunden ins Maul zu schauen. Im AKC/CKC und FCI-Standard des Irish Wolfhound steht noch immer nicht, dass der Hund Zähne haben muss. Doch da die Richter darauf bestanden, hat die Zahl der Zähne beim Irish Wolfhound stark zugenommen. Heutzutage legen insbesondere Richter, die wissen, wie es früher war, Wert darauf, dass beim Irish Wolfhound überprüft wird, ob ihm Zähne fehlen.

Japan Chin mit »Schiefmaul«

Schiefmaul

Viele kurznasige Rassen leiden unter einem sogenannten Schiefmaul. Manche Standards, beispielsweise der des Bichons (nicht im FCI-Bereich!), warnen vor dem Schiefmaul. In der Kolumne über den Japan Chin der AKC Gazette schrieb Jari Bobillot, dass viele Aussteller sich über dieses Problem nicht im Klaren seien und schlägt vor, dass wir uns ernsthaft darauf konzentrieren und es beseitigen. Im Englischen heißt das Schiefmaul »wry mouth«. Dieser Ausdruck stammt wahrscheinlich von »awry«, was so viel wie »aus dem Gleichgewicht« oder »schief« bedeutet. Im *Dictionary of Canine Terms* von Frank Jackson wird »Schiefmaul« wie folgt erklärt: »Unterkiefer seitlich verschoben, so dass die Zähne nicht korrekt schließen.« *(Anmerkung des deutschen Verlages: Es handelt sich um nicht gleichsinnig gekrümmte Kieferbögen.)* Diese Abweichung kann verschiedenartig aussehen und unterschiedlich stark ausgeprägt sein. Es fällt mir leichter, dies zu zeichnen als zu erklären. Bei einer Form ist der Ober- oder der Unterkiefer von vorne gesehen schräg, und die Zähne schließen auf der rechten Seite korrekt, auf der linken Seite bildet sich jedoch eine Lücke.

Drei Formen des Schiefmauls, von links nach rechts: Schieflage vorn vorne gesehen, verdeckt, entstandene Lücke

Wie man auf der nächsten Zeichnung sehen kann, kann das Schiefmaul so leicht sein, dass es nicht bemerkt wird (links) oder so stark, dass der Hund seine Zunge nicht im Maul halten kann (rechts). Dann hat der Hund Probleme beim Fressen und Trinken.

Zwei weitere Beispiele für ein Schiefmaul

Der Standard des King Charles Spaniels meint: »Zungenblecken ist ein schwerer Fehler.« Ein Brüsseler Griffon mit einer hängenden Zunge wird sogar disqualifiziert.

King Charles Spaniel, Brüsseler Griffon

Bei einem Schiefmaul kann es sein, dass ein Fangzahn zu sehen ist und die Nasenscheidewand nicht mittig sitzt. Die Rassebeschreibung der Französischen Bulldogge lautet: »Lefzen: Dick und breit; die Oberlefze trifft die untere in der Mitte und verdeckt völlig die Zähne, die bei geschlossenem Maul niemals sichtbar sein dürfen.«

Die Französische Bulldogge auf der linken Seite hat ein Schiefmaul und ein Fangzahn ist zu sehen

Der Standard des Boston Terriers verlangt tief hängende Lefzen, die die Zähne vollständig bedecken, wenn der Fang geschlossen ist, und sieht das Schiefmaul als schweren Fehler an.

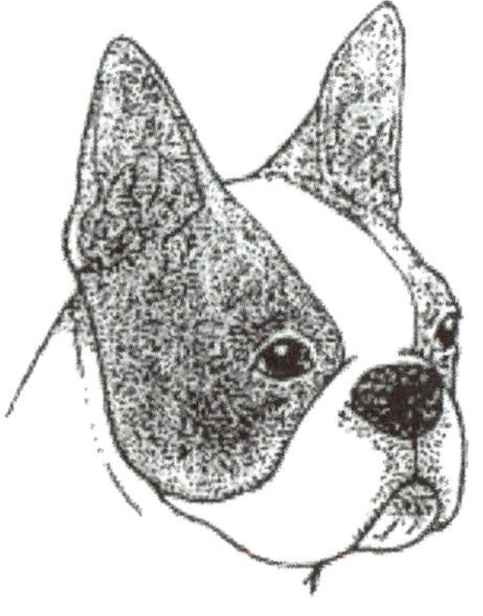

Korrekter Kopf eines Boston Terriers

Vordere und hintere Backenzähne

Wenn Backenzähne fehlen, handelt es sich meistens um die Prämolaren oder Vormahlzähne, also die ersten vier Zähne auf jeder Seite des Ober- und Unterkiefers nach den großen Eck- oder Fangzähnen. Der kleine Backenzahn direkt neben dem großen Fangzahn fehlt am häufigsten. Auch wenn er, wie hier gezeigt, vorhanden ist, gibt es eine natürliche Lücke zwischen dem ersten Vorderbackenzahn und dem großen Fangzahn. Diese normale Lücke, die durch den oberen Fangzahn ausgefüllt wird, wird manchmal mit dem Fehlen eines Zahnes verwechselt.

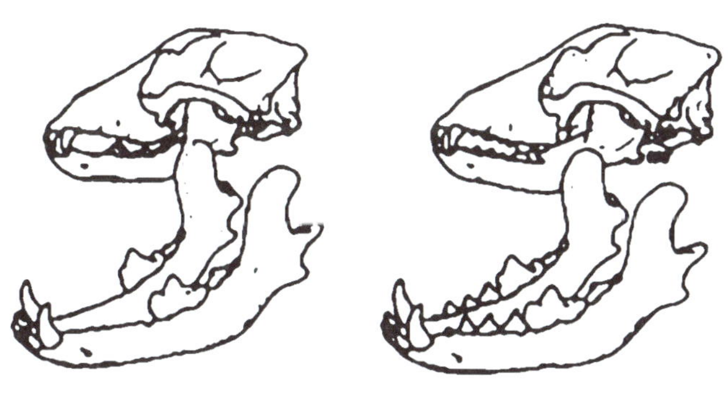

Fehlende Backenzähne (links), vorhandene Backenzähne (rechts)

Wenn der Kiefer kurz ist, reicht der Platz für ausreichend große Backenzähne häufig nicht aus. Aufgrund des Platzmangels liegen die Zähne zu nah beieinander. Um Platz zu schaffen, stehen manche quer und andere schrumpfen oder verschwinden ganz. Aber wahrscheinlich haben Sie einen solchen Fall noch nie gesehen und werden dies wohl auch nicht. Nur bei wenigen Rassen mit einem Vorbiss werden die hinteren Zähne angesehen und die Aussteller möchten auch nicht, dass das Maul so genau untersucht wird. Die sechs vorderen Schneidezähne stehen oft nicht in einer Reihe, wie man hier auf der mittleren Zeichnung sehen kann. Manchmal hat der Hund aufgrund eines engen Kiefers nur fünf Schneidezähne. Das sehen Sie auf der rechten Zeichnung.

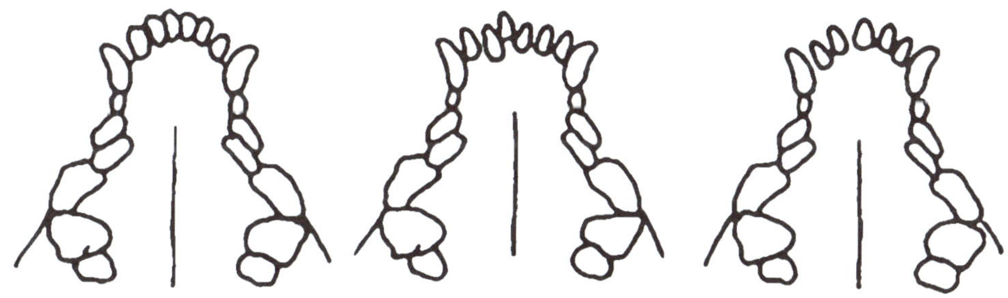

Detailansicht der Backenzähne

Untersuchung von Vorbissen

Bei manchen Zwerghundrassen – und da fallen einem als ersten Pekingesen und Möpse ein – ist man traditionell der Auffassung, es sei nicht nötig, die Zähne zu begutachten. Es wird einfach angenommen, man könne das Gebiss beurteilen, ohne ihnen das Maul zu öffnen. Diese Begutachtung erfolgt durch Ertasten der Zähne bei geschlossenem Maul. Wenn ich Pekingesen und Möpse beurteile, öffne ich ihnen das Maul, um sicherzugehen, dass sie einen Vorbiss und Zähne haben. Das tue ich, weil Nigel Aubrey Jones, der seit langem Pekingesen richtet und züchtet, es auch tut. In einem in *Dog News* erschienenen Artikel schreibt Jones, dass er, wenn er Pekingesen richtet, ihnen immer das Maul öffnet, und beschreibt, wie man das am besten macht. Weiterhin sagt er, er bezweifle, dass man ohne gründliche visuelle Kontrolle erkennen könne, ob der Pekingese einen korrekten Vorbiss habe und all seine Zähne an der richtigen Stelle sitzen. Außerdem meint er, dass dadurch, dass man sich nicht das Gebiss anschaut, bei dieser Rasse selbst viele Champions schwache Unterkiefer und einen Gebissschluss wie ein Terrier haben.

Fangzahnengstand, Fangzahnsteilstand

Nach einer Richtertätigkeit in Melbourne, Australien, konnte ich ein interessantes Gespräch mit Ausstellern einer Rasse, deren Namen ich hier nicht nennen möchte, führen. Eines der besprochenen Themen war die Sorge über ein bestimmtes Problem mit dem Maul. Dabei ging es darum, dass verhältnismäßig viele Hunde »ihre eigenen Köpfe fressen«. Dieses Problem tritt auf, wenn der untere Fangzahn oben gegen den Gaumen drückt und dort eine Vertiefung hinterlässt.

Später begriff ich, dass nicht nur diese eine Rasse dieses Problem hatte. Im Ausstellungsring sah ich Langhaar Collies, Shelties, Bullterrier, Drahthaar Foxterrier, Glatthaar Teckel und Zwergpudel – um nur ein paar Rassen zu nennen – die ebenfalls durch diesen Fehler behindert wurden. In vielen Fällen war sich der Aussteller gar nicht dessen bewusst, dass sein Hund ein Problem mit dem Kiefer hatte.

Das Problem, das ich Ihnen anhand von Kopf A zeige, wird nur selten bemerkt. Viele Richter kennen dieses Problem gar nicht. Bei den meisten Rassen konzentriert sich der Richter darauf, ob beim Scherengebiss die oberen sechs Schneidezähne dicht vor den unteren sechs Schneidezähne liegen. Wenn die Schneidezähne korrekt sind, wird kaum auf die Fangzähne geachtet. Können Sie erkennen, was falsch ist?

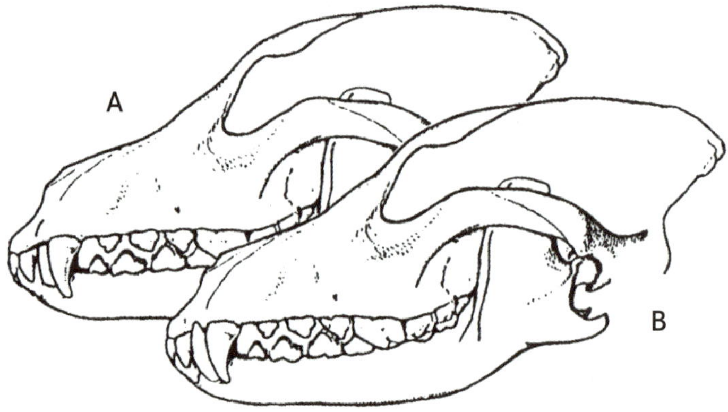

Fangzahnengstand und Fanzahnsteilstand (A) und normales Gebiss (B)

Folgendes ist passiert: Anstatt dass der linke, untere Fangzahn (wie bei Kopf B) so sitzt, dass er an der Außenseite des Oberkiefers vorbei geführt wird, drückt er im Inneren des Kiefers gegen den Gaumen. Das führt zu einer Verletzung des Weichteilgewebes im Oberkiefer, und wenn der Hund sein Maul schließt, wird der Gaumen eingedrückt. Dieser Fehler kann unterschiedliche Ursachen haben. Er kann durch ein Schiefmaul, einen zu schmalen Unterkiefer oder einen zu breiten Oberkiefer verursacht werden. Auch wenn die Fangzähne nicht ausreichend nach außen gestellt sind kann zu einem solchen Kopfbiss kommen.

Bei einer Ausstellung hatte ein Sheltie, von dem ich dachte, er sei der mögliche Sieger, ein ungewöhnliches Gebiss. Der Halter hatte einen einfachen Weg gefunden, seinen Hund davor zu bewahren, »seinen Kopf zu fressen«. Er hatte ihm die Fangzähne, die das Problem anzeigten, ziehen lassen! Wie ich später herausfand, brauchte dieser Hund an diesem Tag nur noch die letzte Anwartschaft für seinen Titel!

Warum man darauf achten muss, ob das Gebiss korrekt ist

Die sechs unteren sowie die sechs oberen Schneidezähne braucht der Hund, um Dinge zu zerteilen. Die Normalform bei Hunden ist ein Scherengebiss. Die richtige Anzahl sowie die Stellung der Schneidezähne sind wichtig, damit die Hündin ihre neugeborenen Welpen aus der Fruchtblase befreien kann. Wildlebenden Hunden wird dabei von Menschen auch nicht geholfen.

Man weiß noch nicht genau, welchen Zweck die vorderen Backenzähne haben. Ihr Fehlen wird daher als nicht so schlimm erachtet wie das Fehlen der Schneidezähne oder der hinteren Backenzähne. Die hinteren Backenzähne werden für das Mahlen von Knochen u. ä. benötigt. Die Hündin durchtrennt mit den hinteren Backenzähnen die Nabelschnur ihrer Welpen und drückt auf die Enden der Nabelschnur, um postnatale Blutungen zu verringern.

Bei manchen Rassen ist es wichtiger als bei anderen, dass die Zähne vollständig sind und korrekt sitzen. Aber es steht fest, dass die Zähne des Hundes bei der Ausstellung mehr Bewertungspunkte erhalten sollten als beispielsweise die Präsentation oder die Üppigkeit des Haarkleids.

Zum Schluss

Den Expertenblick für Hunde zu haben setzt viel Wissen voraus und ist eine Kunst. Um ein erfolgreicher Richter und Aussteller sein zu können, muss man sich sowohl im Wissen über den Hund auskennen als auch einen Sinn für ästhetische Ausgewogenheit haben. Was das Wissen betrifft, müssen Sie den Zweck einer Rasse kennen. Dieser gibt Ihnen Hinweise darauf, wie der Hund gebaut sein und laufen muss. Die Wahrnehmung ästhetischer Ausgewogenheit beinhaltet, dass Sie Schönheit, Form, Symmetrie und Stil erkennen. Mit anderen Worten, dass Sie einen Sinn für die Ästhetik des Hundes entwickeln. Wissen und Sinn für Ästhetik ergänzen sich. Ohne die Anwendung umfangreichen Wissens kann ein Hund nicht gut beurteilt werden. Und dasselbe gilt für die Fähigkeit, ästhetische Ausgewogenheit zu erkennen.

Das Schöne daran, einen Expertenblick für Hunde zu entwickeln, ist, dass man mit zunehmender Erfahrung weniger Zeit braucht, um einen Hund beurteilen zu können. Ein Richter, der einen guten Blick für Hunde hat, hat sich selbst so sehr geschult, dass er das Äußere eines Hundes sofort erkennen kann, indem er fast ohne es zu merken jedes einzelne Körperteil bewertet. Ein geschultes Auge kann sofort die Qualität oder die Fehler eines Hundes im Stand oder in der Bewegung erkennen. Ich hoffe, dass Sie durch die Ausstellungsszenarien und Illustrationen in diesem Buch Ihren Blick weiter schulen konnten – egal, ob Sie Richter, Aussteller oder begeisterter Anhänger von Hundeausstellungen sind.

Über den Autor

Robert W. Cole war renommierter internationaler Zuchtrichter, Illustrator und Autor Dutzender Fachartikel über Rassehunde. Zu seinen früheren Leistungen zählten beispielsweise die Illustrierung des Klassikers *Dog Locomotion and Gait Analysis* von Curtis Brown, das Verfassen und Illustrieren des Buches *The Basenji Stacked and Moving* und die Autorenschaft der Ratgeberserie *You Be the Judge* für das Richten verschiedener Rassehunde. Robert Cole schrieb regelmäßig für *Dogs in Canada, Dog News, Dog World (U.K.), Ilio & Popoki* sowie Hundefachzeitschriften in Australien und Neuseeland. Er lebte mit seiner Frau Louise, mit der er 50 Jahre lang verheiratet war, seinen Bull Terriern und Basenjis in Kanada.

Index

T

U

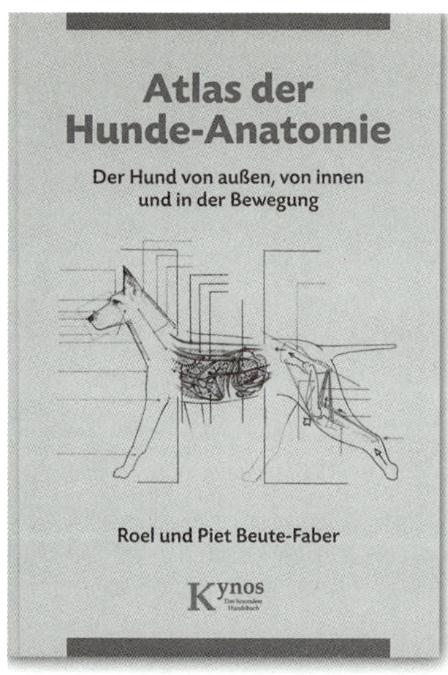

R. & P. Beute-Faber
Atlas der Hundeanatomie
Der Hund von außen, von innen und in der Bewegung - nicht nur für Mediziner! Innerhalb weniger Jahre wurde dieses Meisterwerk zum Ausbildungsstoff für Zuchtrichter. Ein genaues und dennoch künstlerisches Buch über Hundeanatomie.
176 Seiten, über 1.000 Farbillustrationen
ISBN 978-3-924008-43-7
49,80 € (D) 51,20 € (A) 85,00 CHF

Eric H.W. Aldington & Friederun Stockmann
Vom Körperbau des Hundes
Die sachgerechte Beurteilung von Anatomie, Gebäude und Bewegung von Hunden ist nicht nur für die Schönheitskriterien von Ausstellungen wichtig, sondern auch der einzige Weg, der zu gesunden Hunden führt. Endlich einmal ein ausführliches Werk zur funktionalen Anatomie des Hundes, das die Zusammenhänge zwischen Leistungsfähigkeit und Körperbau verständlich macht und den Blick fürs Detail schärft.
ISBN 978-3-938071-31-1
32,80 € (D) 33,80 € (A) 56,90 CH

Peter Beyersdorf
Unser Hund auf Ausstellungen
Aus der Praxis für die Praxis geschrieben, nicht nur für Züchter und Profis, sondern auch für engagierte Privatpersonen und Hundefreunde. Nach einem geschichtlichen Teil wird das heutige Ausstellungswesen in all seinen Verzweigungen behandelt: Die verschiedenen Ausstellungsarten, die Vorbereitung auf den Ausstellungstag, das Richten und die Formwerte, schließlich auch die Frage nach dem Sinn von Hundeausstellungen. Die neuesten Bestimmungen und Verordnungen sind enthalten.
144 Seiten, durchgehend farbig
ISBN 978-3-933228-92-5
16,90 € (D) 17,40 € (A) 30,10 CHF